21 世纪高等学校计算机应用技术规划教材

U0385601

C♯程序设计实用教程
（第2版）

黄兴荣　李昌领　李继良　编著

清华大学出版社

北京

内 容 简 介

本书以 Visual Studio .NET 2012 作为开发平台,从 C♯语言基础知识、面向对象编程、调试和异常处理技术、可视化编程、数据库编程及应用等方面深入浅出、全面地介绍了使用 C♯语言在.NET 框架下开发各种应用程序的相关知识。本书内容围绕面向对象编程的基础及深入、可视化编程的基础及深入、数据库编程及应用 3 个方面进行重点论述,以上 3 个方面既是 C♯语言的精髓,也是读者入门时最为关键、最为关心的问题。本书中含有大量精心设计的代码实例,通过研究这些代码,读者可以深刻地理解和掌握 C♯语言的程序设计实用的、关键的方法和技巧。在这些实例的基础上,读者可以快速、高效地开发出高质量的应用程序。本书中包含大量习题,可以帮助读者进一步掌握基本编程和基本概念,书后还附有相关的实验指导,可锻炼读者的编程和应用的实践能力。

此外,与本书相配套的辅导教程为《C♯程序设计项目教程——实验指导与课程设计》,由黄兴荣主编,可与本书无缝配套使用。

本书可作为高等学校及软件学院的教材,也可作为从事软件开发和应用人员的参考书。

图书在版编目(CIP)数据

C♯程序设计实用教程/黄兴荣,李昌领,李继良编著.—2 版.—北京:清华大学出版社,2016(2024.1重印)
ISBN 978-7-302-43817-5

Ⅰ.①C… Ⅱ.①黄… ②李… ③李… Ⅲ.①C 语言—程序设计—教材 Ⅳ.①TP312

中国版本图书馆 CIP 数据核字(2016)第 100213 号

责任编辑:魏江江 王冰飞
封面设计:杨 夕
责任校对:胡伟民
责任印制:宋 林

出版发行:清华大学出版社
　　　　网　　　址:https://www.tup.com.cn,https://www.wqxuetang.com
　　　　地　　　址:北京清华大学学研大厦 A 座　　　　　　邮　　编:100084
　　　　社 总 机:010-83470000　　　　　　　　　　　　邮　　购:010-62786544
　　　　投稿与读者服务:010-62776969,c-service@tup.tsinghua.edu.cn
　　　　质量反馈:010-62772015,zhiliang@tup.tsinghua.edu.cn
　　　　课件下载:https://www.tup.com.cn,010-62795954
印 装 者:涿州汇美亿浓印刷有限公司
经　　销:全国新华书店
开　　本:185mm×260mm　　　　印　　张:26.75　　　　字　　数:665 千字
版　　次:2009 年 10 月第 1 版　　2016 年 11 月第 2 版　　印　　次:2024 年 1 月第 11 次印刷
印　　数:32001～34000
定　　价:49.50 元

产品编号:067070-01

出版说明

随着我国改革开放的进一步深化，高等教育也得到了快速发展，各地高校紧密结合地方经济建设发展需要，科学运用市场调节机制，加大了使用信息科学等现代科学技术提升、改造传统学科专业的投入力度，通过教育改革合理调整和配置了教育资源，优化了传统学科专业，积极为地方经济建设输送人才，为我国经济社会的快速、健康和可持续发展以及高等教育自身的改革发展做出了巨大贡献。但是，高等教育质量还需要进一步提高以适应经济社会发展的需要，不少高校的专业设置和结构不尽合理，教师队伍整体素质亟待提高，人才培养模式、教学内容和方法需要进一步转变，学生的实践能力和创新精神亟待加强。

教育部一直十分重视高等教育质量工作。2007 年 1 月，教育部下发了《关于实施高等学校本科教学质量与教学改革工程的意见》，计划实施"高等学校本科教学质量与教学改革工程（简称'质量工程'）"，通过专业结构调整、课程教材建设、实践教学改革、教学团队建设等多项内容，进一步深化高等学校教学改革，提高人才培养的能力和水平，更好地满足经济社会发展对高素质人才的需要。在贯彻和落实教育部"质量工程"的过程中，各地高校发挥师资力量强、办学经验丰富、教学资源充裕等优势，对其特色专业及特色课程（群）加以规划、整理和总结，更新教学内容、改革课程体系，建设了一大批内容新、体系新、方法新、手段新的特色课程。在此基础上，经教育部相关教学指导委员会专家的指导和建议，清华大学出版社在多个领域精选各高校的特色课程，分别规划出版系列教材，以配合"质量工程"的实施，满足各高校教学质量和教学改革的需要。

本系列教材立足于计算机公共课程领域，以公共基础课为主、专业基础课为辅，横向满足高校多层次教学的需要。在规划过程中体现了如下一些基本原则和特点。

（1）面向多层次、多学科专业，强调计算机在各专业中的应用。教材内容坚持基本理论适度，反映各层次对基本理论和原理的需求，同时加强实践和应用环节。

（2）反映教学需要，促进教学发展。教材要适应多样化的教学需要，正确把握教学内容和课程体系的改革方向，在选择教材内容和编写体系时注意体现素质教育、创新能力与实践能力的培养，为学生的知识、能力、素质协调发展创造条件。

（3）实施精品战略，突出重点，保证质量。规划教材把重点放在公共基础课和专业基础课的教材建设上；特别注意选择并安排一部分原来基础比较好的优秀教材或讲义修订再版，逐步形成精品教材；提倡并鼓励编写体现教学质量和教学改革成果的教材。

（4）主张一纲多本，合理配套。基础课和专业基础课教材配套，同一门课程可以有针对不同层次、面向不同专业的多本具有各自内容特点的教材。处理好教材统一性与多样化，基本教材与辅助教材、教学参考书，文字教材与软件教材的关系，实现教材系列资源配套。

（5）依靠专家，择优选用。在制定教材规划时依靠各课程专家在调查研究本课程教材建设现状的基础上提出规划选题。在落实主编人选时，要引入竞争机制，通过申报、评审确定主题。书稿完成后要认真实行审稿程序，确保出书质量。

繁荣教材出版事业，提高教材质量的关键是教师。建立一支高水平教材编写梯队才能保证教材的编写质量和建设力度，希望有志于教材建设的教师能够加入到我们的编写队伍中来。

21世纪高等学校计算机应用技术规划教材

联系人：魏江江 weijj@tup.tsinghua.edu.cn

前　言

　　C♯语言作为高效的.NET开发语言已成为业界主流的程序设计语言之一,C♯结合ASP.NET平台开发应用程序代表了当前的编程方向。C♯功能强大,编程过程简洁、明快,具有语言易学、易用,适合快速进行程序开发的特性。

　　本书是《C♯程序设计实用教程》的第2版,在继续保留原书特点——注重教程的实用性和实践性的基础上,许多例题重新经过精心的考虑和设计,使之既能帮助读者理解编程细节,同时又具有启发性。另外,本版次的编程开发平台进行了更新,更新为Visual Studio 2012和SQL Server 2008,并对原书的部分例题的内容做了调整,增加了一些新的知识点。

　　本书针对没有编程经验的读者进行编著,旨在强化读者的实践环节,提高他们的动手能力和分析问题、解决问题的能力,能够在轻松、愉快的环境下迅速引领读者进入C♯的殿堂,领略.NET的美妙,掌握使用C♯语言进行程序设计所必需的、实用的方法和技巧。本书"以必需、实用为宗旨",着力打造一部与工程实践紧密结合的入门级的教程,提高读者的编程设计和应用能力。其主要特点如下:

　　(1)教学目标具体明确,重点突出。本书的重点分解为结构化程序设计、面向对象设计、可视化编程、C/S模式的数据库编程等能力模块进行论述。

　　(2)本书内容围绕3个方面论述,重点突出,这3个方面是面向对象编程的基础及深入、可视化编程的基础及深入、数据库编程及应用,这3个方面既是C♯语言的精髓,也是读者入门时最为关键、最为关心的问题。

　　(3)在选材上,本书重在"以必需、实用为界",不对理论过多论述,减少读者的负担,做到深入浅出,对于重点的例子分别进行代码与设计分析,做到入情入理。

　　(4)强调与实践结合、突出实用的案例。各章均有大量例子,并在第13章给出了一个综合实例(使用C♯、SQL Server等技术),从而引领读者进入工程实践中。

　　(5)语言生动流畅,没有晦涩的专业术语和案例,能够使读者在轻松、愉快的环境下迅速掌握使用C♯语言进行程序设计的方法和技巧。

　　此外,与本书相配套的辅导教程为《C♯程序设计项目教程——实验指导与课程设计》,由黄兴荣主编,ISBN为978-7-302-22675-8,可与本书无缝配套使用,具有良好的帮助读者自学的效果。

　　本书特别适合于C♯的初学者,也适合于有一定编程经验并想使用C♯开发应用程序的专业人员。本书可作为高等学校及软件学院的教材,也可作为从事软件开发和应用人员的参考书。

　　本书由黄兴荣、李昌领、李继良编著,其他参编人员有梁双华、梁晓宏、马小绎、段珊珊、戚海永、郭夫兵。黄兴荣编写第1~10章,李昌领编写第11章和第12章,李继良编写第13

章。全书由黄兴荣统稿。另外，在本书的编写过程中，编者的学生顾万龙给予了支持与帮助，在此表示感谢。

　　希望本书能对读者学习C♯有所帮助，在编写过程中，我们力求写出C♯的精髓，但是，由于编者水平有限，书中不妥之处在所难免，敬请读者批评指正并提出宝贵意见。

编　者

2016 年 5 月

目　录

C#概述

本章简要介绍 Microsoft .NET 和 C♯ 语言,包括 Microsoft .NET 平台的设计理念、主要构成和设计目标,以及 C♯ 语言的特点、运行模型和集成开发环境,以便于读者对 C♯ 有一个初步的了解。

1.1 Microsoft .NET 概述

Microsoft .NET 是微软公司推出的下一代面向互联网软件和服务战略,它的出现标志了新的软件设计理念和服务理念的产生。Microsoft .NET 使得用户、企业和服务商三者的联系更加紧密,使得计算和通信从目前广泛应用的单个网站环境变成丰富、合作和交互的网站环境,从而大大方便了用户,提高了企业的效率,丰富了服务提供商的服务内容。

1.1.1 Microsoft .NET 的目标

互联网的出现彻底改变了人类的生活方式。从静态页面到能够与用户交互的动态页面,互联网已经能够实现很强大的功能。Web 应用系统能够根据用户的要求动态地处理数据,向用户提供个性化的服务。

但是现在的浏览器页面各自独立,互不相干。在互联网模式中,信息被存储在 Web 服务器内,用户的所有操作都依靠它,而无法让不同的网页互相合作,传递有意义的信息,提供更深层次的服务。

于是,微软公司梦想把整个互联网变成一个操作系统,用户在互联网上开发应用程序,使用互联网上的所有应用,就好像它们在自己办公室里的计算机上一样,感觉不到互联网的存在。微软公司希望"Code Once, Run Anywhere",即写好一个程序,然后能够将其用于四海,这就是 Microsoft .NET 的目标。

1.1.2 Microsoft .NET 的组成

.NET 可以被认为是一个"商标",在该商标下可以包含 Microsoft 的所有产品和服务。Microsoft .NET 包含以下组成部分。

- Microsoft .NET 平台:包含 .NET 基础结构和工具,以运行新一代服务程序;.NET 用户体验支持更加丰富的客户端;.NET 构造模块提供新一代高度分布式超服务;还有 .NET 设备软件,以支持新型智能化因特网设备。

- Microsoft . NET 产品和服务：包含带有核心构造模块服务的 Windows . NET，以及 MSN . NET、个人订阅服务、Office . NET、Visual Studio . NET 和 bCentral for . NET。
- 第三方.NET 服务：微软众多的商务伙伴和第三方开发商将有机会制造出基于 . NET 平台的企业软件和垂直型服务程序。

目前，经常被用到的有. NET Framework，. NET Framework SDK、Visual Studio、ADO . NET、ASP . NET 以及专门为. NET 平台设计的 C♯语言等。

1.1.3　.NET Framework 和 C♯

. NET Framework 是一个平台，它类似于 Java 的虚拟机，. NET 程序是运行在. NET Framework 之上的。假设.NET 程序是在 Windows 8 系统下开发的，若想把程序部署到 Windows Server 2008 系统的服务器上，那么需要在服务器中安装.NET Framework。由此可见，只要系统中装有. NET Framework，那么，. NET 程序就可以在这个系统中运行。

从整体上，. NET Framework 架构如图 1-1 所示。Microsoft . NET Framework 是用于 Windows 的新托管代码编程模型，它将强大的功能与新技术结合起来，用于构建具有视觉上引人注目的用户体验的应用程序，实现跨技术边界的无缝通信，并且能支持各种业务流程。Microsoft . NET Framework 版本包括 1.0、1.1、2.0、3.0、3.5、4.0、4.5 等。

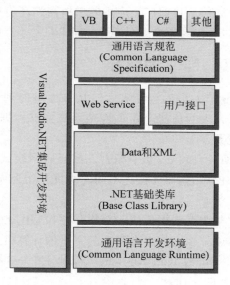

图 1-1　. NET Framework 架构

1．通用语言开发环境

在开发程序时，如果使用符合通用语言规范（Common Language Specification，CLS）的开发语言，那么所开发的程序可以在任何有通用语言开发环境（Common Language Runtime，CLR）的操作系统下执行，包括 Windows 9X、Windows 2000、Windows XP、Windows 7、Windows 8 等。

2..NET 基础类库

简单来说,.NET 基础类库(Basic Class Library)是一套函数库,以结构严密的树状层次组织,并由命名空间(Namespace)和类(Class)组成,其功能强大、使用简单,并具有高度的可扩展性。

3..NET 开发语言

.NET 是多语言开发平台,所谓的.NET 开发语言指的是符合通用语言规范的程序语言。目前微软公司提供了 Visual Basic.NET、C♯、C++等,其他厂商提供了很多对.NET 的语言支持,包括 APL、COBOL、Pascal、Eiffel、Haskell、ML、Oberon、Perl、Python、Scheme、Smalltalk 等。

4. Visual Studio 集成开发环境

.NET 集成开发环境 Visual Studio 是开发.NET 应用的利器,秉承了 Microsoft IDE 一贯的易用性及功能非常强大的特点。Visual Studio 包括 VS2005、VS2008、VS2010、VS2012 等版本。Visual Studio 是微软公司所提供的编程工具,.NET Framework 是为 C♯等编程语言提供的类库,为方便快速开发,也提供一些安装软件必须安装的系统组件。

一般来说,Visual Studio 的不同版本对应着不同版本的.NET Framework。在安装 Visual Studio 时都会默认安装.NET Framework。例如,在安装 Visual Studio 2012 的时候就会默认安装.NET Framework 4.5。

虽然.NET 可以支持多种开发语言,但只有 C♯是为.NET Framework 量身定做的,拥有所有.NET Framework 提供的优点,例如资源回收、内存自动管理等,能够最完美地体现.NET 的功能。

首先来了解一下 C♯的诞生。C 和 C++一直是最有生命力的编程语言,这两种语言提供了强大的功能、高度的灵活性以及完整的底层控制能力。其缺点在于开发周期较长,另外,学习起来也是一项比较艰苦的任务。而许多开发效率更高的语言,如 Visual Basic,在功能方面又具有局限性。于是,在选择开发语言时,许多程序员面临两难的抉择。

针对这个问题,微软公司在 2000 年 6 月发布了一种新的编程语言,称之为 C♯(读作 C Sharp)。C♯是为.NET 平台量身定做的开发语言,采用面向对象的思想,支持.NET 最丰富的基本类库资源。C♯提供了快捷的开发方式,并且没有丢掉 C 和 C++强大的控制能力。C♯与 C、C++非常相似,C 和 C++的程序员能够很快地掌握 C♯。C♯的诞生汲取了目前所有的开发语言的精华。

目前使用 C♯进行 C/S(客户机/服务器)架构编程或用 C♯与 ASP.NET 结合进行 B/S(浏览器/服务器)架构编程的人员越来越多,用 C♯进行编程必将成为今后程序设计的趋势。

1.2　C♯语言介绍

C♯是专门为.NET 应用开发的语言,与.NET 框架(.NET Framework)完美结合。在.NET 类库的支持下,C♯能够全面地体现.NET Framework 的各种优点。

1.2.1　C♯语言的特点

总的来说，C♯具有以下突出的优点。

1．语法简洁

C♯源自 C 和 C++，与它们相比，C♯最大的特点是不允许直接操作内存，去掉了指针操作。另外，C♯简化了 C++中一些冗余的语法，例如"♯define"等，使语法更加简洁。

2．彻底的面向对象设计

C♯是彻底的面向对象语言，每种类型都可以看作一个对象。C♯具有面向对象所应有的一切特征，例如封装、继承和多态，并且精心设计。C♯极大地提高了开发者的效率，缩短了开发周期。

3．与 Web 应用紧密结合

C♯与 Web 紧密结合，支持绝大多数的 Web 标准，例如 HTML、XML、SOAP 等。利用简单的 C♯组件，开发者能够快速地开发 Web 服务，并通过 Internet 使这些服务能被运行于任何操作系统上的应用所调用。

4．强大的安全性机制

C♯具有强大的安全机制，可以消除软件开发中的许多常见错误，并能够帮助开发者尽量使用最少的代码来完成功能，这不仅减轻了开发者的工作量，同时有效地避免了错误的发生。另外，.NET 提供的垃圾回收器能够帮助开发者有效地管理内存资源。

5．完善的错误、异常处理机制

对错误的处理能力是衡量一种语言是否优秀的重要标准。在开发中，即使最优秀的程序员也会出现错误。C♯提供了完善的错误和异常处理机制，使程序在交付应用时能够更加健壮。

6．灵活的版本处理技术

在大型工程的开发中，升级系统的组件非常容易出现错误。为了处理这个问题，C♯语言本身内置了版本控制功能，使开发人员能够更加容易地开发和维护各种商业应用。

7．兼容性

C♯遵守.NET 的公共语言规范，从而保证能够与用其他语言开发的组件兼容。

1.2.2　C♯的运行环境

C♯是 Visual Studio.NET 的一部分，作为一个强大的集成开发工具，Visual Studio.NET 对系统环境有较高的要求。因此，用户在安装 C♯之前要全面确定所使用计算机的软、硬件配置情况，看看是否能达到基本配置的要求，以便正确地安装并全面地使用其强大的功能。

对于硬件要求，这里不做介绍，在此只介绍 C# 的软件运行要求。

- 操作系统：Windows 7、Windows 8、Windows XP 或 Windows 2010 等。
- 后台数据库：Access 2010 或 SQL Server 2008 等。
- Visual Studio：按微软公司推出 Visual Studio（Visual Studio，VS）版本的时间，Visual Studio 包括 VS2005、VS2008、VS2010、VS2012 等版本，同一个版本的 Visual Studio 按照所提供的不同功能和工具又分为标准版、专业版、Tools for Office 版和 Team System 版等版本。

注意：本书中的 C# 实例基于以下运行环境，即操作系统为 Windows 8、后台数据库为 SQL Server 2008 R2、Visual Studio 为 VS2012。

1.3　C♯的启动和集成开发环境

1.3.1　C♯的启动

由于 Visual Studio . NET 所包括的各语言工具都使用相同的集成开发环境（Integrated Development Environment，IDE），所以在启动 C♯ 之前要启动整个 Visual Studio . NET。此时，在开始菜单中选择"所有应用程序"→Microsoft Visual Studio 2012→Visual Studio 2012 命令，打开"起始页-Microsoft Visual Studio"窗口。启动 C♯ 开发环境有两种方式，一种是单击"起始页"上的"打开项目"，选择现在已经存在的 C♯ 项目文件；另一种是单击"起始页"上的"新建项目"，打开"新建项目"对话框进行设置，如图 1-2 所示。

图 1-2　"新建项目"对话框

在"项目类型"列表框中选择"Visual C#"，然后在"模板"列表框中选择一个项目模板（如果是开发 Windows 应用项目，则选择"Windows 应用程序"），并在下面的"名称"文本框中设置新项目名称，然后单击"确定"按钮，一个新的 C#项目就成功创建了，并进入 Visual Studio .NET 强大的集成开发环境，如图 1-3 所示。

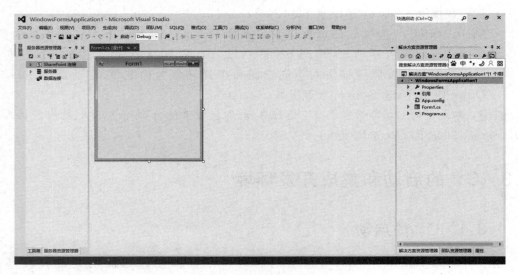

图 1-3　C#集成开发环境

1.3.2　C#的集成开发环境

C#的集成开发环境集成了设计、开发、编辑、测试和调试等多种功能，使开发人员能够方便、快速地开发应用程序。

集成开发环境标题下面是菜单栏和工具栏，中间工作区是用来设计程序界面的窗体设计器和代码编辑窗口。除此之外，集成开发环境的四周有很多浮动窗口。

1. 菜单栏

在菜单栏中有若干个菜单项，每个菜单项都有一个下拉式菜单，主要菜单项如下。

(1) 文件(File)：主要包括新建(New)、打开(Open)、保存(Save)、新建项目(New Project)以及打开和关闭解决方案等命令。

(2) 编辑(Edit)：主要包括一些符合 Windows 操作风格的进行文件编辑的各项命令。

(3) 视图(View)：包含显示与隐藏工具栏、工具箱(Toolbox)和各种独立的工具窗口的所有命令。

(4) 项目(Project)：包括当前项目添加、改变和删除组件以及引用 Windows 对象和添加部件等命令。

(5) 生成(Build)：包含代码生成的有关命令。

(6) 调试(Debug)：包含调试程序的命令以及启动和中止当前应用程序运行的命令。

(7) 格式(Format)：包含改变窗体上控件的大小和对齐方式等命令。

(8) 工具(Tools)：包含进程调试、数据库连接、宏和外接程序管理、设置工具箱和选项等命令。

(9) 窗口（Window）：包含一些屏幕窗口布局的命令。

(10) 帮助（Help）：包含方便开发人员使用帮助信息的命令。

除了上述菜单项以外，菜单栏中还包括"团队"、SQL、"测试"、"体系结构"、"分析"菜单项。

2. 工具栏

工具栏是由多个图标按钮组成的，可提供对常用命令的快速访问。除了在菜单栏下面显示的标准工具栏外，还有 Web 工具栏、控件布局工具栏等多种特定功能的工具栏。如果要显示或隐藏这些工具栏，可以选择"视图"菜单中的"工具栏"命令，或者在标准工具栏上右击，在弹出的快捷菜单中选择所需的工具栏。

标准工具栏中的各按钮如图 1-4 所示。

图 1-4　标准工具栏

3. 工具箱

工具箱中包含了建立应用程序的各种控件以及非图形化的组件，如图 1-5 所示。

工具箱由不同的选项卡组成，各类控件、组件分别放在"所有 Windows 窗体"、"公共控件"、"容器"、"菜单和工具栏"、"数据"、"组件"、"打印"、"对话框"、"报表"、"WPF 互操作性"、"常规"等选项卡里面。

如果在工具箱中选择控件拖放到窗体 1(Form1)中，该操作会自动在 Form1.Designer.cs 文件中添加相应的控件代码。

工具箱是一个浮动的控件，单击 图 按钮，可以隐藏或固定工具箱。用户可以在工具箱上右击，弹出其相应的快捷菜单，在快捷菜单中通过选择"上移"或"下移"命令调整控件的顺序；选择"添加选项卡"命令添加选项卡；通过"选择项"命令打开"选择工具箱项"对话框添加.NET Framework 类库的组件和 COM 组件。

4. 解决方案资源管理器

在 C#中，项目是一个独立的编程单位，其中包含了窗体文件和其他一些相关的文件，若干个项目构成了一个解决方案。"解决方案资源管理器"对话框如图 1-6 所示，它以树状结构显示整个解决方案中包含哪些项目以及每个项目的组成信息。

在 C#中，所有包含 C#代码的源文件都是以.cs 作为扩展名，而不管它是包含窗体还是普通代码，在解决方案资源管理器中显示这个文件，然后就可以编辑它了。在每个项目的下面显示了一个引用，其中列出了该项目的组件。

在解决方案资源管理器的上面有几个选项按钮，例如"刷新"、"全部折叠"、"显示所有文件"、"查看代码"、"属性"和"预览选定项"等。

图 1-5　工具箱

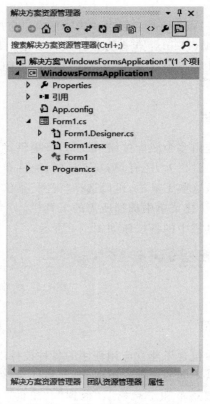

图 1-6　解决方案资源管理器

5.窗体设计器

当创建和打开一个 C#项目时,在其集成开发环境的中间的工作区域将显示一个窗体设计器,窗体设计器如图 1-7 所示。

窗体是一个容器,能够放置应用程序所需的所有控件以及图形、图片,并可以改变大小和移动方向。窗体设计器是用于设计和编制应用的用户接口(User Interface,UI),即设计应用程序的界面。C#应用程序是以窗体为容器进行设计的。应用程序中的每一个窗口都有自己的窗体设计器,其中最常用的窗体设计器是 Windows 窗体设计器。在这个窗体设计器上可以拖动各种控件,创建 Windows 应用程序界面。除此之外,在 C#中创建项目时可以创建 Web 界面的 Web 窗体设计器。

6.属性窗口

属性窗口用于显示和设置所选定控件或者窗体等对象的属性。在设计应用程序时,可以通过属性窗口设置或修改对象的属性。属性窗口由对象列表框、选项按钮和属性列表框几个部分组成,如图 1-8 所示。对象列表框中显示了选定对象的名称,列表框下面是选项按钮,█ 表示按分类排序,█ 表示按字母排序,单击 █ 按钮可以显示对象的属性,单击 █ 按钮则显示对象的事件。

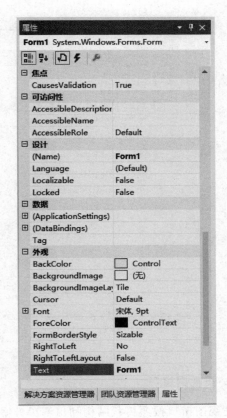

图 1-8　属性窗口

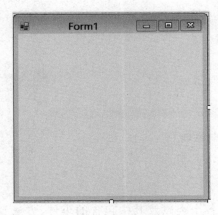

图 1-7　窗体设计器

7. 代码编辑窗口

代码编辑窗口是专门用来进行代码设计的窗口,各种事件过程、模块和类等源程序代码的编写和修改均在此窗口中进行,代码编辑窗口如图 1-9 所示。

从"视图"菜单中选择"代码"命令、按 F7 键、用鼠标双击窗体或者窗体上的一个控件均可以打开代码编辑窗口。

代码编辑窗口的左上方为对象列表框,单击其下拉按钮,可以显示项目中全部对象的名称;右上方是事件、方法列表框,其中列出了所选定对象相关的事件、方法。通常,在编写事件过程时,在对象列表框中选择对象名称,然后在事件、方法列表框中选择对应的事件过程名称,这样即可在代码编写区域中构成所选定对象的事件过程模板,可以在该事件过程模板中编写事件过程代码。

在 C♯ 中代码编辑窗口有两个显著的特点:一是表示项目窗体和控件的代码现在均是可见的;二是 C♯ 的代码窗口就像 Windows 资源管理器左边的树状目录结构一样,一个代码块、一个过程,甚至是一段注释都可以折叠为一行。在如图 1-9 所示的代码编辑窗口中,用户可以看到几行代码左边有一个"＋"号或"－"号,单击"－"号可以将一段代码隐藏起来,只显示第一行,而单击"＋"号可以将其展开。

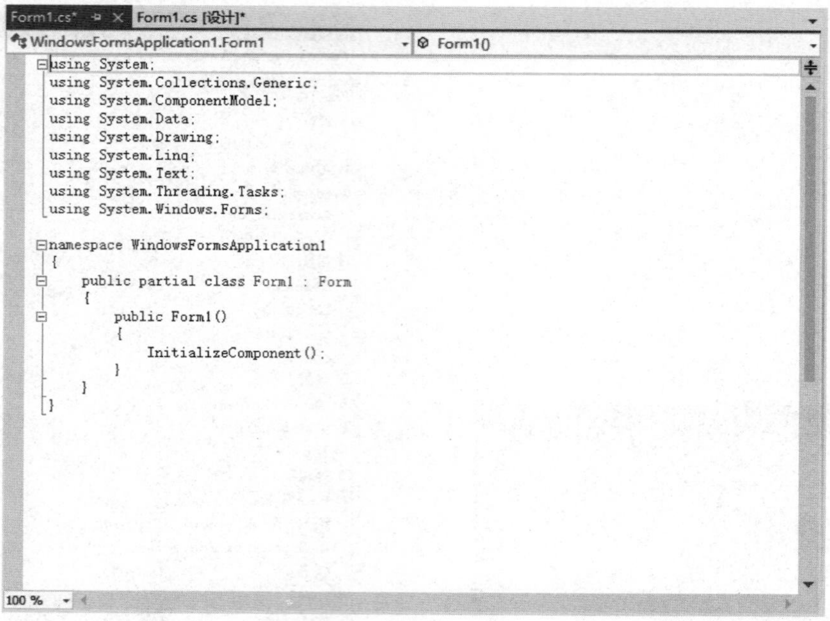

Form1.cs*
Form1.cs [设计]*
WindowsFormsApplication1.Form1
Form1()
using System;
using System.Collections.Generic;
using System.ComponentModel;
using System.Data;
using System.Drawing;
using System.Linq;
using System.Text;
using System.Threading.Tasks;
using System.Windows.Forms;
namespace WindowsFormsApplication1
{
public partial class Form1 : Form
{
public Form1()
{
InitializeComponent();
}
}
}
100 %

图 1-9　代码编辑窗口

8. 类视图窗口

类视图窗口按照树状结构列出解决方案中的各个类以及其中包含的事件、方法和函数等。双击类视图中的一个元素，即可打开这个元素的代码窗口，这对于浏览代码来说是一种很方便的方式。类视图窗口如图 1-10 所示。

类视图
<搜索>
WindowsFormsApplication1
项目引用
Microsoft.CSharp
mscorlib
System
System.Core
System.Data
System.Data.DataSetExtensions
System.Deployment
System.Drawing
System.Windows.Forms
System.Xml
System.Xml.Linq
WindowsFormsApplication1
Form1
Program
WindowsFormsApplication1.Properties
解决方案资源管理器
团队资源管理器
类视图

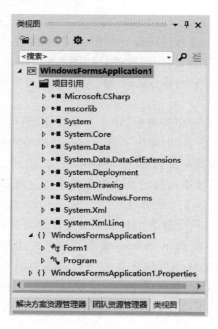

图 1-10　类视图窗口

9. 对象浏览器窗口

在对象浏览器窗口中可以方便地查找程序中使用的所有对象的信息,包括程序中引用的系统对象和用户自定义的对象。

对象浏览器的左边窗口以树状分层结构显示系统中所用到的所有类。双击其中的一个类,在右边窗口中就显示这个类的属性、方法、事件等。对象浏览器窗口如图1-11所示。

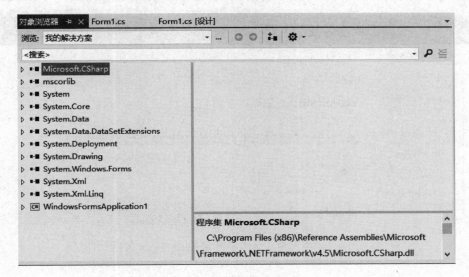

图 1-11　对象浏览器窗口

10. 输出窗口

在输出窗口中可以输出程序运行时产生的信息,包括在应用程序中设定要输出的信息和编程环境给出的信息,如图1-12所示。

图 1-12　输出窗口

11. 查看 MSDN Library

对于初学者而言,MSDN Library 功能是很有用的。MSDN Library 是通过"帮助"菜单下的"查看帮助"命令打开的,这是微软公司所提供的帮助系统。在线 MSDN Library 如图1-13所示。

MSDN Library 即为 MSDN，MSDN 的全称是 Microsoft Developer Network，它是微软公司面向软件开发者的一种信息服务。MSDN 涵盖了微软公司的全套可开发产品线的技术开发文档和科技文献（部分包括源代码）等。对于 MSDN Library，用户可以通过在线或者 MSDN 订阅（需付费）以脱机方式浏览。

图 1-13　在线 MSDN Library

1.4　本章小结

本章从 Microsoft .NET 和 C♯ 的由来开始讲述，使读者对 C♯ 的语言特点以及其程序的开发环境有一个大致的了解。本章的内容对于以后的学习来说很重要，希望读者认真阅读、加深理解，以便于今后的学习。

习题

1-1　说明和理解 .NET Framework、Visual Studio 和 C♯ 这三者之间的关系。

1-2　简述 C♯ 语言有什么特点。

1-3　理解和解释下列名词：

　　.NET Framework、CLR、CLS、IDE

第 **2** 章

C#程序设计入门

本章分别通过一个控制台应用程序和一个 Windows 应用程序的创建、编译、执行、结构分析介绍了 C#程序设计相关的基础知识，包括 C#程序基本程序、编译程序以及一些基本输入/输出操作等。

2.1 第一个控制台应用程序

.NET 可以实现多种应用，主要包括控制台应用程序、Windows Form 程序以及 Web 应用。下面首先实现第一个最简单的 C#控制台程序——Welcome。

2.1.1 创建程序

下面使用 Visual Studio 2012 提供的项目模板创建一个控制台应用程序（Console Application），这个程序将在窗口中显示"Welcome，C#!"的信息。

（1）启动 Visual Studio 2012。

（2）如果要创建一个 C#控制台应用程序，首先选择"文件"→"新建"→"项目"命令，打开"新建项目"对话框，如图 2-1 所示。

图 2-1 "新建项目"对话框

（3）在该对话框中，从左边项目类型的"已安装"下的"模板"列表框中选择"Visual C♯"选项，然后在右边的"模板"列表框中选择"控制台应用程序"选项，此时，在对话框下面的"名称"文本框中根据需要输入项目的名称，如果要改变项目的位置，则可以通过单击"位置"文本框右边的"浏览"按钮打开"项目位置"对话框来选择一个目录。在本例中，项目名称为Welcome，项目文件保存在"F:\C♯第二版写作\教材源代码\CH02\ Welcome_Console"目录中，如图 2-1 所示。最后单击"确定"按钮，关闭"新建项目"对话框，让 Visual Studio 为用户自动生成代码。图 2-2 给出了自动生成的代码。

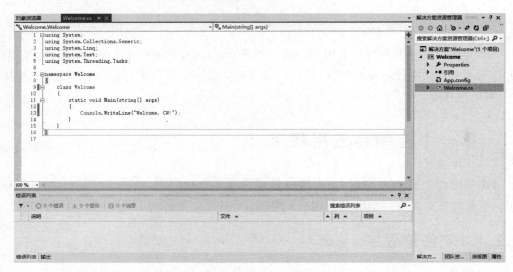

图 2-2　Welcome 项目

（4）查看解决方案资源管理器，如图 2-3 所示。在文件"Program. cs"上右击，选择"重命名"命令，将其改名为"Welcome. cs"。

（5）查看主窗口，里面已经有 VS 2012 自动生成的代码。

```
1.   using System;
2.   using System. Collections. Generic;
3.   using System. Linq;
4.   using System. Text;
5.   using System. Threading. Tasks;
6.
7.   namespace Welcome
8.   {
9.       class Welcome
10.      {
11.          static void Main(string[] args)
12.          {
13.          }
14.      }
15.  }
```

在第 11 行将"static void Main(string[] args)"改为"static void Main()"。在第 12 行和第 13 行中间添加以下代码：

```
Console.WriteLine("Welcome, C#!");
```

（6）按 Ctrl＋F5 组合键或者选择"调试"→"开始执行"命令，启动程序后结果如图 2-4 所示。

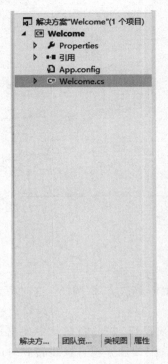

图 2-3　Welcome 项目的解决
方案资源管理器

图 2-4　Welcome 项目的运行结果

（7）查看工程文件。

在目录"F:\C#第二版写作\教材源代码\CH02\ Welcome_Console"下用户会发现文件夹"Welcome"，这是 VS 为本工程所建立的工程文件夹。进入 Welcome 文件夹中，发现此文件夹包含一个 Welcome 文件夹和一个 Welcome.sln 文件，在此先对 Welcome.sln 文件进行简单介绍。

• Welcome.sln：解决方案文件，"sln"是 solution 缩写，双击该文件可以打开本工程。

再打开"Welcome"下的"Welcome"文件夹，在这个文件夹中包含 3 个文件夹和 3 个文件。"Welcome"下的"Welcome"文件夹中包含的文件夹和文件如图 2-5 所示，3 个文件夹分别为 bin、obj 和 Properties，3 个文件分别为 App.config、Welcome.cs 和 Welcome.csproj。

bin 文件夹用来保存项目生成后的程序集，它有 Debug 和 Release 两个版本，分别对应的文件夹为 bin/Debug 和 bin/Release，这个文件夹是默认的输出路径。obj 文件夹用来保存每个模块的编译结果。

• Welcome.cs：工程代码文件，"cs"为 C Sharp 的缩写。

• 在子目录"bin\Debug"下用户可以发现可执行文件"Welcome.exe"，双击可以执行。

至此，第一个控制台应用程序就完成了。

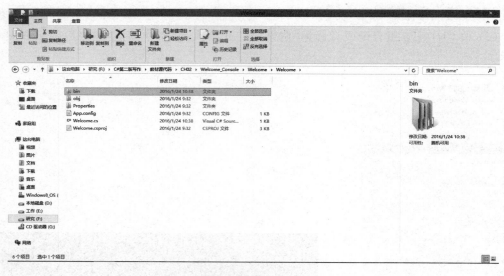

图 2-5　"Welcome"下的"Welcome"文件夹

2.1.2　编译和执行程序

如果要编译一个 C# 应用程序，要从"生成"菜单中选择"生成解决方案"命令，这时 C# 编译器将编译、链接程序，并最终生成可执行文件。

若在编译过程中出现错误，将出现如图 2-6 所示的错误列表窗口，并已经在其中列出了编译过程中所遇到的每一条错误。用户可以双击错误列表窗口中的任务项直接跳转到对应的代码行。

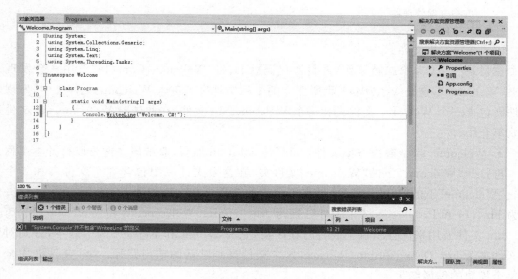

图 2-6　错误列表窗口

如果程序中没有错误，编译器将会生成可执行文件。在 Visual Studio 中，用户可以采用两种方式运行程序：一种是调试运行，另一种是不进行调试而直接运行。如果要调试程序,可以选择"调试"→"开始"命令或单击工具栏中的"调试"按钮,或者直接按 F5 键;如果要直接运行程序,则选择"调试"→"开始执行"命令或按 Ctrl+F5 组合键。运行本例的程序,其运行结果如图 2-4 所示。

2.1.3　C#程序结构分析

下面基于上述的 Welcome 项目的代码来分析 C#应用程序的结构。

1. 命名空间

在 Welcome 程序中,第 1 行语句"using System;"表示导入 System 命名空间,第 13 行语句"Console.WriteLine("Welcome,C#!");"中的 Console 是 System 命名空间中包含的系统类库中已定义好的一个类,它代表系统控制台,即字符界面的输入和输出。

C#程序用命名空间来组织代码,如果要访问某个命名空间中的类或对象,必须用以下语法:

命名空间.类名

由于 Console 类位于 System 命名空间中,所以用户在访问 Console 类时完整的写法如下:

System.Console

但是,在程序的第 1 行使用了以下语句:

using System;

这条语句用 using 导入 System 命名空间,这样在本程序中可以直接使用 System 命名空间中的类或对象,所以要访问 Console 类,可以不用写为 System.Console,而直接写为 Console 即可。

2. 类

C#要求其程序中的每一个元素都属于一个类。在 Welcome 程序中,class Welcome 声明了一个类,类的名字为 Welcome,这个程序的功能就是依靠它来完成的。C#程序由大括号"{"和"}"构成,程序中的每一对大括号"{ }"构成一个块。大括号成对出现,可以嵌套,即块内可以出现子块,嵌套深度不受限制,可以嵌套任意层,但是一定要保证"{"和"}"成对出现,否则程序就是错误的。

3. Main()方法

程序从下面的代码开始:

static void Main()

这行代码所定义的其实是 Welcome 类的一个静态方法。C#规定,名字为 Main()的静态方法就是程序的入口,当程序执行时直接调用这个方法。这个方法包含一对大括号"{"和"}",在这两个括号之间的语句就是该方法所包含的可执行语句,也就是该方法所要执行的功能。本例中该方法要执行的功能是输出"Welcome，C#!"字符串,方法的执行从左括号"{"开始,到右括号"}"结束。

　　从上面的程序中还可以看出,Main()方法的所有部分都是包含在另一对大括号中的,这是 Welcome 类所带的一对大括号,该大括号中的所有部分都是 Welcome 类的成员。在 C#程序中,程序的执行总是从 Main()方法开始。在一个 C#程序中不允许出现两个或两个以上的 Main()方法,而且在 C#中 Main()方法必须包含在一个类中。

4. 注释

　　在编写程序的过程中经常要对程序中比较重要或需要注意的地方加以说明,但这些说明又不能参与程序的执行,通常采用注释的方式将这些说明加入到程序中。合理的注释不仅不会浪费编写程序的时间,反而能让程序更加清晰,这也是编程人员具有良好编程习惯的表现之一。

　　在 C#语言中提供了下面两种注释方法:

　　(1) 每一行中"//"后面的内容作为注释内容,该方式只对本行生效。

　　(2) 当需要多行注释的时候,在第 1 行之前使用"/*",在最后一行之后使用"*/",即被"/*"与"*/"所包含的内容都作为注释内容。

　　通过以上分析可知 C#程序的基本结构如下:

```
//导入.NET 系统类库提供的命名空间
using System;
using System.Collections.Generic;
using System.Linq;
using System.Text;
using System.Threading.Tasks;

namespace Welcome
{
    class Welcome            //定义类
    {
        static void Main()/* 程序的入口,其中 static 表示 Main()方法是一个静态方法,void 表
                             示该方法没有返回值 */
        {
            //输出"Welcome, C#!"
            Console.WriteLine("Welcome, C#!");
        }
    }
}
```

2.2　输入与输出操作

　　一般情况下,数据输入的方式有两种,即从控制台输入,或者从文件中输入;数据的输出也有两种情况,可以输出到控制台,也可以输出到文件中。这里介绍控制台的输入和输出,对于文件系统的输入和输出将在后面介绍。

控制台(console)的输入和输出主要通过命名空间 System 中的 Console 类实现,它提供了从控制台读写字符的基本功能。控制台输入主要通过 Console 类的 Read 方法和 ReadLine 方法来实现,控制台输出主要通过 Console 类的 Write 方法和 WriteLine 方法来实现。

2.2.1　Console.WriteLine()方法

WriteLine()方法的作用是将信息输出到控制台,同时 WriteLine 方法在输出信息的后面添加一个回车换行符,用来产生一个新行。

在 WriteLine()方法中可以采用"{N[,M][:格式化字符串]}"的形式格式化输出字符串,其中参数的含义如下:

- 花括号("{}")用来在输出字符串中插入变量。
- N 表示输出变量的序号,从 0 开始,例如当 N 为 0 时,对应输出第 1 个变量的值;当 N 为 4 时,对应输出第 5 个变量,依此类推。
- [$,M$]是可选项,其中 M 表示输出的变量所占的字符个数,当这个变量的值为负数时,输出的变量按照左对齐方式排列;当这个变量的值为正数时,输出的变量按照右对齐方式排列。
- [:格式化字符串]也是可选项,因为在向控制台输出时经常需要指定输出字符串的格式。通过数字格式化字符串,可以使用 Xn 的形式指定输出字符串的格式,其中 X 指定数字的格式,n 指定数字的精度,即有效数字的位数。

这里提供 7 个常用的格式字符。

1. 货币格式

货币格式 C 或者 c 的作用是将数据转换成货币格式,在格式字符 C 或者 c 后面的数字表示转换后的货币格式数据的小数位数。例如:

```
double k = 1234.789;
Console.WriteLine("{0,8:c}", k);      //结果是￥1234
Console.WriteLine("{0,10:c4}", k);    //结果是￥1234.7890
```

2. 整数数据类型格式

格式字符 D 或者 d 的作用是将数据转换成整数类型格式,在格式字符 D 或者 d 后面的数字表示转换后的整数类型数据的位数。这个数字通常是正数,如果这个数字大于整数数据的位数,则格式数据将在首位前以 0 补齐,如果这个数字小于整数数据的位数,则显示所有的整数位数。例如:

```
int k = 1234;
Console.WriteLine("{0:D}", k);      //结果是 1234
Console.WriteLine("{0:d3}", k);     //结果是 1234
Console.WriteLine("{0:d5}", k);     //结果是 01234
```

3. 科学记数法格式

格式字符 E 或者 e 的作用是将数据转换成科学记数法格式，在格式字符 E 或者 e 后面的数字表示转换后的科学记数法格式数据的小数位数，如果省略了这个数字，则显示 7 位有效数字。例如：

```
int k = 123000;
double f = 1234.5578;
Console.WriteLine("{0:E}", k);      //结果是 1.230000E + 005
Console.WriteLine("{0:e}", k);      //结果是 1.230000e + 005
Console.WriteLine("{0:E}", f);      //结果是 1.234558E + 003
Console.WriteLine("{0:e}", f);      //结果是 1.234558e + 003
Console.WriteLine("{0:e4}", k);     //结果是 1.2300e + 005
Console.WriteLine("{0:e4}", f);     //结果是 1.2346e + 005
```

4. 浮点数据类型格式

格式字符 F 或者 f 的作用是将数据转换成浮点数据类型格式，在格式字符 F 或者 f 后面的数字表示转换后的浮点数据的小数位数，其默认值是 2，如果所指定的小数位数大于数据的小数位数，则在数据的末尾以 0 补充。例如：

```
int a = 123000;
double b = 1234.5578;
Console.WriteLine("{0, - 8:f}",a);   //结果是 123000.00
Console.WriteLine("{0:f}",b);        //结果是 1234.56
Console.WriteLine("{0, - 8:f4}",a);  //结果是 123000.0000
Console.WriteLine("{0:f3}",b);       //结果是 1234.558
Console.WriteLine("{0:f6}",b);       //结果是 1234.557800
```

5. 通用格式

格式字符 G 或者 g 的作用是将数据转换成通用格式，依据系统要求转换后的格式字符串最短的原则，通用格式可以使用科学记数法来表示，也可以使用浮点数据类型的格式来表示。例如：

```
double k = 1234.789;
int j = 123456;
Console.WriteLine("{0:g}", j);       //结果是 123456
Console.WriteLine("{0:g}", k);       //结果是 1234.789
Console.WriteLine("{0:g4}", k);      //结果是 1235
Console.WriteLine("{0:g4}", j);      //结果是 1.235e + 05
```

6. 自然数据格式

格式字符 N 或者 n 的作用是将数据转换成自然数据格式，其特点是数据的整数部分每 3 位用“,”进行分隔，在格式字符 N 或者 n 后面的数字表示转换后的格式数据的小数位数，其默认值是 2。例如：

```
double k = 211122.12345;
int j = 1234567;
Console.WriteLine("{0:N}",k);          //结果是 211,122.12
Console.WriteLine("{0:n}", j);         //结果是 1,234,567.00
Console.WriteLine("{0:n4}", k);        //结果是 211,122.1235
Console.WriteLine("{0:n4}", j);        //结果是 1,234,567.0000
```

7. 十六进制数据格式

格式字符 X 或者 x 的作用是将数据转换成十六进制数据格式,在格式字符 X 或者 x 后面的数字表示转换后的十六进制数据的数据位数。例如:

```
int j = 123456;
Console.WriteLine("{0:x}",j);          //结果是 1e240
Console.WriteLine("{0:x6}",j);         //结果是 01e240
```

另外,用户还可以不使用参数调用 WriteLine()方法,这时将在控制台中产生一个新行。

【例 2-1】　利用 Console.WriteLine()方法输出变量值。

程序代码如下:

```
using System;

namespace ConsoleWriteLine
{
    class Test
    {
        static void Main()
        {
            int i = 12345;
            double j = 123.45678;
            Console.WriteLine("i = {0,8:D}      j = {1,10:F3}", i, j);
            Console.WriteLine();
            Console.WriteLine("i = {0, - 8:D}      j = {1, - 10:F3}", i, j);
        }
    }
}
```

程序的运行结果如下:

```
i =    12345    j =    123.457

i = 12345        j = 123.457
```

在这个例子中输出了 3 行,第 1 行由"Console.WriteLine("i={0,8:D} j={1,10:F3}", i, j);"语句使输出按照右对齐方式排列(可以从数字与等号之间的距离看出这一点);第 2 行由"Console.WriteLine();"语句输出一个空行;第 3 行由"Console.WriteLine("i={0,−8:D}j={1,−10:F3}", i, j);"语句使输出按照左对齐的方式排列。

2.2.2　Console.Write()方法

　　Write()方法和 WriteLine()方法类似，都是将信息输出到控制台，但是输出到屏幕后并不会产生一个新行，即换行符不会连同输出信息一起输出到屏幕上，光标将停留在所输出信息的末尾。

　　在 Write()方法中也可以采用"{N[,M][:格式化字符串]}"的形式格式化输出字符串，其中参数的含义同 WriteLine()方法中所述。

　　【例 2-2】　利用 Console.Write()方法输出变量值。

　　程序代码如下：

```
using System;

namespace ConsoleWrite
{
    class Program
    {
        static void Main()
        {
            int i = 12345;
            double j = 123.45678;
            Console.Write("i={0,8:D}    j={1,10:F3}", i, j);
            Console.Write("i={0,-8:D}     j={1,-10:F3}", i, j);
            Console.Read();
        }
    }
}
```

　　程序的运行结果如下：

```
i=   12345    j=   123.457i=12345       j=123.457
```

　　在这个例子中，因为 Write()方法不会产生一个新行，所以语句"Console.Write("i={0,8:D} j={1,10:F3}", i, j);"和"Console.Write("i={0,−8:D} j={1,−10:F3}", i, j);"的输出占了同一行。

2.2.3　Console.ReadLine()方法

　　ReadLine()方法用来从控制台读取一行数据，一次读取一行字符的输入，并且直到用户按 Enter 键才会返回。但是，ReadLine()方法并不接收 Enter 键。如果 ReadLine()方法没有接收到任何输入，或者接收了无效的输入，那么 ReadLine()方法将返回 null。

　　【例 2-3】　用 Console.ReadLine()方法接收用户输入，然后输出。

　　程序代码如下：

```
using System;

namespace Console_ReadLine
{
```

```
class Program
{
    static void Main()
    {
        string str;
        Console.WriteLine("请输入你的姓名：");
        str = Console.ReadLine();
        Console.WriteLine("{0},欢迎你!", str);
    }
}
}
```

程序的运行结果如下：

请输入你的姓名：
李三
李三,欢迎你!

2.2.4 Console.Read()方法

Read()方法的作用是从控制台的输入流读取下一个字符，Read()方法一次只能从输入流读取一个字符，并且直到用户按 Enter 键才会返回。当这个方法返回时，如果输入流中包含有效的输入，则它返回一个表示输入字符的整数；如果输入流中没有数据，则返回−1。

如果用户输入了多个字符，然后按 Enter 键，输入流中将包含用户输入的字符加上回车符'\r'(ASCII 码为 13)和换行符'\n'(ASCII 码为 10)，Read()方法只返回用户输入的第 1 个字符。但是，用户可以多次调用 Read()方法来获取所有输入的字符。

【例 2-4】 利用 Console.Read( )方法接收用户输入，然后输出。
程序代码如下：

```
using System;

namespace Console_Read
{
    class Program
    {
        static void Main()
        {
            Console.Write ("请输入字符：");
            int a = Console.Read();
            Console.WriteLine("用户输入的内容为：{0}", a);
        }
    }
}
```

程序的运行结果如下：

请输入字符：abcd
用户输入的内容为：97

说明：这里 97 是字母 a 的 Unicode 编码对应的十进制值。

【例 2-5】 综合运用 Console 类的输入与输出方法。

程序代码如下：

```
using System;
using System.Collections.Generic;
using System.Linq;
using System.Text;
using System.Threading.Tasks;

namespace ConsoleApplicationTest
{
    class ConsoleApplicationTest
    {
        static void Main(string[] args)
        {
            double dblHeight;
            int nAge;
            Console.Write("请输入您的身高(单位：米)：");
            dblHeight = double.Parse(Console.ReadLine());

            Console.WriteLine("请输入您的年龄：");
            nAge = Convert.ToInt16(Console.ReadLine());

            Console.WriteLine("您的身高是{0}米,年龄是{1}岁。", dblHeight, nAge);
            Console.Read();
        }
    }
}
```

程序的运行结果如图 2-7 所示。

图 2-7　程序的运行结果

2.3　第一个 Windows 应用程序

前面介绍了控制台应用程序实现的 Welcome 项目，下面让我们看一下程序如何在 Windows 图形化界面应用中实现。其实现步骤如下：

（1）启动 VS 2012。

（2）如果要创建一个 C♯ 的 Windows 应用程序，首先选择"文件"→"新建"→"项目"命令，打开"新建项目"对话框。

（3）在该对话框中，从左边项目类型的"已安装"下的"模板"列表框中选择"Visual C♯"选项，然后在右边的"模板"列表框中选择"Windows 窗体应用程序"选项，此时，在下面的"名称"文本框中输入"Welcome_WinForm"，并通过单击"浏览"按钮选择工程所在的目录，最后单击"确定"按钮，关闭"新建项目"对话框。

（4）查看解决方案资源管理器，如图 2-8 所示。在文件"Form1.cs"上右击，选择"重命名"命令，将其改名为"Welcome.cs"。

（5）查看主窗口，里面有一个自动生成的窗体 Welcome，单击该窗体，其属性窗口如图 2-9 所示，在其中修改 Name 属性为"frmWelcome"、修改 Text 属性为"Welcome"。

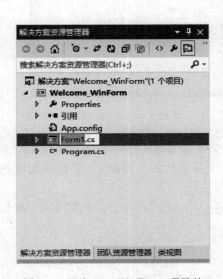

图 2-8　Welcome_WinForm 项目的
解决方案资源管理器

图 2-9　frmWelcome 的属性窗口

（6）单击主窗口左侧的工具箱中的"所有 Windows 窗体"选项，将出现一些 Windows 控件，如图 2-10 所示。

（7）双击 Label 控件，或者单击后按住鼠标左键将其拖曳至主窗口的窗体中的合适位置，并修改其属性。

- Name：lblDisplay。
- Text：空。
- BackColor：Window。

（8）双击 Button 控件，或者单击后按住鼠标左键将其拖曳至主窗口的窗体中的合适位置，并修改其属性。

- Name：btnShow。
- Text："显示"。

最后窗体的设计效果如图 2-11 所示。

图 2-10　Windows 窗体的工具箱　　　　　图 2-11　添加 Label 和 Button 后的窗体

（9）双击"显示"按钮，将进入代码窗口（通过主窗口上侧的标签可以在代码窗口和窗体窗口之间进行切换），可以看到 VS 已经自动生成了很多代码。在此，对于自动生成的代码先不关心。

（10）进入代码窗口后光标自动位于"btnShow_Click()"内部（即单击"显示"按钮会触发这个光标），在光标处添加以下代码：

```
this.lblDisplay.Text = "Welcome C#!";
```

（11）按 Ctrl＋F5 组合键或者选择"调试"→"开始执行"命令。启动程序，执行结果如图 2-12 和图 2-13 所示。图 2-12 为程序的初始运行界面，图 2-13 为单击"显示"按钮（btnShow）后的程序运行界面。

图 2-12　Welcome_WinForm 运行结果一　　　　图 2-13　Welcome_WinForm 运行结果二

（12）查看相应目录下的工程文件，用户将会发现文件夹"Welcome_WinForm"。

至此，第一个 Windows Form 应用程序就完成了。

（13）初步分析 Welcome.cs 代码。

```
1.  using System;
2.  using System.Collections.Generic;
3.  using System.ComponentModel;
4.  using System.Data;
5.  using System.Drawing;
6.  using System.Linq;
7.  using System.Text;
8.  using System.Threading.Tasks;
9.  using System.Windows.Forms;

10. namespace Welcome_WinForm
11. {
12.     public partial class frmWelcome : Form
13.     {
14.         public frmWelcome()
15.         {
16.             InitializeComponent();
17.         }
18.
19.         private void btnShow_Click(object sender, EventArgs e)
20.         {
21.             this.lblDisplay.Text = "Welcome C#!";
22.         }
23.     }
24. }
```

分析：InitializeComponent()主要是用来初始化 designer 时拖到 Form 上的 Control 的；btnShow_Click()为 Button(按钮)的 Click(单击)事件。

2.4　本章小结

本章讲述了 C♯程序设计的基本知识，并在两个实例的基础上重点论述、分析了 C♯程序的建立、调试、编译、运行过程和 C♯程序的结构，使得读者对于 C♯的程序设计有一个初步的认识和掌握。

习题

2-1　选择题：

（1）下面对 Read()和 ReadLine()方法的描述正确的是（　　　）。

　　A. Read()方法一次只能从输入流中读取一个字符

　　B. 使用 Read()方法读取的字符不包含回车和换行符

C. 使用 ReadLine()方法读取的字符不包含回车和换行符

D. 只有当用户按下 Enter 键时，Read()和 ReadLine()方法才会返回

（2）下面对 Write()和 WirteLine()方法的描述正确的是（　　　　）。

A. WriteLine()方法在输出字符串的后面添加换行符

B. 在使用不带参数的 WriteLine()方法时不会产生任何输出

C. 在使用 Write()方法输出字符串时光标将会位于字符串的后边

D. 在使用 Write()和 WriteLine()方法输出数值变量时必须先把数据变量转换成字符串

2-2 创建一个 C♯的控制台程序，输出"Hello World!"。

2-3 如何为程序添加注释？

2-4 C♯程序是从哪里开始执行的？

2-5 在 C♯程序中 using System 是必需的吗？

第3章

C#程序设计基础

数据类型、运算符和表达式是编程的基础。C♯支持种类丰富的数据类型和运算符,这种特性使 C♯适用于广泛的编程范围。本章将介绍 C♯的基本语法,包括词法结构、数据类型、变量与常量、运算符和表达式等编程的基础知识。

3.1 词法结构

词法是构成程序设计语言的最基本的单位,程序是由若干个语句构成的,而语句是由若干个具有特殊含义的单词和运算符构成的,所以学习一门编程语言首先应该从词法入手。

3.1.1 标识符

标识符(identifier)是由程序开发人员为类型、方法、变量等选择的名字。C♯的标识符应当使用字母或下划线作为开头,由字母、数字、下划线("_")和美元符号("$")组成,不能包括空格、标点符号和运算符,而且标识符的名称最好和实际的应用联系起来,这样可以使程序更容易理解,做到"见名知意"。例如,用来表示售货员的标识符使用 salesman 比使用 people 更容易让人理解。

下面是合法的标识符:

```
Sum、average、_total、Student_name、Lotus_1_2_3
```

下面是不合法的标识符:

```
Abc - abc          //中间使用了减号而非下划线
3abc               //以数字开头
Abc abc            //中间有空格
class              //使用关键字作为标识符
```

C♯的标识符不能与关键字相同,但是可以使用"@"前缀避免这种冲突。例如:

```
@while
while
```

在上面两个标识符中,第 1 个标识符是合法的,而第 2 个标识符不是合法的,因为 while 是关键词。

C♯的标识符区别大小写,这和 C、C++语言是一样的,例如下面的 4 个标识符是不同的：

```
Member
member
MemBer
MEMBER
```

3.1.2　关键字

和 C、C++ 语言一样，C♯ 也规定了很多关键字用于程序控制、数据说明或者其他功能，由于它们具有特殊意义，所以这些关键字不能作为标识符使用。在 C♯ 语言中常用的关键词如表 3-1 所示。

表 3-1　C♯关键字列表

关键字			
abstract	as	base	bool
break	byte	case	catch
char	checked	class	const
continue	decimal	default	delegate
do	double	else	enum
event	explicit	extern	false
finally	fixed	float	for
foreach	goto	if	implicit
in	int	interface	internal
is	lock	long	namespace
new	null	object	operator
out	override	params	private
protected	public	readonly	ref
return	sbyte	sealed	short
sizeof	stackalloc	static	string
struct	switch	this	throw
true	try	typeof	uint
ulong	unchecked	unsafe	ushort
using	virtual	volatile	void
while			

3.2　数据类型

数据类型是用来定义现实生活中各种数据形式的标识符及其存储形式的，程序开发人员使用这些标识符能让计算机对各种不同的数据进行存储和处理。C♯ 中的数据类型主要分为两大类，即值类型和引用类型。在此先讲解这两种类型，然后再讨论数据类型之间的转换。

3.2.1　值类型

值类型通常用来表示基本类型、简单类型。例如整型、实型、布尔型等基本数据类型都是值类型。C#的值类型包括 3 种，即简单类型、结构类型和枚举类型。不同的类型是不同数据的集合，不同的类型在 C#中用不同的类型标识符表示。在此先介绍简单类型，对于结构类型和枚举类型将在后面进行介绍。

简单类型包括整数类型、浮点类型、小数类型、字符类型和布尔类型等。

1. 整数类型

整数类型的数据值只能是整数。数学上的整数可以从负无穷大到正无穷大，由于计算机存储单元的限制，程序语言提供的整数类型的值总是在一定的范围内。C#定义了 8 种整数类型，划分的根据是这些类型所占存储器的位数。例如，一个 8 位的整数类型可以表示为 $2^8=256$ 个数值。整数类型如表 3-2 所示。

表 3-2　C#中的整数类型

数据类型	特　征	取 值 范 围
sbyte	有符号 8 位整数	$-128\sim+127$
byte	无符号 8 位整数	$0\sim255$
short	有符号 16 位整数	$-32768\sim+32767$
ushort	无符号 16 位整数	$0\sim65535$
int	有符号 32 位整数	$-2147483648\sim+2147483647$
uint	无符号 32 位整数	$0\sim4294967295$
long	有符号 64 位整数	$-9223372036854775808\sim+9223372036854775807$
ulong	无符号 64 位整数	$0\sim18446744073709551615$

2. 浮点类型

实数在 C#中采用浮点类型的数据来表示。浮点类型的数据包括两种，即单精度浮点型（float）和双精度浮点型（double），它们的区别在于取值范围和精度不同。计算机对于浮点数据的运算速度大大低于对整数的运算速度，数据的精度越高对计算机的资源要求越高，因此，在对精度要求不高的情况下可以采用单精度类型，在对精度要求较高的情况下可以采用双精度类型。浮点类型数据的精度（小数点后所保留的有效数字）和取值范围如表 3-3 所示。

表 3-3　C#中的浮点类型

数据类型	精度	取值范围
float	7 位数	$\pm1.5\times10^{-45}\sim3.4\times10^{38}$
double	15 到 16 位数	$\pm5.0\times10^{-324}\sim1.7\times10^{308}$

3. 小数类型

小数类型（decimal）数据是高精度的类型数据，占用 16 个字节（128 位），主要是为了满足需要高精度的财务和金融方面的计算。小数类型数据的取值范围和精度如下。

小数类型的取值范围为$\pm 1.0\times 10^{-28}\sim 7.9\times 10^{28}$，精度为 29 位数。

小数类型数据的范围远远小于浮点型，不过它的精度比浮点型高得多，所以相同的数字对于两种类型来说表达的内容可能并不相同。

用户需要注意的是，小数类型数据的后面必须跟 m 或者 M 后缀表示它是 decimal 类型的，例如 3.15m、0.35m 等，否则就会被视为标准的浮点类型数据，导致数据类型不匹配。

提示：在 C♯ 中可以通过给数值常数加后缀的方法来指定数值常数的类型，可以使用的数值常数后缀有以下几种。

(1) u(或者 U)后缀：加在整型常数后面，代表该常数是 uint 类型或者 ulong 类型，具体是其中的哪一种由常数的实际值决定。C♯优先匹配 uint 类型。

(2) l(或者 L)后缀：加在整型常数后面，代表该常数是 long 类型或者 ulong 类型，具体是其中的哪一种由常数的实际值决定。C♯优先匹配 long 类型。

(3) ul(或者 uL、Ul、UL、lu、lU、LU)后缀：加在整型常数后面，代表该常数是 ulong 类型。

(4) f(或者 F)后缀：加在任何一种数值常数后面，代表该常数是 float 类型。

(5) d(或者 D)后缀：加在任何一种数值常数后面，代表该常数是 double 类型。

(6) m(或者 M)后缀：加在任何一种数值常数后面，代表该常数是 decimal 类型。

示例如下：

```
137f          代表 float 类型的数值 137.0
137u          代表 uint 类型的数值 137
137.2m        代表 decimal 类型的数值 137.2
137.22        代表 double 类型的数值 137.22
137           代表 int 类型的数值 137
```

如果一个数值常数超出了该数据常数的类型所能表示的范围，在对数据进行编译时将会出现出错信息。

4. 字符类型

C#中的字符类型数据采用 Unicode 字符集。一个 Unicode 字符的长度为 16 位，所有 Unicode 字符的集合构成字符类型。字符类型的类型标识符是 char，因此该类型也称为 char 类型。

凡是在单引号中的一个字符构成一个字符常数，例如：

'a'、'o'、' * '、'9'

在表示一个字符常数时，单引号内的有效字符必须且只能有一个，并且不能是单引号或者反斜杠(\)等。

为了表示单引号和反斜杠等特殊的字符常数，C#中提供了转义符，在需要表示这些特殊常数的地方可以使用转义符来代替。常用的转义符如表 3-4 所示。

表 3-4　C♯中的常用转义符

转　义　符	字　符　名　称
\'	单引号
\"	双引号
\\	反斜杠
\0	空字符
\a	发出一个警告
\b	倒退一个字符
\f	换页
\n	新的一行
\r	换行并移到最前面
\t	水平方向的 Tab
\v	垂直方向的 Tab

5．布尔类型

布尔类型数据用于表示逻辑真和逻辑假，布尔类型的类型标识符是 bool。

布尔类型常数只有两种值，即 true(代表"真")和 false(代表"假")。布尔类型主要应用于流程控制中，通常通过读取或设置布尔类型数据的方式来控制程序的执行方向。

3.2.2　引用类型

在 C♯中引用类型和值类型是并列的类型，引入引用类型主要是因为值类型比较简单，不能描述结构复杂、抽象能力比较强的数据。引用类型的含义是该类型的变量不直接存储所包含的值，而是存储当前引用值的地址，因此引用类型数据的值会随所指向的值的不同而变化，同一个数据也可以有多个引用。这与简单类型数据是不同的，简单类型数据存储的是自身的值，而引用类型存储的是将自身的值直接指向的某个对象的值。它就像一面镜子一样，虽然从镜子中可以看到物体，但物体并不在镜子中，只不过是物体的反射而已。

C♯的引用类型有 4 种，即类类型(class－type)、数组类型(array－type)、接口类型(interface－type)和委托类型(delegate－type)。在本节中主要介绍类类型，其余类型将在后面进行介绍。

类(class)是面向对象编程的基本单位，它是一种包含数据成员、函数成员的数据结构。类的数据成员有常量、域和事件，函数成员包括方法、属性、构造函数和析构函数等。下面介绍经常用到的 object(对象类型)和 string(字符串类型)类。

1．object 类

在 C♯中，object 类是系统提供的基类型，是所有类型的基类，所有的类型都直接或间接地派生于对象类型。因此，对于任何一个 object 变量，均可以赋给任何类型的值。

```
int x1 = 10;
object obj1;
obj1 = x1;
```

```
Object obj2 = "string";
```

对于 object 类型的变量，在声明时必须使用 object 关键字。

2. string 类

在 C#中有一个用于操作字符串数据的 string 类，string 类直接派生于 object 类，并且它是被密封的，这意味着不能从其派生出类。一个字符串是被一对双引号包含的一系列字符，例如"Hello world!"就是一个字符串。

string 类的用法十分简单：

```
string str1 = "Hello,";
string str2 = "China!";
```

合并字符串也很简单：

```
string str3 = str1 + str2;
```

如果想访问单个字符，所要做的就是访问下标：

```
char c = str3[0];
```

在比较两个字符串是否相等时，简单地使用"＝＝"比较操作符。

```
if(str1 == str2)
{
    …
}
```

C#支持以下两种形式的字符串常数。

（1）常规字符串常数：放在双引号之间的一串字符就是一个常规字符串常数。除了普通的字符以外，一个字符串常数也允许包含一个或多个转义符。例如在例 3-1 中使用了\n 和\t 转义符。

【例 3-1】 字符串中转义符的应用。

程序代码如下：

```
using System;
using System.Collections.Generic;
using System.Linq;
using System.Text;
using System.Threading.Tasks;

namespace StringDemo
{
  class StringDemo
  {
    static void Main()
    {
        Console.WriteLine("First line\nSecond line");        //使用\n 转义符产生新的一行
        Console.WriteLine("A\tB\tC");                         //使用\t 转义符排列输出
```

```
        Console.WriteLine("D\tE\tF");
      }
   }
}
```

程序的运行结果如图 3-1 所示。

图 3-1　转义符的运行结果

（2）逐字字符串常数：逐字字符串常数以"@"开头，后跟一对双引号，在双引号中放入字符。例如：

```
@"中国人";
@"Hello world!";
```

逐字字符串常数和常规字符串常数的区别在于，在逐字字符串常数的双引号中，每个字符都代表其原始的含义，在逐字字符串常数中不能使用转义字符。即逐字字符串常数中双引号内的内容在被接受时是不变的，并且可以跨越多行。所以，在逐字字符串中以"\"开始的字符被当作正常的字符处理，而不是转义符。用户需要注意的是，如果要包含双引号("）），必须在一行中使用两个双引号("")。示例如下：

```
string str1 = "hello,China";               //定义常规字符串常数"hello,China"
string str2 = @"hello,China";              //定义逐字字符串常数"hello,China"
string str3 = "hello\tworld";              //hello      world
string str4 = @"hello\tworld";             //hello\tworld
string str5 = "Jack said \"Hello\" to you"; //Jack said "Hello" to you
string str6 = @"Jack said ""Hello"" to you"; //Jack said "Hello" to you
```

简单来说，规则字符串要对字符串的转义序列进行解释，而逐字字符串除了要对双引号进行解释之外，对其他字符无须解释，用户定义成什么样，显示结果就是什么样。

【例 3-2】　定义规则字符串和逐字字符串。

程序代码如下：

```
using System;
using System.Collections.Generic;
using System.Linq;
using System.Text;
using System.Threading.Tasks;

namespace StringDemo
{
    class StringDemo
    {
```

```
            static void Main()
            {
                string str1 = @"one line\\
two line\n
\tthree line";
                string str2 = "one line\\two line\n\tthree line";
                Console.WriteLine(str1);
                Console.WriteLine(" -------- ");
                Console.WriteLine(str2);
            }
        }
}
```

程序的运行结果如图 3-2 所示。

图 3-2　规则字符串和逐字字符串的运行结果

3.2.3　类型转换

数据类型在一定条件下是可以相互转换的，例如将 int 类型数据转换成 double 类型数据。在 C♯ 中允许两种转换方式，即隐式转换（implicit conversions）和显式转换（explicit conversions）。

1. 隐式转换

隐式转换是系统默认的，不需要加以声明就可以进行转换。在隐式转换过程中，编译器不需要对转换进行详细的检查就能安全地执行转换，例如数据从 int 类型到 long 类型的转换。

隐式转换包括以下几种：

（1）从 sbyte 类型到 short、int、long、float、double 或 decimal 类型。

（2）从 byte 类型到 short、ushort、int、uint、long、ulong、float、double 或 decimal 类型。

（3）从 short 类型到 int、long、float、double 或 decimal 类型。

（4）从 ushort 类型到 int、uint、long、ulong、float、double 或 decimal 类型。

（5）从 int 类型到 long、float、double 或 decimal 类型。

（6）从 uint 类型到 long、ulong、float、double 或 decimal 类型。

（7）从 long 类型到 float、double 或 decimal 类型。

（8）从 ulong 类型到 float、double 或 decimal 类型。

（9）从 char 类型到 ushort、int、uint、long、ulong、float、double 或 decimal 类型。

（10）从 float 类型到 double 类型。

其中，从 int、uint 或 long 到 float 以及从 long 到 double 的转换可能会导致精度下降，但绝不会引起数量上的丢失。其他的隐式转换则不会有任何信息丢失。

隐式转换的使用方法如下：

```
int a = 10;              //a 为整型数据
long b = a;              //b 为长整型数据
double c = a;            //c 为双精度浮点型数据
```

2．显式转换

显式转换又称为强制类型转换，与隐式转换相反，显式转换需要用户明确地指定转换类型，一般在不存在对于该类型的隐式转换的时候才使用。

显式转换可以将一种数据类型强制转换成另一种数据类型，其格式如下：

（类型标识符）表达式

上式的含义为将表达式的值的类型转换为类型标识符的类型。例如：

```
(int)5.17              //将 double 类型的 5.17 转换成 int 类型
```

下面列出可能的显式转换：

（1）从 sbyte 到 byte、ushort、uint、ulong 或 char。

（2）从 byte 到 sbyte 或 char。

（3）从 short 到 sbyte、byte、ushort、uint、ulong 或 char。

（4）从 ushort 到 sbyte、byte、short 或 char。

（5）从 int 到 sbyte、byte、short、ushort、uint、ulong 或 char。

（6）从 uint 到 sbyte、byte、short、ushort、int 或 char。

（7）从 long 到 sbyte、byte、short、ushort、int、uint、ulong 或 char。

（8）从 ulong 到 sbyte、byte、short、ushort、int、uint、long 或 char。

（9）从 char 到 sbyte、byte 或 short。

（10）从 float 到 sbyte、byte、short、ushort、int、uint、long、ulong、char 或 decimal。

（11）从 double 到 sbyte、byte、short、ushort、int、uint、long、ulong、char、float 或 decimal。

（12）从 decimal 到 sbyte、byte、short、ushort、int、uint、long、ulong、char、float 或 double。

这种类型转换可能会丢失信息或导致异常抛出，其转换按下列规则进行：

（1）对于从一种整型到另一种整型的转换，编译器将针对转换进行溢出检测，如果没有发生溢出，转换成功，否则抛出一个转换异常。这种检测还与编译器中是否设定了 checked 选项有关。

（2）对于从 float、double 或 decimal 到整型的转换，将通过舍入到最接近的整型值作为转换的结果。如果这个整型值超出了目标类型的值域，则将抛出一个转换异常。

（3）对于从 double 到 float 的转换，double 值通过舍入取最接近的 float 值。如果这个值太小，结果将变成正 0 或负 0；如果这个值太大，将变成正无穷或负无穷。

（4）对于从 float 或 double 到 decimal 的转换，将转换成小数形式并通过舍入取到小数点后 28 位。如果值太小，则结果为 0；如果太大以致不能用小数表示，或是无穷或 null，则将抛出转换异常。

（5）对于从 decimal 到 float 或 double 的转换，小数的值通过舍入取最接近的值。这种转换可能会丢失精度，但不会引起异常。

显式转换的使用方法如下：

```
(int) 7.18m                //decimal 类型的数值 7.18 转换为 int 类型的数值 7
```

转换的结果为 7。

在 C#中还经常进行 string 类型和其他简单类型的转换，这里需要使用框架类库中提供的一些方法。

3. string 类型转换为其他类型

整型、浮点型、字符型和布尔类型都对应一个结构类型，该结构类型提供了 Parse()方法，可以把 string 类型转换成相应的类型。例如，要把 string 类型转换成 int 类型则用相应的 int. Parse(string)方法：

```
string str = "123";
int i = int.Parse(str);
```

i 的值为 123。

4. 其他类型转换为 string 类型

计算后的数据如果要以文本的方式输出，例如在文本框中显示计算后的数据，则需要将数值数据转换成 string 类型，转换方法是执行 ToString()方法。例如：

```
int j = 5 * 8;
string str = "5 * 8 的积是：" + j.ToString();
```

除了可以使用相应类的 Parse()方法之外，用户还可以使用 System. Convert 类的对应方法将数字转换为相应的值，具体的方法将在后面的章节中进行介绍。

3.2.4　装箱与拆箱

装箱（boxing）和拆箱（unboxing）是 C#中重要的概念，它允许将任何类型的数据转换为对象，同时也允许任何类型的对象转换到与之兼容的数据类型。经过装箱操作，使得任何类型的数据都可以看作是对象的类型，拆箱是装箱的逆过程。用户需要注意的是，在装箱转换和拆箱转换过程中必须遵循类型兼容的原则，否则转换会失败。

1. 装箱转换

装箱转换是指将一个值类型的数据隐式地转换成一个对象类型(object)的数据,或者把这个值类型数据隐式地转换成一个被该值类型数据对应的接口类型数据。把一个值类型装箱就是创建一个 object 类型的实例,并把该值类型的值复制给该 object。

例如,下面的语句执行了装箱转换:

```
int i = 108;
object obj = i;
```

在上面的语句中,第 1 条语句声明一个整型变量 i 并对其赋值,第 2 条语句则先创建一个 object 类型的实例 obj,然后将 i 的值复制给 obj。

在执行装箱转换时也可以使用显式转换,例如:

```
int i = 120;
object obj = (object) i;
```

【例 3-3】 演示装箱转换。

程序代码如下:

```
using System;
using System.Collections.Generic;
using System.Linq;
using System.Text;
using System.Threading.Tasks;

namespace BoxingDemo
{
    class BoxingDemo
    {
        static void Main()
        {
            Console.WriteLine("装箱转换演示: ");
            int i = 120;
            object obj = i;
            i = 300;
            Console.WriteLine("obj = {0}", obj);
            Console.WriteLine("i = {0}", i);
            Console.Read();
        }
    }
}
```

程序的运行结果如下:

```
装箱转换演示:
obj = 120
i = 300
```

说明:从上面的输出结果可知,通过装箱转换可以把一个整型值复制给一个 object 类型的实例,而被装箱的整型变量自身的数值并不会受到装箱的影响。

2. 拆箱转换

和装箱相反,拆箱转换是指将一个对象类型的数据显式地转换成一个值类型数据,或者将一个接口类型显式地转换成一个执行该接口的值类型数据。

拆箱操作包括两步,首先检查对象实例,确保其是给定值类型的一个装箱值,然后把实例的值复制到值类型数据中。

例如,下面的语句执行了拆箱转换:

```
object obj = 225;
int i = (int)obj;
```

上面的语句在执行过程中,首先检查 obj 这个 object 实例的值是否为给定值类型的装箱值,由于 obj 的值为 225,给定的值类型为整型,所以满足拆箱转换的条件,会将 obj 的值复制给整型变量 i。用户需要注意的是,拆箱转换必须执行显式转换,这是与装箱转换不同之处。

【例 3-4】 演示拆箱转换。

程序代码如下:

```
using System;
using System.Collections.Generic;
using System.Linq;
using System.Text;
using System.Threading.Tasks;

namespace UnboxingDemo
{
    class UnboxingDemo
    {
        static void Main()
        {
            int i = 225;
            object obj = i;              //装箱转换
            int j = (int)obj;           //拆箱转换
            Console.WriteLine("i={0}\nobj={1}\nj={2}", i, obj, j);
        }
    }
}
```

程序的运行结果如下:

```
i = 225
obj = 225
j = 225
```

3.3　常量和变量

正确地定义和使用常量及变量,会使开发人员在编程过程中减少错误,提高程序的开发效率。

3.3.1　常量

常量是指基于可读格式的固定数值,在程序运行过程中其值是不可改变的。通过关键字 const 来声明常量,其格式如下:

const 类型标识符 常量名 = 表达式;

类型标识符指示所定义的常量的数据类型,常量名必须是合法的标识符,在程序中通过常量名访问该常量。例如:

const double PI = 3.14159265;

上面的语句定义了一个 double 类型的常量 PI,它的值是 3.14159265。

常量有以下特点:

(1) 在程序中,常量只能被赋予初始值。一旦赋予一个常量初始值,这个常量的值在程序的运行过程中就不允许改变,即无法对一个常量赋值。

(2) 在定义常量时,表达式中的运算符对象只允许出现常量,不能有变量存在。

例如:

```
int a = 20;
const int b = 30;
const int c = b + 25;              //正确,因为 b 是常量
const int k = a + 45;              //错误,表达式中不允许出现变量
c = 150;                           //错误,不能修改常量的值
```

3.3.2　变量

变量是在程序运行过程中用于存放数据的存储单元。变量的值在程序的运行过程中是可以改变的。

1. 变量的定义

在定义变量时必须首先给每一个变量起名,称为变量名,以便区分不同的变量。在计算机中,变量名代表存储地址。变量名必须是合法的标识符。为了保存不同类型的数据,除了变量名之外,在定义变量时还必须为每个变量指定数据类型,变量的类型决定了存储在变量中的数值的类型。对于一个变量的定义,变量名和变量类型缺一不可。在 C# 中采用以下格式定义一个变量:

类型标识符 变量名 1,变量名 2,变量名 3, …

变量定义如下：

```
int i, j, k;                    //同时声明多个 int 类型的变量,在类型的后面用逗号分隔变量名
float fSum;
string strName, strAddress;
```

注意：任何变量必须先定义后使用。

为了保证做到见名知意,变量名最好使用有实际意义的英文单词进行组合,每个单词的第 1 个字母采用大写,其他字母采用小写。例如,使用 Address、UserName 和 TotalScore 等作为变量名就比使用 a、b 和 c 作为变量名要好很多。

2. 变量的赋值

变量是一个能保存某种类型的具体数据的内存单元,可以通过变量名来访问这个具体的内存单元。变量的赋值就是把数据保存到变量中的过程。给一个变量赋值的格式如下：

变量名 = 表达式;

这里的表达式和数学中的表达式是类似的,例如 $9+10$、$4+a-c$ 都是表达式。单个常数或者变量也可以构成表达式,由单个常数或者变量构成的表达式的值就是这个常数或者变量本身。变量赋值的意义是首先计算表达式的值,然后将这个值赋给变量。例如,定义了两个 double 类型的变量 dblTotalScore、dblAverageScore 和一个 int 类型的变量 nStudentCount：

```
double dblTotalScore,dblAverageScore;
int nStudentCount;
```

下面给 dblTotalScore、nStudentCount 赋值,应该写成：

```
dblTotalScore = 2000;
nStudentCount = 20;
```

如果要让 dblAverageScore 的值等于 dblTotalScore 的值除以 nStudentCount,应该写成：

```
dblAverageScore = dblTotalScore/nStudentCount;
```

在程序中可以给一个变量多次赋值,变量的当前值等于最近一次给变量所赋的值。例如：

```
nStudentCount = 20;                 //此时 nStudentCount 等于 20
nStudentCount = 70;                 //此时 nStudentCount 等于 70
nStudentCount = nStudentCount + 15; //此时 nStudentCount 等于 85
```

在对变量进行赋值时,表达式的值的类型必须和变量的类型相同。对于 string 类型的变量 strName 和 int 类型的变量 nScore：

```
string strName;
int nScore;
```

下面的赋值语句是正确的：

```
strName = "Jim";
strName = "Xiaobao";
nScore = 100;
```

但是，以下赋值语句是错误的：

```
strName = 120;                    //不能把整数赋给字符串变量
nScore = "Hello";                 //不能把字符串赋给整型变量
```

3. 变量的初始化

在定义变量的同时也可以给变量赋值，称为变量的初始化。在 C♯ 中对变量进行初始化的格式如下：

类型标识符 变量名 = 表达式;

例如：

```
int nStudentCount = 150;      //定义一个 int 类型变量 nStudentCount，并为其赋初始值 150
```

3.4　运算符和表达式

运算符是表示各种不同运算的符号，运算符和运算紧密相关。表达式由变量、常数和运算符组成，是用运算符将运算对象连接起来的运算式，是对数据进行运算和加工的基本表示形式。表达式的计算结果是表达式的返回值。使用不同的运算符连接运算对象，其返回值的类型是不同的。

3.4.1　运算符

根据运算符所要求的操作数的个数，运算符分为一元运算符、二元运算符和多元运算符。一元运算符是指只有一个操作数的运算符，例如"＋＋"运算符、"－－"运算符等。二元运算符是指有两个操作数的运算符，例如"＋"运算符、" * "运算符等。在 C♯ 中还有一个三元运算符，即"?:"运算符，它有 3 个操作数。

根据运算的类型，运算符又分为算术运算符、赋值运算符、关系运算符、逻辑运算符、位运算符、条件运算符和其他运算符。

1. 算术运算符

算术运算符用于对操作数进行算术运算，C♯ 中的算术运算符及其功能如表 3-5 所示。

1) 除法运算符和模运算符

需要说明的是，尽管＋、－、*、/运算符的意义和数学上的运算符是一样的，但是对于除法运算符来说，整数相除的结果也应该为整数，例如 7/5 和 9/5 的结果都为 1，而不是 1.4 及 1.8，计算结果要舍弃小数部分。用户可以通过模运算符％来获得除法的余数。运算符％可以应用于整数和浮点类型，例如 10％3 的结果为 1、10.0％3.0 的结果为 1。

表 3-5 C♯中的算术运算符

运算符	意　义	运算对象数目	示　　例
＋	取正或加法	1 或 2	$+12$、$12+20+i$
－	取负或减法	1 或 2	-3、$a-b$
＊	乘法	2	$i*j$、$8*5$
／	除法	2	$10/5$、i/j
％	模(也可以称为取余运算符,例如 7％3 的结果等于 1)	2	$10\%5$、$i\%j$
＋＋	自增运算	1	$i++$、$++i$
－－	自减运算	1	$i--$、$--i$

【例 3-5】　／和％运算符的示例。

程序代码如下：

```
using System;
using System.Collections.Generic;
using System.Linq;
using System.Text;
using System.Threading.Tasks;

namespace DivAndModDemo
{
    class DivAndModDemo
    {
        static void Main()
        {
            int nResult, nRemainder;
            double dblResult, dblRemainder;
            nResult = 10 / 3;
            nRemainder = 10 % 3;
            dblResult = 10.0 / 3.0;
            dblRemainder = 10.0 % 3.0;
            Console.WriteLine("10/3 = {0},10 % 3 = {1}\n", nResult, nRemainder);
            Console.WriteLine("10.0/3.0 = {0},10.0 % 3.0 = {1}", dblResult, dblRemainder);
        }
    }
}
```

程序的运行结果如图 3-3 所示。

图 3-3 ／和％运算符的示例

2）自增运算符和自减运算符

在 C#中还有两种特殊的算术运算符，即++（自增运算符）和--（自减运算符），它们的作用是使变量的值自动增加 1 或者减去 1。$x=x+1$ 和 $x++$ 的作用是一样的，$x=x-1$ 和 $x--$ 的作用也是一样的。++（自增运算符）和--（自减运算符）都是一元运算符，只能用于变量，不能用于常量或表达式，例如 $12++$ 和 $-(x+y)$ 都是错误的。

自增和自减运算符可以在操作数前面（前缀），也可以在操作数后面（后缀）。例如：

```
++x;        //前缀格式
x++;        //后缀格式
```

当自增或自减运算符的前缀和后缀格式用在一个表达式中时存在着区别。当一个自增或自减运算符在它的操作数前面（前缀格式）时将在取得操作数的值前执行自增或自减操作，并将其用于表达式的其他部分。如果运算符在操作数的后面（后缀格式），将先取得操作数的值，然后进行自增或自减运算。例如下面的例子：

```
x = 11;
y = ++x;
```

在这种情况下，y 被赋值为 12。但是，如果将代码改为：

```
x = 11;
y = x++;
```

那么，y 被赋值为 11。在这两种情况下，x 最终都被赋值为 12。

【例 3-6】　自增运算符的示例。

程序代码如下：

```
using System;
using System.Collections.Generic;
using System.Linq;
using System.Text;
using System.Threading.Tasks;

namespace Test
{
    class Test
    {
        static void Main(string[] args)
        {
            int x = 5;
            int y = x++;
            Console.WriteLine("y={0}", y);
            y = ++x;
            Console.WriteLine("y={0}", y);
        }
    }
}
```

程序的运行结果如图 3-4 所示。

图 3-4　自增运算符的示例

说明：第一次对于 x 是先使用后自增，所以输出的结果为 5，第二次对于 x 是先自增后使用，所以输出的结果为 7。

2. 赋值运算符

赋值运算符用于将一个数据赋给一个变量，赋值操作符的左操作数必须是一个变量，赋值结果是将一个新的数值存放在变量所指示的内存空间中。C#中常用的赋值运算符如表 3-6 所示。

表 3-6　C#的赋值运算符

符　号	描　述	举　例
$=$	赋值	$x = 1$
$+=$	加法赋值	$x += 1$ 等价于 $x = x + 1$
$-=$	减法赋值	$x -= 1$ 等价于 $x = x - 1$
$*=$	乘法赋值	$x *= 1$ 等价于 $x = x * 1$
$/=$	除法赋值	$x /= 1$ 等价于 $x = x / 1$
$\%=$	取模赋值	$x \%= 1$ 等价于 $x = x \% 1$
$\&=$	AND 位操作赋值	$x \&= 1$ 等价于 $x = x \& 1$
$|=$	OR 位操作赋值	$x |= 1$ 等价于 $x = x	1$
$\hat{}=$	XOR 位操作赋值	$x \hat{}= 1$ 等价于 $x = x \hat{} 1$
$>>=$	右移赋值	$x >>= 1$ 等价于 $x = x >> 1$
$<<=$	左移赋值	$x <<= 1$ 等价于 $x = x << 1$

其中，“$=$”是简单的赋值运算符，它的作用是将右边的数值赋给左边的变量，数值可以是常量，也可以是表达式。例如，$x=18$ 或者 $x=10-x$ 都是允许的，它们分别执行了一次赋值操作。

除了简单的赋值运算符之外，其他的赋值运算符都是复合的赋值运算符，是在“$=$”之前加上其他运算符。复合赋值运算符的运算很简单，例如 $x *= 10$ 等价于 $x=x*10$，它是对变量进行一次自乘操作。复合赋值运算符的结合方向为自右向左。用户可以把表达式的值通过复合赋值运算符赋给变量，这时复合赋值运算符右边的表达式作为一个整体参加运算，相当于表达式有括号。例如，$i/=j*12+10$ 相当于 $i/=(j*12+10)$，它与 $i=i/(j*12+10)$ 是等价的。

在 C#中可以对变量进行连续赋值，此时赋值操作符是右关联的，这意味着从右向左运算符被分组。例如，$x=y=z$ 等价于 $x=(y=z)$。

3. 关系运算符

关系运算符用于创建一个表达式，该表达式用来比较两个对象，并返回布尔值。关系运算符用于在程序中比较两个对象的大小。C#中的关系运算符如表 3-7 所示。

表 3-7 C♯中的关系运算符

符　　号	描　　述	举　　例
$>$	大于	$x > 10$
$<$	小于	$x < 10$
$>=$	大于等于	$x >= y + 10$
$<=$	小于等于	$z <= x + y$
$==$	等于	$z == y \% 2$
$! =$	不等于	$x ! = y + z$

一个关系运算符两边的运算对象如果是数据类型的对象,是比较两个数的大小;如果是字符型对象,则比较两个字符的 Unicode 编码的大小。例如,字符 a 的 Unicode 编码小于 b 的编码,则关系表达式'a'>'b'的结果为 false。

关系运算可以和算术运算混合起来使用,此时,关系运算符两边的运算对象可以是算术表达式的值,在 C♯ 中是先求表达式的值,然后对这些值做关系运算。例如:

```
4 + 8 > 6 - 3        //结果是 true
```

4. 逻辑运算符

逻辑运算符用于表示两个布尔值的逻辑关系,逻辑运算结果是布尔类型。在 C♯ 中逻辑运算符如表 3-8 所示。

逻辑非运算的结果是原来运算结果的逆,如果原来运算结果为 false,则经过逻辑非运算后结果为 true。

逻辑与运算的含义是只有两个运算对象都为 true,运算结果才为 true,如果其中一个是 false,结果就为 false。

逻辑或运算的含义是只要两个运算对象中有一个为 true,运算结果就为 true,只有两个运算对象都为 false,结果才为 false。

表 3-8 C♯中的逻辑运算符

符号	描述	举例
$!$	逻辑非	$!(x > y)$
$\&\&$	逻辑与	$x > y \&\& x < 9$
$\|\|$	逻辑或	$x > y \|\| x < 9$

逻辑运算规律如表 3-9 所示。

表 3-9 逻辑运算规律

运算对象 x 的值	运算对象 y 的值	$!x$ 的结果	$x \&\& y$ 的结果	$x \|\| y$ 的结果
false	false	true	false	false
false	true	true	false	true
true	false	false	false	true
true	true	false	true	true

当需要多个判定条件时,可以方便地使用逻辑运算符把关系表达式连接起来。如果表达式中同时存在着多个逻辑运算符,逻辑非的优先级最高,逻辑与的优先级高于逻辑或。

5. 位运算符

位运算是指二进制位的运算,每个二进制都是由 0 或 1 组成的,在进行位运算时依次取运算对象的每一位进行位运算,位运算符如表 3-10 所示。对于此表,设 $x=6$,其二进制表示为 00000110;设 $y=10$,其二进制表示为 00001010。

表 3-10　C#中的位运算符

符 号	描 述	举 例
<<	左移	$y<<2$,结果为 00101000,$y=40$
>>	右移	$x>>1$,结果为 00000011,$x=3$
&	按位与	$z=x\&y$,结果为 00000010,$z=2$
|	按位或	$z=x\|y$,结果为 00001110,$z=14$
^	按位异或	$z=x^\wedge y$,结果为 00000100,$z=4$
~	按位取反	$\sim x$,结果为 11111001

左移位运算将各个位向左移动指定的位数,舍弃移出的位,并在右边用 0 填充。右移位运算将各个位向右移动指定的位数,舍弃移出的位,并在左边用 0 填充。

按位与运算逐位执行逻辑 AND 的计算。按位或运算逐位执行逻辑 OR 的计算。

按位异或运算逐位执行 XOR 的计算,即两个操作数相同时结果为 0,两个操作数不相同时结果为 1。

6. 条件运算符

条件运算符由"?"和":"组成,条件运算符是一个三元运算符。条件运算符的一般格式为:

操作数 1?操作数 2:操作数 3

其中,操作数 1 的值必须为布尔值。在进行条件运算时,首先判定"?"前面的布尔值是 true 还是 false,如果是 true,则条件运算表达式的值等于操作数 2 的值;如果是 false,则条件运算表达式的值等于操作数 3 的值。

例如,条件表达式为"$5>7?19+i:9$",由于 $5>7$ 的值为 false,所以整个表达式的值为 9。

7. 其他运算符

除了前面介绍的常用运算符之外,C#中还有一些特殊的运算符。

(1) is 运算符:is 运算符用于检查表达式是否为指定的类型,如果是,结果为 true,否则结果为 false。

例如:

```
int i = 22;
bool isInt = i is int;        //isInt = true
```

（2）sizeof 运算符：sizeof 运算符获得值类型数据在内存中占用的字节数。sizeof 运算符的使用方法如下：

sizeof(类型标识符)

运算的结果是一个整数，此整数代表字节数。例如：

```
int i = sizeof(int);           //结果为 i = 4,因为每个 int 型变量占用 4 个字节
```

（3）new 运算符：new 运算符用于创建对象和调用对象的构造函数。

（4）typeof 运算符：typeof 运算符用于获得 System. Type 对象。

请看例 3-7。

【例 3-7】 typeof 运算符的示例。

程序代码如下：

```
using System;
using System. Collections. Generic;
using System. Linq;
using System. Text;
using System. Threading. Tasks;

namespace UseSizeof
{
    class UseSizeof
    {
        static void Main(string[] args)
        {
            Console. WriteLine(typeof(int));
            Console. WriteLine(typeof(System. Int32));
            Console. WriteLine(typeof(float));
            Console. WriteLine(typeof(double));
        }
    }
}
```

程序的运行结果如图 3-5 所示。

图 3-5　typeof 运算符的示例

说明：在 C♯ 中，标识一个整型变量时使用 int 和使用 System. Int32 是一样的，typeof 操作符就是将 C♯ 中的数据类型转化为. NET 框架下的类型。

（5）checked 和 unchecked 运算符：这两个运算符用于控制整数算术运算中当前环境的溢出情况。checked 用于检测某些操作的溢出条件，下面的代码试图分配不符合 short 变量范围的值，引发系统错误：

```
short val1 = 7000, val2 = 30000;
short total = checked((short)(val1 + val2));            //出现错误
```

借助于 unchecked 运算符，可以保证即使溢出也会忽略错误、接受结果。例如：

```
short val1 = 7000, val2 = 30000;
short total = unchecked((short)(val1 + val2));          //出现错误,但是被忽略
```

3.4.2　表达式

表达式类似于数学运算中的表达式，是由运算符、操作数和标点符号按照一定的规则连接而成的式子。根据运算符类型的不同，表达式可以分为算术表达式、赋值表达式、关系表达式、逻辑表达式以及条件表达式等。表达式在经过一系列运算后得到一个结果，这就是表达式的结果，结果的类型由参加运算的操作数据的数据类型决定。

在包含多种运算符的表达式求值时，如果有括号，先计算括号里面的表达式。在运行时各运算符执行的先后次序由运算符的优先级别和结合性确定，先执行运算优先级别高的运算，然后执行运算优先级别低的运算。C#中各运算符的优先级如表 3-11 所示。

表 3-11　运算符的优先级（从高到低）

类　　　别	运　算　符
基本运算符	(x)、$x.y$、$f(x)$、$a[x]$、$x++$、$x--$、new、typeof、size of、checked、unchecked
一元运算符	$+$、$-$、$!$、$\sim$、$++x$、$--x$、$(T)x$
乘/除运算符	$*$、$/$、$\%$
加/减运算符	$+$、$-$
移位运算符	$<<$、$>>$
关系运算符	$<$、$>$、$<=$、$>=$、is、as
比较运算符	$==$、$!=$
按位与运算符	$\&$
按位异或运算符	$\wedge$
按位或运算符	$|$
逻辑与运算符	$\&\&$
逻辑或运算符	$||$
三元运算符	$?:$
赋值运算符	$=$、$*=$、$/=$、$+=$、$-=$、$<<=$、$>>=$、$\&=$、$\wedge=$、$|=$

【例 3-8】　整数逆序输出示例。

从键盘输入一个 6 位整数，将各个位上的数逆序输出，例如输入"123456"，则输出"654321"。

程序代码如下：

```
using System;
using System.Collections.Generic;
using System.Linq;
using System.Text;
using System.Threading.Tasks;
```

```
namespace Invert
{
    class Invert
    {
        static void Main(string[] args)
        {
            long Num;
            Console.WriteLine("请输入一个六位数：");
            Num = Convert.ToInt32(Console.ReadLine());
            while (Num < 100000 || Num > 999999)
            {
                Console.WriteLine("请输入一个六位数：");
                Num = Convert.ToInt32(Console.ReadLine());
            }
            Console.WriteLine("输出逆序之前的六位数：{0}", Num);
            Console.Write("输出逆序之后的六位数：");
            do
            {
                Console.Write(Num % 10);
                Num /= 10;
            } while (Num > 0);
            Console.WriteLine();
        }
    }
}
```

程序的运行结果如图 3-6 所示。

图 3-6　整数逆序输出的示例

3.5　本章小结

本章介绍了 C♯的设计基础，包括标识符、关键字、数据类型、类型转换、变量、常量、运算符和表达式等内容。通过本章的学习，读者可以初步了解 C♯的数据类型、变量、运算符和表达式的丰富多样、灵活而规范的特点。

习题

3-1　选择题：

（1）以下标识符中正确的是（　　　）。

  A. _nName   B. sizeof   C. 16A   D. x10#

（2）以下标识符中错误的是（ ）。

  A. _b45   B. x356   C. 6-321   D. nStudentNum

（3）以下类型中不属于值类型的是（ ）。

  A. 整数类型   B. 布尔类型   C. 数组类型   D. 类类型

3-2 求以下表达式的值，要求同时写出值的类型。

```
sizeof(int) * 10/3.4
9 > 6 + 4
5 - 3 < = 4
6 > 3&&9 > 8
"Computer"!= "Games"
"hello" + "C#!"
```

3-3 设 a＝true，b＝true，c＝false，d＝7，求下列表达式的值。

```
!a||d&&b||c
a&&3 < = 9||d > = 12&&c
```

3-4 在 C# 中如何定义常量？常量的定义是否一定要初始化？为什么？

3-5 值类型和引用类型数据的主要区别是什么？

3-6 在给变量起名时应注意哪些规则？

3-7 简述 C# 中常用的运算符及其功能。

第4章 结构化程序设计

本章主要介绍结构化程序设计的概念、3 种基本控制结构以及 C♯ 中的常用语句。程序是由语句构成的,C♯ 中的常用语句包括简单语句、条件语句、分支语句、循环语句、跳转语句等,用户只有很好地掌握程序设计语言的各种语句才能构造出正确的和结构良好、清晰的程序。

4.1 结构化程序设计的概念

结构化程序设计是荷兰学者迪克斯特拉(E. W. dijkstra)在 1969 年提出的,他的主要观点是采用自顶向下、逐步求精的程序设计方法;使用 3 种基本控制结构构造程序,任何程序都是由顺序、选择、循环 3 种基本控制结构进行构造的。

4.1.1 结构化程序设计的概念及算法的概念

结构化程序设计是以模块化设计为中心,将待开发的软件系统划分为若干个相互独立的模块,这样使完成每一个模块的工作变得单纯而明确,为设计一些较大的软件打下了良好的基础。由于模块相互独立,因此在设计其中一个模块时不会受到其他模块的影响,因而可以将原来较为复杂的问题简化为一系列简单模块的设计。模块的独立性还为扩充已有的系统、建立新系统带来了不少的方便,因为我们可以充分利用现有的模块做积木式的扩展。按照结构化程序设计的观点,任何算法功能都可以通过由程序模块组成的 3 种基本程序结构(顺序结构、选择结构和循环结构)的组合来实现。

结构化程序设计的基本思想是采用"自顶向下,逐步求精"的程序设计方法和"单入口单出口"的控制结构。"自顶向下、逐步求精"的程序设计方法从问题本身开始,经过逐步细化,将解决问题的步骤分解为由基本程序结构模块组成的结构化程序框图;"单入口单出口"的思想认为一个复杂的程序,如果它仅是由顺序、选择和循环 3 种基本程序结构通过组合、嵌套构成的,那么这个新构造的程序一定是一个单入口单出口的程序,据此很容易编写出结构良好、易于调试的程序。

结构化程序设计的实质是控制编程中的复杂性,结构化程序设计曾被认为是软件发展中的第 3 个"里程碑"。

在此,我们来关注一下程序设计的主要步骤:

（1）分析问题。

（2）确定算法。

（3）画出程序流程图。

（4）编写程序。

（5）调试程序。

（6）建立健全的文档资料。

其中，关键问题在于第（2）步，即确定算法。所谓"算法"，粗略地讲，是为解决一个特定问题而采取的确定的、有限的步骤。这里所说的算法是指计算机能执行的算法。只要算法是正确的，编写程序就不会有太大的困难。一个程序员应该掌握如何设计一个问题的算法或者采用已有的可行算法。计算机算法可以采用流程图来表示。

4.1.2　流程图

流程图（Flowchart）也称为框图，它是用一些几何框图、流向线和文字说明来表示各种类型的操作。计算机算法可以用流程图来表示，图 4-1～图 4-4 用流程图表示了结构化程序设计的 3 种基本结构。

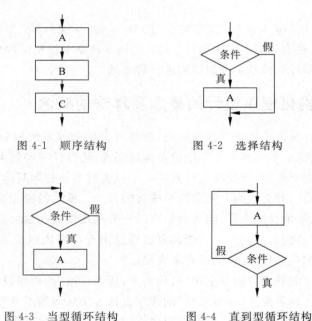

图 4-1　顺序结构　　　　图 4-2　选择结构

图 4-3　当型循环结构　　　　图 4-4　直到型循环结构

4.2　顺序结构

顺序结构的流程图如图 4-1 所示，先执行 A 语句，再执行 B 语句，两者是顺序执行的关系。A、B 可以是一个简单语句，也可以是一个基本结构，即顺序结构、选择结构或者循环结构。常用的简单语句包括空语句、复合语句、标签语句、声明语句和表达式语句等。

4.2.1 空语句

空语句是一种最简单的语句,它不实现任何功能,C#中的空语句的形式如下:

;

即只有一个分号的语句。在不需要执行任何操作但又需要一条语句时,可以采用空语句来表示。有时它用来做转向点,或是循环语句中的循环体,此时循环体是空语句,表示循环体什么也不做。

4.2.2 复合语句

可以用{}把一些语句括起来使之成为复合语句,或者称为块。例如,下面就是一条复合语句:

```
{
    int X, Y, Z;
    X = 9;
    Y = X + 10;
    Z = X * Y;
}
```

4.2.3 标签语句

C#程序允许在一条语句前面使用标签前缀,其形式如下:

标签名称: 语句

标签语句主要用于配合 goto 语句完成程序的跳转功能,例如:

```
    if (X > 0)
        goto Large;
    X = - X;
Large: return X;
```

在使用标签语句时要注意标签名称的选择,一个标签名称应该唯一,不能与程序中出现的变量名或者其他标签名称相同。

其余的简单语句(例如声明语句和表达式语句)在前面已经进行了介绍,在此不再赘述。

4.2.4 顺序结构的实例

在此通过一个具体实例介绍编写顺序结构的方法。

【例 4-1】 编写程序计算圆的面积。

程序代码如下:

```
using System;
using System.Collections.Generic;
using System.Linq;
```

```
using System.Text;
using System.Threading.Tasks;

namespace OrderStructure
{
    class Circle
    {
        static void Main(string[] args)
        {
            const double PI = 3.14159;
            double R, S;
            Console.WriteLine("请输入圆的半径：");
            R = double.Parse(Console.ReadLine());
            S = PI * R * R;
            Console.WriteLine("圆的面积为：{0}", S);
        }
    }
}
```

上面这段程序就是一个典型的顺序结构，在 Circle 类的 Main 方法中，程序根据语句出现的顺序依次执行，先在程序中输入一个半径值，然后根据计算公式计算出圆的面积，最后将圆的面积的值进行输出。

4.3 选择结构

运用顺序结构只能编写一些简单的程序，进行一些简单的运算，在实际的运算中，往往要进行复杂的逻辑判定，即给出一些条件，让程序判定是否满足条件，并按不同的情况让程序进行不同的处理。

例如输入一个考试成绩，判定它是优、良、中、及格或不及格等；或者输入两个字母，比较其 ASCII 码的大小，然后根据不同的情况进行相应的处理。这些问题是需要由程序按给定的条件进行比较和判定的，并按判定后的不同情况进行处理，这时需要用到选择结构。

选择结构也是一种常用的基本结构，是根据所选择条件是否为真决定从不同的操作分支中执行某一分支的相应操作。常用的选择结构有条件语句和分支语句。

4.3.1 条件语句

本节介绍用条件语句来实现选择结构，常用的条件语句有以下几种。

1. if 语句

if 语句基于布尔表达式的值来判定是否执行后面内嵌的语句块，其语法形式如下：

```
if(表达式)
{
    语句块；
}
```

说明：如果表达式的值为 true（即条件成立），则执行后面的 if 语句所控制的语句块，如果表达的值为 false（即条件不成立），则不执行 if 语句控制的语句块，然后执行程序中的下一条语句。if 语句的程序流程图如图 4-5 所示。如果 if 语句只控制一条语句，则大括号"{ }"可以省略。

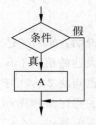

图 4-5 if 语句选择结构

【例 4-2】 编写程序实现从键盘上输入一个数，输出它的绝对值。

程序代码如下：

```
using System;
using System.Collections.Generic;
using System.Linq;
using System.Text;
using System.Threading.Tasks;

namespace IfStatement
{
    class AbsDemo
    {
        static void Main(string[] args)
        {
            int x, y;
            string str;
            Console.WriteLine("请输入 x 的值：");
            str = Console.ReadLine();
            x = Convert.ToInt32(str);
            y = x;
            if (x < 0)
            {
                y = - x;
            }
            Console.WriteLine("|{0}| = {1}", x, y);
        }
    }
}
```

说明：在该例中，if 条件表达式判定 x 的取值是否小于 0，如果 x 小于 0，则执行 if 语句的控制语句"y＝－x；"，即将 y 赋值为 x 的绝对值；否则不执行该控制语句，保持 y 为 x 的输入数值。

2. if…else 语句

if…else 语句是一种更为常用的选择语句。if…else 语句的语法形式如下：

```
if(表达式)
{
    语句块 1;
}
else
```

```
{
    语句块 2;
}
```

说明：如果表达式的值为 true（即条件成立），则执行后面的 if 语句所控制的语句块 1，如果表达的值为 false（即条件不成立），则执行 if 语句控制的语句块 2，然后执行程序中的下一条语句。if…else 语句的程序流程图如图 4-6 所示。

下面通过一个实例说明 if…else 语句的用法。

【例 4-3】 根据输入的学生成绩 Score 的值显示学生是否及格。

程序代码如下：

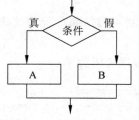

图 4-6　if…else 语句选择结构

```csharp
using System;
using System.Collections.Generic;
using System.Linq;
using System.Text;
using System.Threading.Tasks;

namespace Score
{
    class Score
    {
        static void Main(string[] args)
        {
            Console.WriteLine("请您输入学生成绩：");
            int Score = int.Parse(Console.ReadLine());     //转换为整数
            if (Score >= 60)
            {
                Console.WriteLine("该成绩及格。");
            }
            else
            {
                Console.WriteLine("该成绩不及格。");
            }
        }
    }
}
```

说明：该例中 if 语句和 else 语句后面的大括号"{}"可以省略，因为它们都只控制一条语句。但显而易见，若加上大括号，程序的结构更加清晰。

如果程序的逻辑判定关系比较复杂，通常会用到 if…else 嵌套语句，if…else 语句可以嵌套使用，即在判定之中又有判定。其一般形式如下：

```csharp
if(表达式 1)
  if(表达式 2)
      if(表达式 3)
          …
          语句 1;
```

```
    else
        语句 2;
    else
        语句 3;
else
    语句 4;
```

在应用这种 if…else 结构时，用户要注意 else 和 if 的配对关系，其配对关系是从第 1 个 else 开始，一个 else 总是和它上面离它最近的可配对的 if 配对。请看下例：

```
if (i == 80)
{
    if (j < 30)
    {
        a = b;
    }
    if (k > 100)
    {
        c = d;
    }
    else                     //这个 else 与 if (k > 100) 相匹配
    {
        a = c;
    }
}
else                         //这个 else 与 if (i == 80) 相匹配
{
    a = d;
}
```

注意：建议用户在应用 if…else 嵌套语句时，即使控制一条语句，也应该加上一对"{}"。

【例 4-4】 假设考查课的成绩按优秀、良好、中等、及格和不及格分为 5 个等级，但实际的考试成绩是百分制的，分别对应的分数段为 90～100、80～89、70～79、60～69、0～59。使用嵌套的 if…else 语句将考试成绩转换为考查课成绩。

程序代码如下：

```
using System;
using System.Collections.Generic;
using System.Linq;
using System.Text;
using System.Threading.Tasks;

namespace TestScore
{
    class Program
    {
        static void Main(string[] args)
        {
            int InputScore;
            string OutputScore;
```

```
Console.WriteLine("请输入百分制分数: ");
InputScore = Convert.ToInt32(Console.ReadLine());
if (InputScore >= 70)
{
    if (InputScore >= 80)
    {
        if (InputScore >= 90)
        {
            OutputScore = "优秀";          //优秀
        }
        else
        {
            OutputScore = "良好";          //良好
        }
    }
    else
    {
        OutputScore = "中等";          //中等
    }
}
else
{
    if (InputScore >= 60)
    {
    OutputScore = "及格";          //及格
    }
    else
    {
    OutputScore = "不及格";          //不及格
    }
}
Console.WriteLine("百分制下的{0}分经转换,为五分制下的{1}", InputScore,
OutputScore);
        }
    }
}
```

思考：为何在程序中的 if 语句要如此设定判断条件呢？即第一个 if 语句的表达式为 "InputScore >= 70"。

3．else if 语句

else if 语句是 if 语句和 if…else 语句的组合,其一般形式如下：

```
if(表达式 1)
    语句 1;
else if(表达式 2)
    语句 2;
…
else if(表达式 n-1)
    语句 n-1;
```

```
else
    语句 n;
```

说明：当表达式 1 为 true 时执行语句 1，然后跳过整个结构执行下一条语句；当表达式 1 为 false 时将跳过语句 1 去判定表达式 2。若表达式 2 为 true，则执行语句 2，然后跳过整个结构去执行下一条语句；若表达式 2 为 false，则跳过语句 2 去判定表达式 3，依此类推；当表达式 1、表达式 2、……、表达式 $n-1$ 全为假时，将执行语句 n，再转而执行下一条语句。

【例 4-5】 编程实现检查输入的字符是否为小写字母、大写字母或数字，否则输入的既不是字母又不是数字。

程序代码如下：

```csharp
using System;
using System.Collections.Generic;
using System.Linq;
using System.Text;
using System.Threading.Tasks;

namespace CharacterOrNumber
{
    class CharacterOrNumber
    {
        static void Main(string[] args)
        {
            Console.Write("Enter a character:");        //输入一个字符
            char c = (char)Console.Read();

            if (char.IsUpper(c))                         //判断是否为大写字母
                Console.WriteLine("The character is uppercase.");
            else if (char.IsLower(c))                    //判断是否为小写字母
                Console.WriteLine("The character is lowercase.");
            else if (char.IsDigit(c))                    //判断是否为数字
                Console.WriteLine("The character is number.");
            else                                         //输入的既不是字母又不是数字
                Console.WriteLine("The character is not alphanumeric.");
        }
    }
}
```

4.3.2 分支语句

当判定的条件有多个时，如果使用 else if 语句将会让程序变得难以阅读，而分支语句（switch 语句）提供了一个更为简洁的语法，以便处理复杂的条件判定。

switch 语句的一般格式如下：

```
switch(表达式)
{
    case 常量表达式 1;
        语句 1;
```

```
            break;
        case 常量表达式 1;
            语句 2;
            break;
        …
        case 常量表达式 n;
            语句 n;
            break;
        [default:
            语句 n + 1;
            break;]
    }
```

说明：

（1）首先计算 switch 后面的表达式的值。

（2）如果表达式的值等于"case 常量表达式 1"中常量表达式 1 的值，则执行语句 1，然后通过 break 语句退出 switch 结构，执行位于整个 switch 结构后面的语句；如果表达式的值不等于"case 常量表达式 1"中常量表达式 1 的值，则判定表达式的值是否等于常量表达式 2 的值，依此类推，直到最后一个语句。

（3）如果 switch 后的表达式与任何一个 case 后的常量表达式的值都不相等，若有 default 语句，则执行 default 语句后面的语句 n+1，执行完毕后退出 switch 结构，然后执行位于整个 switch 结构后面的语句；若无 default 语句则退出 switch 结构，执行位于整个 switch 结构后面的语句。

【例 4-6】 假设考查课的成绩按优秀、良好、中等、及格和不及格分为 5 个等级，但实际的考试成绩是百分制的，分别对应的分数段为 90～100、80～89、70～79、60～69、0～59。使用嵌套的 switch 语句将考试成绩转换为考查课成绩。

程序代码如下：

```
using System;
using System.Collections.Generic;
using System.Linq;
using System.Text;
using System.Threading.Tasks;

namespace TestScore
{
    class TestScore
    {
        static void Main(string[] args)
        {
            int InputScore;
            string OutputScore;
            Console.WriteLine("请输入百分制分数：");
            InputScore = Convert.ToInt32(Console.ReadLine());
            int temp = InputScore / 10;
            switch (temp)
            {
```

```
        case 10:
        case 9:
            OutputScore = "优秀";
            break;
        case 8:
            OutputScore = "良好";
            break;
        case 7:
            OutputScore = "中等";
            break;
        case 6:
            OutputScore = "及格";
            break;
        default:
            OutputScore = "不及格";
            break;
        }
        Console.WriteLine("百分制下的{0}分经转换,为五分制下的{1}",
            InputScore, OutputScore);
    }
  }
}
```

说明：对比例 4-4,读者可以发现在多分支选择结构中使用 switch 语句具有结构清晰、可读性强等优点。

另外,对于 C♯ 中的 switch 语句有以下几点说明：

（1）case 后面的常量表达式的类型必须与 switch 后面的表达式的类型相匹配,如本例中都是整数类型。

（2）如果在同一个 switch 语句中有两个或多个 case 后面的常量表达式具有相同的值,将会出现编译错误。

（3）在 switch 语句中最多只能出现一个 default 语句。

（4）在 C♯ 中,switch 语句中的各个 case 语句及 default 语句的出现次序不是固定的,它们出现的次序不同不会对执行结果产生任何影响。

（5）不允许遍历。在 C♯ 中要求每个 case 语句后使用 break 语句或跳转语句 goto,即不允许从一个 case 自动遍历到其他 case,否则编译时将报错。

（6）在 C♯ 中多个 case 语句可以共用一组执行语句。

以上面的程序代码为例,将 switch 语句中的代码改为：

```
switch (temp)
{
    case 10:
    case 9:
        OutputScore = "优秀";
        break;
    case 8:
        OutputScore = "良好";
        break;
```

```
    case 7:
        OutputScore = "中等";
        break;
    case 6:
        OutputScore = "及格";
        break;
    default:
        OutputScore = "不及格";
        break;
}
```

如此修改，使程序看起来更加简洁、明确。

4.3.3　选择结构的实例

【**例 4-7**】　要求输出 1～12 月份的天数。在程序中要对年份进行判定，判断该年份是否为闰年。

程序代码如下：

```
using System;
using System.Collections.Generic;
using System.Linq;
using System.Text;
using System.Threading.Tasks;

namespace CountDaysNumber
{
    class CountDaysNumber
    {
        static void Main(string[] args)
        {
            Console.WriteLine("输入月份：");
            int i = int.Parse(Console.ReadLine());
            switch (i)
            {
                case 1:
                case 3:
                case 5:
                case 7:
                case 8:
                case 10:
                case 12:
                    Console.WriteLine("{0}月有 31 天", i);
                    break;
                case 4:
                case 6:
                case 9:
                case 11:
                    Console.WriteLine("{0}月有 30 天", i);
                    break;
```

```
        case 2:
            {
                Console.WriteLine("2 月需要输入年份:");
                int year = int.Parse(Console.ReadLine());
                if (year % 4 == 0 && year % 100 != 0 || year % 400 == 0)
                    Console.WriteLine("{0}年的{1}月有 29 天", year, i);
                else
                    Console.WriteLine("{0}年的{1}月有 28 天", year, i);
                break;
            }
        }
    }
}
```

说明：在 case 分支中如果有多条语句可以不加"{}"，但是如果要在不同的 case 语句中定义相同的局部变量，则需要加"{}"来限定局部变量的范围。例如上面的程序，在 case 2 中定义了变量 year，用于判定是否为闰年。

4.4　循环结构

程序设计中的循环结构是指在程序中从某处开始有规律地反复执行某一语句块的结构，并把重复执行的语句块称为循环体。

4.4.1　循环结构的概念

循环结构是一种常见的基本结构，循环结构按其循环体是否嵌套有子循环结构可分为单循环结构和多重循环结构。循环结构可以在很大程度上简化程序设计，并解决采用其他结构不易解决的问题。例如计算 $1+2+3+\cdots+100$ 的和，采用顺序结构来解决非常不便。若采用循环结构来编写这种程序，则相当简单，只需要几条语句即可。在 C# 中提供了 4 种类型的循环结构，分别用于不同的情况。

4.4.2　while 语句与 do…while 语句

while 语句和 do…while 语句用于循环次数不固定的情况，相当高效、简洁。

1．while 语句

while 语句的一般语法格式为：

```
while(条件表达式)
{
    循环体;
}
```

说明：while 语句在执行时首先判定条件表达式的值。如果 while 后面括号中的条件表达式的值为 true，则执行循环体，然后回到 while 语句的开始处，再判定 while 后面括号中的表达式的值是否为 true，只要表达式为 true，那么就重复执行循环体，直到 while 后面括号中的条件表达式的值为 false 时才退出循环，并执行下一条语句。

while 语句的程序流程图如图 4-7 所示。

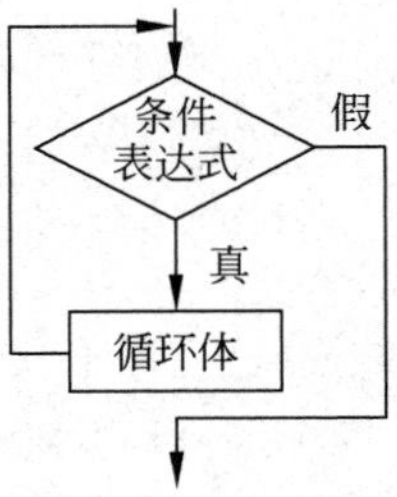

【例 4-8】 使用 while 语句计算 1＋2＋3＋…＋100 的和。

程序代码如下：

图 4-7　while 循环结构

```
using System;
using System.Collections.Generic;
using System.Linq;
using System.Text;
using System.Threading.Tasks;

namespace Sum
{
    class Sum
    {
        static void Main(string[] args)
        {
            int i = 1, sum = 0;
            while (i <= 100)
            {
                sum += i;
                i++;
            }
            Console.WriteLine("1 + 2 + 3 + ... + 100 的和为: {0}", sum);
        }
    }
}
```

程序的运行结果如下：

1 + 2 + 3 + … + 100 的和为：5050。

说明：

（1）如果 while 循环体只包括一条语句，则 while 语句中的大括号"{}"可以省略。

（2）循环体中改变循环变量的语句应该是使循环趋向结束的语句，如果没有该语句或者该语句没有使循环结束的趋势，则可能导致循环无法终止。

（3）在循环体中如果包括 break 语句，则程序执行到 break 语句时就会结束循环。

2．do…while 语句

do…while 语句和 while 语句功能相似，和 while 语句不同的是，do…while 语句的判定条件在后面。do…while 循环不论条件表达式的值是什么都至少执行一次。do…while 语句的一般语法格式如下：

```
do
{
    循环体;
}
```

```
while(条件表达式);
```

说明：当循环执行到 do 语句后，先执行循环体语句；执行完循环体语句后，再对 while 语句括号中的条件表达式进行判定。若表达式的值为 true，则转向 do 语句继续执行循环体语句；若表达式的值为 false，则退出循环，执行程序的下一条语句。

do…while 语句的程序流程图如图 4-8 所示。

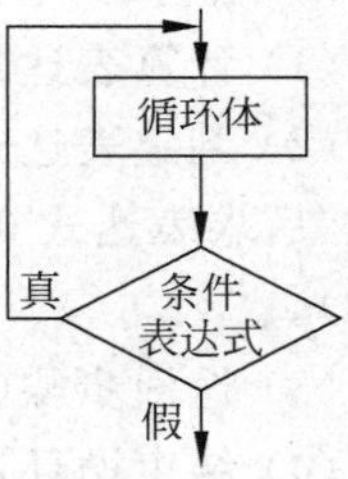

【**例 4-9**】 使用 do…while 语句计算 100 以内奇数的和。

程序代码如下：

图4-8　do…while 循环结构

```
using System;
using System.Collections.Generic;
using System.Linq;
using System.Text;
using System.Threading.Tasks;

namespace OddSum
{
    class OddSum
    {
        static void Main(string[] args)
        {
            int i = 1, OddSum = 0;
            do
            {
                OddSum += i;
                i += 2;
            }
            while (i <= 100);
            Console.WriteLine("100 以内奇数的和为：{0}", OddSum);
        }
    }
}
```

程序的运行结果如下：

100 以内奇数的和为：2500。

说明：该程序首先将循环变量 i 的值初始化为 1，然后执行循环体中的语句"OddSum += i;"，接下来执行"i += 2;"，改变循环变量。将循环变量加上 2 后再判定 while 语句中的条件表达式是否为 true，若为 true，则转到 do 语句重复执行循环体，直到 $i = 101$ 时 while 条件表达式为假，跳出循环。

4.4.3　for 语句和 foreach 语句

for 语句和 foreach 语句都是固定循环次数的循环语句。

1. for 语句

for 语句是一种功能强大的循环语句，它比 while 语句和 do…while 语句更加灵活。它的一般语法格式如下：

```
for(表达式 1;表达式 2;表达式 3)
{
    循环体;
}
```

for 语句的执行过程如下：

（1）计算表达式 1 的值。

（2）判定表达式 2 的值，若其值为 true，则执行循环体中的语句，然后求表达式 3 的值；若表达式 2 的值为 false，则转而执行步骤（4）。

（3）返回步骤（2）。

（4）结束循环，执行程序的下一条语句。

for 语句的程序流程图如图 4-9 所示。

【例 4-10】　使用 for 语句计算 100 以内奇数的和。

程序代码如下：

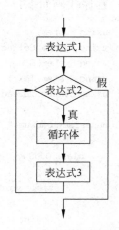

图 4-9　for 循环结构

```csharp
using System;
using System.Collections.Generic;
using System.Linq;
using System.Text;
using System.Threading.Tasks;

namespace OddSum
{
    class OddSum
    {
        public static int Odd()
        {
            int OddSum = 0;
            for (int i = 1; i <= 100; i += 2)
            {
                OddSum += i;
            }
            Console.WriteLine("100 以内奇数的和为: {0}", OddSum);
            return 0;
        }
        static void Main()
        {
            Odd();
        }
    }
}
```

说明：在该程序的 for 循环语句中，首先为循环变量 i 赋初值 1，然后判定 $i<=100$ 是否为 true，这里 $i<=100$ 的值为 true，执行循环体中的语句，然后执行 $i+=2$，再来判定 $i<=100$ 是否为 true，直到 $i=101$，for 语句中的条件表达式为假，跳出循环。

下面结合例 4-10,对 for 语句做几点说明:

(1) 如果对循环变量在 for 语句前面已经赋了初值,则在 for 语句中可以省略表达式 1,但要保留其后的分号。

该例中的 for 语句可以用下面的代码表示:

```
…
int i = 1;
for (; i <= 100; i += 2)
…
```

(2) for 语句可以省略表达式 2,即不判定表达条件是否成立,循环将一直进行下去,但应保留表达式 2 后面的分号,此时需要在循环体中添加跳出循环体的跳转语句。

该例中的 for 语句可以用下面的代码表示:

```
for (int i = 1;; i += 2)
{
    OddSum += i;
    if(i >= 100)
        break;
}
```

(3) for 语句可以省略表达式 3,此时需要在循环体中添加改变循环变量值的语句,以结束循环。

该例中的 for 语句可以用下面的代码表示:

```
for (int i = 1; i <= 100;)
{
    OddSum += i;
    i += 2;
}
```

(4) for 语句中的 3 个表达式可以同时省略,此时要给循环变量赋初值,在循环体中添加跳出循环的跳转语句和改变变量值的语句,否则循环将一直进行下去。注意,同时省略 3 个表达式时,仍然要保留表达式 1 和表达式 2 后面的分号。

该例中的 for 语句可以用下面的代码表示:

```
int i = 1;
for (; ; )
{
    OddSum += i;
    i += 2;
    if (i >= 100)
        break;
}
```

(5) 循环语句都可以嵌套,同样 for 语句也可以嵌套。

【例 4-11】 利用 for 循环嵌套语句实现以下功能:假设某班有 10 名学生,每名学生修 3 门课程,求每名学生的总分和平均成绩。

程序代码如下:

```
using System;
using System.Collections.Generic;
using System.Linq;
using System.Text;
using System.Threading.Tasks;

namespace TotalScoreAndAverageScore
{
    class TotalScoreAndAverageScore
    {
        static void Main(string[] args)
        {
            double sum = 0, score;
            for (int i = 1; i <= 10; i++)
            {
                Console.WriteLine("请输入第{0}名学生的成绩: ", i);
                for (int j = 1; j < 4; j++)
                {
                    Console.Write("第{0}门课程: ", j);
                    score = double.Parse(Console.ReadLine());
                    sum += score;
                }
                Console.WriteLine("第{0}名学生: 总分{1}, 平均分{2:F1}", i, sum, sum / 3);
                sum = 0;
            }
            Console.ReadLine();
        }
    }
}
```

说明：该程序是一个包含嵌套循环的二重循环。C＃中的循环语句可以嵌套多层，但过多的循环嵌套会大大影响程序的执行效率，所以一些有规律的数列运算可尽量减少循环的嵌套，以提高程序的运行速度。

提示：在此例的基础上加大难度，要求求出全班的总成绩和全班的平均成绩。

2. foreach 语句

foreach 语句是 C＃中新增加的循环语句，它对于处理数组及集合等数据类型特别简便。foreach 语句用于列举集合中的每一个元素，并且通过执行循环体对每一个元素进行操作。foreach 语句只能对集合中的元素进行循环操作。foreach 语句的一般语法格式如下：

```
foreach(数据类型 标识符 in 表达式)
{
    循环体;
}
```

说明：foreach 语句中的循环变量是由数据类型和标识符声明的，循环变量在整个 foreach 语句范围内有效。在 foreach 语句执行的过程中，循环变量代表当前循环所执行的集合中的元素。每执行一次循环体，循环变量就依次将集合中的一个元素带入其中，直到把集合中的元素处理完毕,跳出 foreach 循环,转而执行程序的下一条语句。

【例 4-12】 利用 foreach 语句计算数组中奇数和偶数的个数。

程序代码如下:

```
using System;
using System.Collections.Generic;
using System.Linq;
using System.Text;
using System.Threading.Tasks;

namespace OddNumAndEvenNum
{
    class Program
    {
        static void Main(string[] args)
        {
            int OddNum = 0, EvenNum = 0;
            int[] arrNum = new int[] { 12, 15, 23, 56, 90, 98 };//定义并初始化一个一维数组
            foreach (int k in arrNum)                          //提取数组中的整数
            {
                if (k % 2 == 0)                                //判定是否为偶数
                    EvenNum++;
                else
                    OddNum++;
            }
            Console.WriteLine("偶数个数为:{0},奇数个数为:{1}", EvenNum, OddNum);
        }
    }
}
```

说明:该例说明了使用 foreach 语句操作数组元素的方法,该程序在执行过程中使用 foreach 语句遍历数组中的元素。

foreach 语句为集合的访问提供了更简洁的方式,下面的程序代码说明了用一个 foreach 语句循环显示集合列表中的元素。

【例 4-13】 利用 foreach 语句访问集合中的元素。

程序代码如下:

```
using System;
using System.Collections.Generic;
using System.Linq;
using System.Text;
using System.Threading.Tasks;
using System.Collections;

namespace ListTest
{
    class Program
    {
        static void Main()
```

```
        {
            ArrayList list = new ArrayList();
            for (int i = 0; i < 10; i++)
                list.Add(i);
            WirteList(list);

        }
        static void WirteList(ArrayList list)
        {
            foreach (object obj in list)
                Console.WriteLine(obj);
        }
    }
}
```

说明：在此例中用到了集合类，集合类包括 Array 类和 ArrayList 类。

（1）Array 类的用法和数组几乎一样，可以看作是数组，在定义的时候需要指定长度；ArrayList 类的用法和普通集合一样，在定义的时候不需要指定长度。例如：

```
Array[] ArrayStudent = new Array[10];
ArrayList ArrayListStudent = new ArrayList();
```

（2）在为 Array 对象赋值时通过下标的访问方式；ArrayList 对象通过添加集合的方式赋值。

```
ArrayListStudent.Add("张三");
```

4.4.4　跳转语句

在 C# 中可以用跳转语句改变程序的执行顺序，在程序中采用跳转语句可以避免可能出现的死循环。C♯中的跳转语句有 break 语句、continue 语句、goto 语句和 return 语句等。

1. break 语句和 continue 语句

break 语句常用于 switch、while、do⋯while、for 或 foreach 等语句中。在 switch 语句中，break 用来使程序流程跳出 switch 语句，继续执行 switch 后面的语句；在循环语句中，break 用来从当前所在的循环内跳出。break 语句的一般语法格式如下：

```
break;
```

break 语句通常和 if 语句配合使用，以实现在某种条件满足时从循环体内跳出的目的，在多重循环中则是跳出 break 所在的循环。

continue 语句用于 while、do⋯while、for 或 foreach 循环语句中。在循环语句的循环体中，当程序执行到 continue 语句时将结束本次循环，即跳过循环体下面还没有执行的语句，并进行下一次表达式的计算与判定，以决定是否执行下一次循环。continue 语句并不是跳出当前的循环，它只是终止一次循环，接着进行下一次循环是否执行的判定。continue 语句的一般语法格式如下：

continue;

【例 4-14】 利用 continue 语句实现跳转。

程序代码如下：

```
using System;
using System.Collections.Generic;
using System.Linq;
using System.Text;
using System.Threading.Tasks;

namespace ContinueTest
{
    class ContinueTest
    {
        static void Main(string[] args)
        {
            for (int i = 1; i <= 10; i++)
            {
                if (i == 6) continue;
                Console.WriteLine(i);
            }
        }
    }
}
```

程序的运行结果显示除了 6 以外的 10 以内的正整数。

如果将该例代码中的 continue 语句改为 break 语句，会有什么样的结果呢？请看例 4-15。

【例 4-15】 利用 break 语句实现跳转。

程序代码如下：

```
using System;
using System.Collections.Generic;
using System.Linq;
using System.Text;
using System.Threading.Tasks;

namespace BreakTest
{
    class Program
    {
        static void Main(string[] args)
        {
            for (int i = 1; i <= 10; i++)
            {
                if (i == 6) break;
```

```
        Console.WriteLine(i);
            }
        }
    }
}
```

程序的运行结果仅显示 $1 \sim 5$ 的正整数。对比上面两例，读者可以很清楚地看出 continue 和 break 的用法。

2. goto 语句

C♯中，goto 语句是无条件跳转语句。当程序流程遇到 goto 语句时跳到它指定的位置。在操作时，goto 语句需要一个标签进行配合，标签一般放在 goto 语句要跳转到的那一条语句的前面。标签在实际的程序代码中并不参与运算，只起到标记的作用。而且，标签必须和 goto 语句在同一个方法中。goto 语句的一般语法格式为：

goto 标签；

【例 4-16】　利用 goto 语句实现退出三重循环的功能。
程序代码如下：

```
using System;
using System.Collections.Generic;
using System.Linq;
using System.Text;
using System.Threading.Tasks;

namespace UseGoto
{
    class Program
    {
        static void Main(string[] args)
        {
            int i = 0, j = 0, k = 0;
            for (; i < 5; i++)
            {
                for (; j < 5; j++)
                {
                    for (; k < 5; k++)
                    {
                        Console.WriteLine("i,j,k:" + i + "  " + j + "  " + k);
                        if (k == 3)
                            goto end;
                    }
                }
            }
            end: Console.WriteLine("End!i,j,k:" + i + "  " + j + "  " + k);
        }
    }
}
```

程序的运行结果如图 4-10 所示。

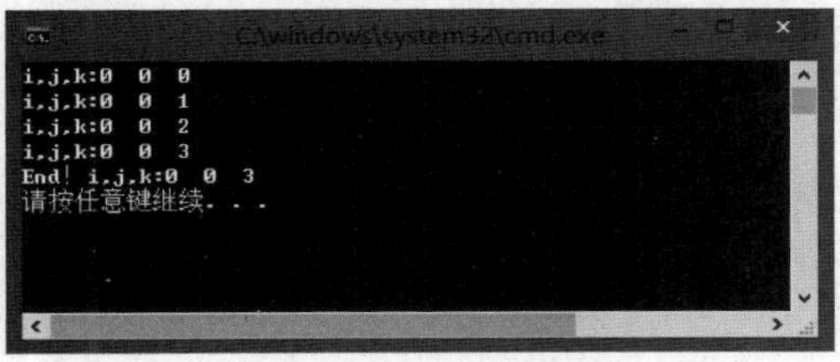

图 4-10 用 goto 语句跳出三重循环

说明：在该例中与 goto 语句配合使用的标签是 end，当 k 的值为 3 时会通过 goto 语句跳出所有的 for 循环去执行 end 标签后面的语句。

注意：好的编程规定尽量少用 goto 语句，因为它破坏了程序的可读性，现在已经不提倡使用 goto 语句了。

3. return 语句

return 语句用来返回到当前函数被调用的地方。如果 return 语句放在循环体内，当满足条件时执行 return 语句返回，循环自动结束。return 语句的一般语法格式为：

```
return;
```

【例 4-17】 利用 return 语句实现函数调用。

程序代码如下：

```
using System;
using System.Collections.Generic;
using System.Linq;
using System.Text;
using System.Threading.Tasks;

namespace UseReturn
{
    class UseReturn
    {
        public static void Ret()
        {
            int i = 1;
            while (i > 0)
            {
                Console.WriteLine(i);
                i++;
                if (i == 50)
                    return;
            }
        }
        static void Main()
        {
            Ret();
```

```
        Console.WriteLine("函数调用结束!");
        }
    }
}
```

程序的运行结果为：输出 1～50 和"函数调用结束!"。

说明：在该例中，当循环变量等于 50 时满足 if 条件，执行 return 语句，跳出当前函数，此时当前循环也就结束了。

提示：return 语句终止它出现在其中的方法的执行并将控制返回给调用方法，它还可以返回一个可选值。如果方法为 void，则可以省略 return 语句。

在下面的示例中，方法以 double 值的形式返回变量 dblArea。

【例 4-18】 利用 return 语句实现返回变量。

程序代码如下：

```
using System;
using System.Collections.Generic;
using System.Linq;
using System.Text;
using System.Threading.Tasks;

namespace UseReturn
{
    class UseReturn
    {
        static void Main(string[] args)
        {
            int nRadius = 5;
            double dblArea1 = CalculateArea(nRadius);
            Console.WriteLine("面积为: {0:0.00}", dblArea1);
        }

        static double CalculateArea(int r)
        {
            double dblArea = Math.PI * r * r;
            return dblArea;
        }
    }
}
```

程序的运行结果如图 4-11 所示。

图 4-11　利用 return 语句实现返回变量

4.4.5　循环结构的实例

【例 4-19】 关于百钱百鸡问题的程序。某人有 100 元钱,想买 100 只鸡,公鸡 5 元钱一只、母鸡 3 元钱一只、小鸡 1 元钱三只,问可以买到公鸡、母鸡和小鸡各多少只。

分析:假设公鸡 I 只、母鸡 J 只、小鸡 K 只,则由题意可得下面的三元一次方程组。

$$\begin{cases} I + J + K = 100 \\ 5*I + 3*J + K/3 = 100 \end{cases}$$

显然,解不唯一,只能将各种可能的结果都代入方程组试一试,把符合方程组的解挑选出来。其实这种方法称为穷举法或枚举法,它是用计算机解题的一种常用方法。其基本思想是一一枚举各种可能的情况,判定哪种可能符合要求(也称为"试根")。

用循环来处理枚举问题非常方便。这里公鸡最多 20 只、母鸡最多 33 只。

程序代码如下:

```
using System;
using System.Collections.Generic;
using System.Linq;
using System.Text;
using System.Threading.Tasks;

namespace UseLoop
{
    class Program
    {
        static void Main(string[] args)
        {
            int x, y, z;
            Console.WriteLine("公鸡\t母鸡\t小鸡\t");
            for (x = 0; x <= 20; x++)
            {
                for (y = 0; y <= 33; y++)
                {
                    z = 100 - x - y;
                    if (5 * x + 3 * y + z / 3.0 == 100)
                        Console.WriteLine("{0}\t{1}\t{2}", x, y, z);
                }
            }
            Console.ReadLine();
        }
    }
}
```

程序的运行结果如图 4-12 所示。

【例 4-20】 实现一个简易计算器,该计算器能完成基本的加、减、乘、除四则运算,要求输入数据和运算符,输出计算结果,并可以继续进行下一次运算,按 Q 键退出计算。

分析:使用 switch 语句对输入的加、减、乘、除运算符进行选择,执行相应的计算。计算可以多次反复执行,所以使用循环语句来实现,此处用 do…while 循环比较合适。

图 4-12   百钱百鸡的结果

程序代码如下：

```csharp
using System;
using System.Collections.Generic;
using System.Linq;
using System.Text;
using System.Threading.Tasks;

namespace Calculator
{
    class Calculator
    {
        static void Main(string[] args)
        {
            double dblNum1, dblNum2, dblResult = 0.0;
            char chrOpt, chrQuit;

            do
            {
                Console.WriteLine("请输入算式：");
                Console.WriteLine("请输入第一个操作数：");
                dblNum1 = Convert.ToDouble(Console.ReadLine());
                Console.WriteLine("请输入运算符：");
                chrOpt = Convert.ToChar(Console.ReadLine());
                Console.WriteLine("请输入第二个操作数：");
                dblNum2 = Convert.ToDouble(Console.ReadLine());

                switch (chrOpt)
                {
                    case '+':
                        dblResult = dblNum1 + dblNum2;
                        break;
                    case '-':
                        dblResult = dblNum1 - dblNum2;
                        break;
                    case '*':
                        dblResult = dblNum1 / dblNum2;
                        break;
                    case '/':
                        {
                            if (dblNum2 == 0)
```

```
                    Console.WriteLine("除数不能为 0，请重新输入算式!");
                else
                    dblResult = dblNum1 + dblNum2;
            }
            break;
        default:
            Console.WriteLine("输入错误!");
            break;
    }
    Console.WriteLine("{0}{1}{2} = {3}", dblNum1, chrOpt, dblNum2, dblResult);
    Console.WriteLine("是否还需要继续计算，按任意键继续，按 Q 键结束!");
    chrQuit = Convert.ToChar(Console.ReadLine());
} while (chrQuit != 'Q' && chrQuit != 'q');
Console.WriteLine("计算完毕，再见!");
        }
    }
}
```

程序的运行结果如图 4-13 所示。

图 4-13　计算器的运行结果

4.5　本章小结

本章首先介绍了结构化程序设计的概念，然后重点讲述了 C♯ 中常用的流程控制语句。对于流程控制语句，用户只有在实际编程中多加应用，才能真正透彻地掌握它们。

习题

4-1　选择题：

(1) 结构化程序设计的 3 种结构是(　　)。

　　A. 顺序结构、if 结构、for 结构

B. if 结构、if…else 结构、else if 结构

C. while 结构、do…while 结构、foreach 结构

D. 顺序结构、分支结构、循环结构

（2）while 语句循环结构和 do…while 语句循环结构的区别在于（　　）。

A. while 语句的执行效率比较高

B. do…while 语句编写程序较为复杂

C. do…while 循环是先执行循环体,后判定条件表达式是否成立,而 while 语句是先判定条件表达式,再决定是否执行循环体

D. 无论条件是否成立,while 语句都要执行一次循环体

（3）下面有关 break、continue 和 goto 语句的描述正确的是（　　）。

A. break 语句和 continue 语句都是用于中止当前整个循环的

B. 使用 goto 语句可以方便地跳出多重循环,因而用户编程时可以尽可能多地使用 goto 语句

C. 使用 break 语句一次跳出多重循环

D. goto 语句必须和标识符配合使用,break 和 continue 语句则不用

4-2　编写一个程序,输入一个圆的半径,输出该圆的直径、周长和面积。

4-3　编写一个程序,输入两个整数,打印出这两个整数的和、差、积、商。

4-4　输入两个整数,并将其分别赋给两个变量,交换它们的值后输出。

4-5　编写一个程序,对于输入的 4 个整数,求出其中的最大值和最小值。

4-6　分别用 for、while、do…while 语句编写程序,求出 100 以内自然数的和。

4-7　举例说明 switch 语句的执行过程。

4-8　编写一个程序,实现把 1~100 中不能被 5 或 8 整除的整数进行输出。

4-9　编写一个程序,实现把 1~100 中能被 3 整除但不能被 5 整除的整数进行输出,并统计有多少个这样的整数。

面向对象程序设计基础

面向对象的软件开发技术是当今计算机技术发展的重要成果和趋势之一。C♯是完全面向对象的程序设计语言。类和对象是面向对象程序设计中的重要概念。封装性、继承性和多态性是面向对象的特点。本章主要介绍面向对象程序设计中的基本概念和基于 C♯ 的面向对象程序设计的方法。

5.1 面向对象概述

5.1.1 面向对象的概念

面向对象程序设计(Object－Oriented Programming)简称 OOP 技术。面向对象编程技术是计算机编程技术中一次重大的进步,于 20 世纪 60 年代被提出,最早应用于 Smalltalk 程序设计语言中,并在以后的应用中被逐渐发展和完善。在面向对象编程技术出现之前,程序的设计普遍采用的是面向过程的程序设计方法。面向过程的编程常常会导致所有的代码都包含在几个模块中,使程序难以阅读和维护,在做一些修改时往往是牵一发而动全身,造成后期的开发和维护困难,这种面向过程的程序设计语言有 C、Pascal 等。

OOP 是一种系统化的程序设计方法,强调直接以问题域(即现在世界)中的事物为中心来考虑问题,并按照这些事物的本质特征把它们抽象为对象。OOP 的主要思想是将数据及处理这些数据的操作都封装(encapsulation)到一个被称为类(Class)的数据结构中。在使用这个类时只需要定义一个类的变量即可,这个变量(Object)通过调用对象的数据成员完成对类的使用。在这种方法下,编程人员不需要过分关注"如何做",而是重点关注"做什么"。OOP 编程思想较好地适应了现实世界中的问题,因而得到广泛应用。同时,使用 OOP 技术提高了代码重用的几率,也有利于软件的开发、维护和升级。

5.1.2 面向对象语言的特点

面向对象的编程方式具有继承、封装和多态性等特点。

1. 继承

在生活中事物有很多的相似性,这种相似性是人们理解纷繁事物的一个基础,因为事物之间往往具有某种"继承"关系。例如,儿子和父亲往往有许多相似之处,因为儿子从父亲那里遗传了许多特性；汽车与卡车、轿车、客车之间存在一般化与具体化的关系，它们也可以用继承来实现。

继承（inheritance）是面向对象编程技术的一块基石，通过它可以创建分等级层次关系的类。继承是父类和子类之间共享数据和方法的机制，通常把父类称为基类，把子类称为派生类。子类可以从其父类中继承属性和方法，通过这种关系模型可以简化类的设计。假如已经定义了 A 类，接下来准备定义 B 类，而 B 类中有很多属性和方法与 A 类相同，那么就可以实现 B 类继承于 A 类，这样无须再在 B 类中定义 A 类中已经具有的属性和方法，从而可以在很大程序上提高程序的开发效率，提高代码的利用率。

例如，可以将水果看作一个父类，那么水果类具有颜色属性。然后再定义一个香蕉类，在定义香蕉类时不需要定义香蕉类的颜色属性，通过以下继承关系可以使香蕉类具有颜色属性。

```
class 水果类
{
    public 颜色;            //在水果类中定义颜色属性
}
class 香蕉类 ： 水果类
{
    //香蕉类中其他的属性和方法
}
```

2．封装

类是属性和方法的集合，为了实现某项功能而定义类后，开发人员并不需要了解类体内每行代码的具体含义，只需要通过对象来调用类中的某个属性或方法即可实现某项功能，这就是类的封装。封装提供了外界与对象进行交互的控制机制，设计和实施者可以公开外界需要直接操作的属性和方法，而把其他的属性和方法隐藏在对象内部，这样可以让软件程序封装化，而且可以避免外界错误地使用属性和方法。

这里以汽车为例，厂商把汽车的颜色公开给外界，外界想怎么改颜色都可以，但是防盗系统的内部构造是隐藏起来的；更换汽缸可以是公开的行为，但是汽缸和发动机的协调方法就没有必要让用户知道了。

3．多态性

类的多态（polymorph）指对于属于同一个类的对象，在不同的场合能够表现出不同的特征。多态性主要指在一般类中定义的属性或行为，在被特殊类继承之后可以具有不同的数据类型或表现出不同的行为，这使得同一个属性或行为在一般类及各个特殊类中具有不同的意义。

例如某个对象，其基类为"笔"，在调用它的"写"方法时程序会自动判断出它的具体类型，如果是毛笔，则调用毛笔类对应的"写"方法，如果是铅笔，则调用铅笔类对应的"写"方法。

5.2　定义类

在 C# 中，"类"是一种数据结构，它可以包含数据成员（常量和字段）、函数成员（方法、属性、事件、索引器、运算符、构造函数、析构函数）。类是一个静态的概念，如果用户要使用某个类,就应该定义该类的一个或多个实例,每一个实例就是一个对象。这样之后,只要向该类发送消息即可,而对象会利用自身存在的函数来响应接收的消息。类类型支持继承,继承是一种使派生类可以对基类进行扩展和专用化的机制。

5.2.1　类的概念

类是对象概念在面向对象编程语言中的反映,是相同对象的集合。类描述了一系列在概念上有相同含义的对象,并为这些对象统一定义了属性和方法。

类是对象的抽象描述和概括。例如车是一个类,自行车、汽车、火车也是类。但是自行车、汽车、火车都是车这个类的子类。因为它们有共同的特点都是交通工具,都有轮子,都可以运输。而汽车有车门、发动机,这是和自行车的不同之处,是汽车类自己的属性。具体到某辆汽车就是一个对象了,例如汽车牌照为苏 A2345 * 的黑色奥迪轿车。用具体的属性可以在汽车类中唯一确定自己,并且对象具有类的操作。例如汽车可以作为一种交通工具进行运输,这是所有汽车具有的操作。简而言之,类是 C♯ 中最强大的数据类型,它定义了数据类型的数据和行为。

在 C♯ 中,所有的内容都被封装在类中,类是 C♯ 的基础,每个类通过属性和方法及其他一些成员来表达事物的状态和行为。事实上,编写 C♯ 程序的主要任务就是定义各种类及类的各种成员。

5.2.2　类的声明

简单地讲,类是一种数据结构,用于模拟现实中存在的对象和关系,包含静态的属性和动态的方法。下面来看一下如何声明类及其属性、方法。在声明一个类之前需要向工程中添加一个新文件。

1．向工程中添加新项目

在 VS 中添加一个新的类文件以及其他新项目,其操作很简单,具体步骤如下:

(1) 在解决方案资源管理器中的工程上右击,然后在打开的快捷菜单中选择"添加"→"类"命令,如图 5-1 所示。

(2) 在弹出的对话框中选择添加类文件,并为新文件命名,以.cs 作为扩展名,如图 5-2 所示。

(3) 单击"打开"按钮,就可以在解决方案资源管理器中看到这个新的类文件。

(4) 双击该类文件,可以在其中声明新的类。

当然,用户也可以把多个功能相似的类放在一个类文件中。

2．声明类

在 C♯ 中类的声明需要使用 class 关键字,并把类的主体放在大括号中,格式如下:

```
[类修饰符] class 类名 [:基类类名]
{
    //属性
    //方法
}
```

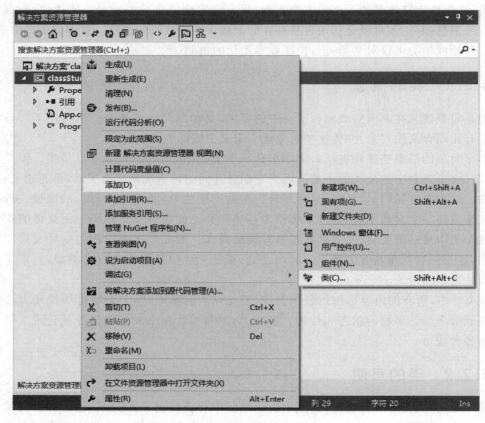

图 5-1　添加新类

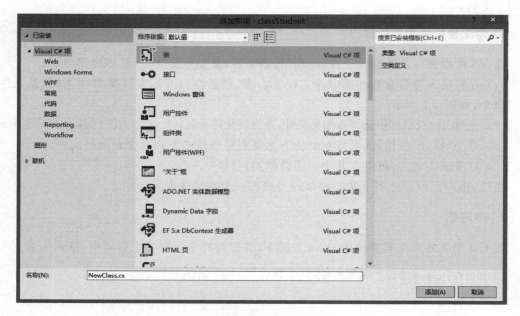

图 5-2　命名新的类文件

其中,除了 class 关键字和类名以外,其余的都是可选项;类名必须是合法的 C#标识符,它将作为新定义类的类型标识符。

注意:为了促进 C#程序的标准化和可读性,用户应尽量采用. NET Framework 推荐的类命名规则,即类名尽量是一个名词或者名词短语,首字母大写,并尽量避免缩写。

class 关键字前面是访问级别。在 C#中,类的访问级别由类的修饰符进行限定,类的修饰符如表 5-1 所示。在 5.1.2 节的例子中,如果类的修饰符为 public,则表示该类可以被任何其他类访问。类的名称位于 class 关键字的后面。

表 5-1 C#中的类修饰符

修饰符	说 明
abstract	抽象类,表明该类是一个不完整的类,只有声明没有具体的实现,一般只能用作其他类的基类,不能单独使用
internal	内部类,表明该类只能从同一个程序集的其他类中访问
new	新建类,表明类中隐藏了由基类中继承而来的、与基类中同名的成员
private	私有类,表明只能在定义它的类中访问这个类
protected	保护类,表明只能在定义它的类以及该类的子类中访问这个类
public	公有类,表明该类可以被任何其他类访问
sealed	密封类,表明该类不能再做其他类的基类,该类不能被继承

以上的类修饰符可以两个或多个组合起来使用,但用户需要注意下面几点:

(1) 在一个类声明中,同一类修饰符不能多次出现,否则会出错。

(2) new 类修饰符仅允许在嵌套类声明时使用,表明类中隐藏了由基类中继承而来的、与基类中同名的成员。

(3) 在使用 public、protected、internal 和 private 类修饰符时,用户要注意这些类修饰符不仅表示所定义类的访问特性,还表明类中成员声明中的访问特性,并且它们的可用性会对派生类造成影响。

(4) 抽象类修饰符 abstract 和密封类修饰符 sealed 都是受限类修饰符。抽象类修饰符只能用作其他类的基类,不能直接使用。密封类修饰符不能用作其他类的基类,可以由其他类继承而来,但不能再派生其他类。一个类不能既使用抽象类修饰符又使用密封类修饰符。

(5) 如果省略类修饰符,则默认为私有修饰符 private。

(6) 具有继承关系的类才有基类。如果一个类没有从任何类继承,则不需要基类类名选项。在 C#中,一个类只能从另一个类中继承,不能从多个类中继承;而在 C++及其他面向对象的程序设计语言中,一个类可以从多个其他类中继承。如果一个类想继承多个类的特点,可以采用接口的方法实现。

下面以一个学生类的实例说明该类在 C#中的实现。该类的类图如图 5-3 所示。

图 5-3 学生类

【例 5-1】 定义一个学生类。

```
public class Student
{
    //属性
```

```
        //学号、姓名、年龄等

        //方法
        //入学、成长、毕业等
}
```

5.2.3　类的静态特性

属性（或字段）可以看作是类的静态描述，同样，在定义属性时也可以使用访问修饰符来定义其访问级别。属性的定义格式如下：

```
[attribe-modifier] data-type attribute-name;
```

其中，属性修饰符 attribe−modifier 包括 public、private、protected，其含义与表 5-1 描述的相同，这里不再赘述。下面的例子用来说明 public 和 private 修饰符的作用。

【例 5-2】　public 和 private 修饰符的作用。

程序代码如下：

```
using System;
using System.Collections.Generic;
using System.Linq;
using System.Text;
using System.Threading.Tasks;

namespace Example_PublicAndPrivate
{
    /// < summary >
    /// 学生类
    /// </summary >
    public class Student
    {
        //属性
        public string strName;      //公有属性
        private int nAge;           //私有属性

        //方法
        …
    }

    /// < summary >
    /// Main 函数类
    /// </summary >
    class Test
    {
        /// < summary >
        /// 应用程序的主入口点
        /// </summary >
        static void Main(string[ ] args)
        {
```

```
            Student s = new Student();
            s.strName = "张三";      //正确
            s.nAge = 20;             //错误,不能访问
        }
    }
}
```

在上述程序中定义了一个 Student 类,包含一个公有属性"strName"和一个私有属性
"nAge"。在 Test 类中试图对学生类的对象 s 的年龄进行设置,但是 Student 类的 nAge 属
性是私有的,在其他的类中无法访问,因此程序会报错,报错信息如图 5-4 所示。如果访问
其公有属性 strName 就不会有问题。

图 5-4　程序报错信息

注意:对于类属性的命名,使用数据类型前缀,如 n(整型)、str(字符型),后面跟名词或
名词性短语,用于描述该属性。

5.2.4　类的动态行为

类的属性是客观世界实体性质的抽象,而方法是实体所能执行的操作。下面来看一下
如何声明其动态方法。

和属性一样,类的方法也具有访问属性,例如 public、private、protected 等,其定义格式
如下:

$$[method-modifier]\ return-type\ method-name\{parament-list\};$$

下面的例子为 Student 类定义了公有方法 SetAge()和 GetAge(),用于设置和获取其
私有属性"年龄"。

【例 5-3】 类的公有方法的示例。

程序代码如下:

```
using System;
using System.Collections.Generic;
using System.Linq;
using System.Text;
using System.Threading.Tasks;

namespace DeclareMethod
{
    /// <summary>
    /// 学生类
    /// </summary>
    public class Student
    {
```

```
        //属性
        public string strName;                  //公有属性
        private int nAge;                        //私有属性

        //方法
        public void SetAge(int _nAge)
        {
            this.nAge = _nAge;
        }
        public int GetAge()
        {
            return this.nAge;
        }
    }

    /// < summary >
    /// Main 函数类
    /// </summary >
    class Class1
    {
        static void Main(string[ ] args)
        {
            Student s = new Student();
            s.SetAge(20);                    //给年龄赋值
            Console.WriteLine(s.GetAge());   //获取年龄
        }
    }
}
```

该程序中为各个学生定义了公有方法 SetAge()，其功能是为类的私有属性"年龄"赋值，同时为学生类定义了获取"年龄"属性值的公有方法 GetAge()。

通过 SetAge()方法并传递适当的参数，便可以为学生 s 的年龄赋值，而通过调用 GetAge()方法获取其年龄并输出。

注意：类方法的命名规则为首字母大写，可以使用动词或动词短语，用于描述该方法的功能。另外，参数尽量与类的属性类似，可以使用前缀"_"或"p"加以区分。

5.2.5 创建类的实例

类是现实世界中对象或者关系的模拟，是一个抽象的概念。例如"学生"这个概念，世界上并没有一个叫"学生"的活生生的东西，而只有"张三"或者"李四"这些具体的学生实例，这反映了类和对象的关系。

（1）类是具有相同或相似结构、操作和约束规则的对象组成的集合。

（2）对象是某一类的具体化实例，每一个类都具有某些共同特征对象的抽象。

C#使用 new 关键字实现实例化类得到一个具体的对象，其格式如下：

class - name object - name = new Class - name([paramenter - list]);

在前面的示例中已经创建类实例，都是使用 new 关键字得到一个具体的学生对象。

例如:

```
Student s = new Student();
```

5.2.6 继承类

继承的本质是代码重用。当要构造一个新的类时,通常无须从头开始。例如,在学生类的基础上可以建立一个"大学生"类。很明显,"大学生"这个类具有自己的新特点,例如"所在系"就并不是所有的学生都有的,而是大学生才有的特殊性质。

因此,可以把大学生看作是学生的一种延续,即在继承了学生的属性和方法基础之上又包含了新的属性或方法。在构造大学生这个类时,只需在学生类的基础上添加大学生特有的特性即可,而无须从头开始。此时,称学生类为父类,称大学生类为子类。

在 C♯ 中,用符号":"来实现类的继承。

【例 5-4】 类继承的示例。

程序代码如下:

```csharp
using System.Collections.Generic;
using System.Linq;
using System.Text;
using System.Threading.Tasks;

namespace Example_Inheritance
{
    /// <summary>
    /// 学生类
    /// </summary>
    public class Student
    {
        public string strName;          //姓名
        public int nAge;                //年龄
    }


    /// <summary>
    /// 大学生类: 继承学生类
    /// </summary>
    public class CollegeStudent : Student
    {
        public string strInsititute;    //所在系
    }


    /// <summary>
    /// 程序入口: 主函数类
    /// </summary>
    public class MainClass
    {
        /// <summary>
        /// 主函数
        /// </summary>
```

```
static void Main(string[] args)
{
    Student s = new Student();
    s.strName = "xiaobao";
    s.nAge = 18;
    Console.WriteLine("姓名：{0},年龄{1}", s.strName, s.nAge);
    //使用子类
    Console.WriteLine(" ----------- 使用子类 ---------- ");
    CollegeStudent c = new CollegeStudent();
    c.strName = "小宝";
    c.nAge = 23;
    c.strInsititute = "计算机系";
    Console.WriteLine("姓名：{0},年龄：{1}岁,所属系：{2}", c.strName, c.nAge, c.strInsititute);
    Console.ReadKey();
}
}
}
```

程序的运行结果如图 5-5 所示。

注意：此时，大学生类具有学生类的所有属性和方法，另外还具有其独有的属性——所在系。不难看出，继承是指一个子类能够直接获得父类的性质或特征，而不必重复定义。显然，继承具有传递性。另外，C#只支持单继承，即一个类只能继承一个父类。

图 5-5　类的继承

练习：请读者参考上例基于类继承自行编程实现"大学"、"院系"和"班级"三者的继承关系。

5.3　构造函数和析构函数

在前面对类的方法进行了简单的介绍，在实际应用中，方法的定义和调用是很复杂的。在此将从两个特殊的方法（构造函数和析构函数）入手对其进行进一步的讨论。

在 C#中，构造函数是当类实例化时首先执行的函数。反之，析构函数是当实例（也就是对象）从内存中销毁前最后执行的函数。这两个函数的执行是无条件的，并且不需要人为干预。也就是说，只要定义一个对象或销毁一个对象，不用显式地调用构造函数或析构函数，系统都会自动在创建对象时调用构造函数、在销毁对象时调用析构函数。

5.3.1　构造函数

在实例化对象的时候，对象的初始化是自动完成的，并且这个对象是空的。有时，我们希望在创建一个对象时为其初始化某些特征,这时就需要用到构造函数。在 C#中,构造函数是特殊的成员函数。

构造函数的特殊性表现在以下几个方面:

(1) 构造函数的函数名和类的名称一样。

(2) 构造函数可以带参数,但没有返回值。

(3) 构造函数在对象定义时被自动调用。

(4) 如果没有给类定义构造函数,则编译系统会自动生成一个默认的构造函数。

(5) 构造函数可以被重载,但不可以被继承。

(6) 构造函数的类修饰符总是 public。如果是 private,则表示这个类不能被实例化,这通常用于只含有静态成员的类中。

【例 5-5】 通过构造函数实现在产生一个学生对象时为其完成起名的工作。

程序代码如下:

```
using System;
using System.Collections.Generic;
using System.Linq;
using System.Text;
using System.Threading.Tasks;

namespace Example_Construct
{
    /// <summary>
    /// 学生类
    /// </summary>
    public class Student
    {
        public string strName;                //域

        /// <summary>
        /// 构造函数,为学生起名
        /// </summary>
        public Student(string _strName)
        {
            this.strName = _strName;
        }

    }
    class Class1
    {

        static void Main(string[] args)
        {
            Student s = new Student("张三");
            Console.WriteLine(s.strName);
        }
    }
}
```

注意：在 Student 类中定义了 Student()方法，注意这个方法与 Student 类同名，这样每当实例化一个 Student 对象时总会执行这个函数。

在构造函数中可以没有参数，也可以有一个或多个参数，这表明构造函数在类的声明中可以有函数名相同但参数个数不同或者参数类型不同的多种形式，这就是构造函数重载。在用 new 关键字创建一个类的对象时，类名后的一对圆括号提供初始化列表，这实际上就是提供给构造函数的参数，系统根据这个初始化列表的参数个数、参数类型和参数顺序调用不同的构造函数。

【例 5-6】 实现 Time 类的构造函数及其重载。

程序代码如下：

```csharp
using System;
using System.Collections.Generic;
using System.Linq;
using System.Text;
using System.Threading.Tasks;

namespace Example_ConstructOverload
{
    class Time
    {
        public int nHour, nMinute, nSecond;
        public Time()
        {
            nHour = nMinute = nSecond = 0;
        }
        public Time(int Hour)
        {
            nHour = Hour;
            nMinute = nSecond = 0;
        }
        public Time(int Hour, int Minute)
        {
            nHour = Hour;
            nMinute = Minute;
            nSecond = 0;
        }
        public Time(int Hour, int Minute, int Second)
        {
            nHour = Hour;
            nMinute = Minute;
            nSecond = Second;
        }
    }
    class Test
    {
        static void Main()
        {
            Time t1, t2, t3, t4;
```

```
//对 t1、t2、t3、t4 分别调用不同的构造函数
t1 = new Time();
t2 = new Time(10);
t3 = new Time(10, 30);
t4 = new Time(10, 30, 30);
Console.WriteLine("t1 的时间为：{0}时{1}分钟{2}秒",
    t1.nHour, t1.nMinute, t1.nSecond);
Console.WriteLine("t2 的时间为：{0}时{1}分钟{2}秒",
    t2.nHour, t2.nMinute, t2.nSecond);
Console.WriteLine("t3 的时间为：{0}时{1}分钟{2}秒",
    t3.nHour, t3.nMinute, t3.nSecond);
Console.WriteLine("t4 的时间为：{0}时{1}分钟{2}秒",
    t4.nHour, t4.nMinute, t4.nSecond);
        }
    }
}
```

程序的运行结果如图 5-6 所示。

注意：在创建实例对象时根据不同的参数调用相应的构造函数完成初始化。

图 5-6　构造函数的重载

练习：请读者参考上例实现学生类的构造函数及其重载，学生类通常包括姓名、班级、学号、专业等。

5.3.2　析构函数

前面介绍了使用构造函数在实例化对象时自动完成一些初始化工作，在销毁对象时有时候也希望能自动做一些"收尾"任务，例如关闭数据库连接等，C#使用析构函数来完成这个功能。

析构函数也是类的特殊的成员函数，主要用于释放类实例。析构函数的特殊性表现在以下几个方面：

（1）析构函数的名字与类名相同，只是需要在其前面加上符号"～"。

（2）析构函数不接收任何参数，没有任何返回值，也没有任何访问关键字。

（3）当撤销对象时自动调用析构函数。

（4）析构函数不能被继承，也不能被重载。

注意：如果试图声明其他不与类名相同但是以"～"开头的方法，编译器会产生错误。

【例 5-7】　为 Student 类建立析构函数。

程序代码如下：

```
public class Student
```

```
    {
        /// <summary>
        /// 析构函数
        /// </summary>
        ~Student()
        {
            Console.WriteLine("Call Destruct Method.");
        }
    }
```

当程序使用完一个学生对象后就会自动调用这个析构函数，输出"Call Destruct Method."。

说明：事实上用户并不需要自定义析构函数，.NET Framework 提供了默认的析构函数执行内存清理等工作，如果需要在销毁对象前完成一些特殊的任务才需要使用自定义的析构函数。

【例 5-8】 构造函数和析构函数的使用。

程序代码如下：

```
using System.Collections.Generic;
using System.Linq;
using System.Text;
using System.Threading.Tasks;

namespace Example_ConstructAndDestruct
{
    class Point
    {
        int x, y, z;
        public Point()
        {
            this.z = 0;
        }
        public Point(int x, int y)
        {
            this.x = x;
            this.y = y;
            this.z = x + y;
        }
        public int _Z                      //属性
        {
            get { return this.z; }
            set { this.z = value; }
        }
        ~Point()
        {
            Console.WriteLine("~Point() is being called.");
        }
```

```
    }
class Test
{
    static void Main()
    {
        Point p1 = new Point(1, 5);
        Point p2 = new Point();
        Console.WriteLine("p1.z = " + p1._Z);
        Console.WriteLine("p2.z = " + p2._Z);
    }
}
}
```

程序的运行结果如下：

```
p1.z = 6
p2.z = 0
～Point() is being called.
～Point() is being called.
```

5.4 方法

在前面对类的方法进行了简单的介绍,也对特殊的类方法——构造函数和析构函数进行了介绍,在实际应用中,方法的定义和调用要复杂得多,本节将从输入参数、方法重载等方面对其进行进一步的讨论。

5.4.1 方法的定义及调用

方法是类中用于执行计算或进行其他操作的函数成员。

1. 方法的定义

方法由方法头和方法体组成,其一般定义格式为：

```
修饰符    返回值类型    方法名(形式参数列表)
{
    方法体各语句;
}
```

说明：

(1) 如果省略"方法修饰符",默认为 private,表示该方法为类的私有成员。

(2) "返回值类型"指定该方法返回数据的类型,它可以是任何有效的类型,C#通过方法中的 return 语句得到返回值。如果方法不需要返回一个值,其返回值类型必须是 void。

(3) 方法名要求满足 C#标识符的命名规则,括号()是方法的标志,不能省略。

(4) "形式参数列表"是以逗号分隔的类型、标识符对。这里的参数是形式参数,实际上是一个变量,它用来在调用方法时接收传给方法的实际参数的值。如果方法没有参数,那么参数列表为空。

【例 5-9】 方法的定义。

程序代码如下：

```csharp
class Motorcycle
{
    public void StartEngine() { }
    public void AddGas(int gallons) { }
    public int Drive(int miles, int speed) { return 0; }
}
```

2. 方法的调用

调用对象的方法类似于访问字段。在对象名称之后依次添加句点、方法名称和括号。参数在括号内列出，并用逗号隔开。因此，用户可以如例 5-10 调用 Motorcycle 类的方法。

【例 5-10】 方法的调用。

程序代码如下：

```csharp
Motorcycle moto = new Motorcycle();
moto. StartEngine();
moto. AddGas(15);
moto. Drive(5,20);
```

3. 从方法返回

一般来说下面两种情况将导致方法返回。

（1）当遇到方法的结束花括号时。

（2）当执行到 return 语句时。

通常有两种形式的 return 语句，一种用在 void 方法中（即无须有返回值的方法），另一种用在有返回值的方法中。

【例 5-11】 通过方法的结束花括号返回。

程序代码如下：

```csharp
using System;
using System. Collections. Generic;
using System. Linq;
using System. Text;
using System. Threading. Tasks;

namespace Method
{
    class MyClass
    {
        public void myMethod()
        {
            int i;
            for (i = 0; i < 10; i++)
```

```
        {
            if (i % 3 == 0)
                continue;
            Console.WriteLine("{0}\t", i);
        }
    }
    static void Main()
    {
        MyClass mycls = new MyClass();
        mycls.myMethod();
    }
}
}
```

程序的运行结果如下：

```
1
2
4
5
7
8
```

思考：如果把程序中的"continue；"语句换为"break；"语句，程序的运行结果会有什么变化？

【**例5-12**】　通过方法的 return 语句返回一个值给调用者。

程序代码如下：

```
using System;
using System.Collections.Generic;
using System.Linq;
using System.Text;
using System.Threading.Tasks;

namespace Method
{
    class MyClass
    {
        public void myMethod()
        {
            int i = 8;
            if (i >= 5)
            {
                i = i * 2;
                Console.WriteLine(i);
                return;
            }
            else
            {
                i = i * 3;
                Console.WriteLine(i);
```

```
            return;
        }
    }
    static void Main()
    {
        MyClass mycls = new MyClass();
        mycls.myMethod();
    }
  }
}
```

用户可以使用下列形式的 return 语句从方法返回一个值给调用者：

```
return value;
```

【例 5-13】　通过方法的 return 语句返回值。

程序代码如下：

```
using System;
using System.Collections.Generic;
using System.Linq;
using System.Text;
using System.Threading.Tasks;

namespace Method
{
    class MyClass
    {
        public int myMethod()
        {
            int i = 8;
            if (i >= 5)
            {
                i = i * 2;
                return i;
            }
            else
            {
                i = i * 3;
                return i;
            }
        }
        static void Main()
        {
            MyClass mycls = new MyClass();
            Console.WriteLine(mycls.myMethod());
        }
    }
}
```

思考：对比例 5-12 和例 5-13，分析、掌握 return 语句的使用场合和使用方法的异同。

5.4.2 方法的参数

在调用方法时可以给方法传递一个或多个值。传给方法的值称为实参(argument),在方法内部,接收实参值的变量称为形参(parameter),形参在紧跟着方法名的括号中声明。形参的声明语法与变量的声明语法一样。形参只在方法内部有效,除了将接收实参的值以外,它与一般的变量没有什么区别。

C#方法的参数类型主要有值参数、引用参数、输出参数和参数数组。

1. 值参数

没有用任何修饰符声明的参数为值参数,它表明实参与形参之间按值传递。当这个方法被调用时,编译器为值参数分配存储单元,然后将对应的实参的值复制到形参中。实参可以是变量、常量、表达式,但要求其值的类型必须与形参声明的类型相同或者能够被隐式地转化为这种类型。这种传递方式的好处是在方法中对形参的修改不会影响外部的实参,也就是说数据只能传入方法而不能从方法传出。

【例 5-14】 使用值参数。

程序代码如下:

```
using System;
using System.Collections.Generic;
using System.Linq;
using System.Text;
using System.Threading.Tasks;

namespace ValueParameters
{
    class MyClass
    {
        public void Swap(int x, int y)
        {
            int k;
            k = x;
            x = y;
            y = k;
        }
    }
    class Test
    {
        static void Main()
        {
            int a = 8, b = 10;
            Console.WriteLine("a = {0},b = {1}", a, b);
            MyClass mycls = new MyClass();
            mycls.Swap(a, b);
            Console.WriteLine("a = {0},b = {1}", a, b);
        }
    }
}
```

程序的运行结果如下：

```
a = 8,b = 10
a = 8,b = 10
```

2. 引用参数

在 C♯ 中，用 ref 修饰符声明的参数为引用参数。引用参数与值参数不同，引用参数并不创建新的存储单元，它与方法调用中的实参变量同处一个存储单元。因此，在方法内对形参的修改就是对外部实参变量的修改。在函数调用中，引用参数必须被赋初值。在调用时，传递给 ref 参数的必须是变量，类型必须相同，并且必须使用 ref 修饰。

【例 5-15】 使用引用参数。

程序代码如下：

```
using System;
using System.Collections.Generic;
using System.Linq;
using System.Text;
using System.Threading.Tasks;

namespace ReferenceParameters
{
    class MyClass
    {
        public void Swap(ref int x, ref int y)
        {
            int k;
            k = x;
            x = y;
            y = k;
        }
    }
    class Test
    {
        static void Main()
        {
            int a = 8, b = 10;
            Console.WriteLine("a = {0},b = {1}", a, b);
            MyClass mycls = new MyClass();
            mycls.Swap(ref a, ref b);
            Console.WriteLine("a = {0},b = {1}", a, b);
        }
    }
}
```

程序的运行结果如下：

```
a = 8,b = 10
a = 10,b = 8
```

3. 输出参数

在 C# 中，用 out 修饰符定义的参数称为输出参数。如果希望方法返回多个值，可以使用输出参数。输出参数与引用参数类似，它也不产生新的存储空间。二者的区别在于 out 参数只能用于从方法中传出值，而不能从方法调用处接收实参数值；在方法体内 out 参数被认为是未赋过值的，所以在方法结束之前应该对 out 参数赋值。

【例 5-16】 使用输出参数。

程序代码如下：

```
using System;
using System.Collections.Generic;
using System.Linq;
using System.Text;
using System.Threading.Tasks;

namespace OutputParameters
{
    public class Student
    {
        public string strName;              //姓名
        public int nAge;                    //年龄

        ///构造函数
        public Student(string _strName, int _nAge)
        {
            strName = _strName;
            nAge = _nAge;
        }

        ///长大_nSpan 岁
        public void Grow(int _nSpan, out int _nOutCurrentAge)
        {
            nAge += _nSpan;
            _nOutCurrentAge = nAge;
        }
    }
    public class Test
    {
        static void Main()
        {
            Student s = new Student("张三", 21);
            int nCurrentAge;
            s.Grow(3, out nCurrentAge);
            Console.WriteLine(nCurrentAge); //输出 24
        }
    }
}
```

程序的运行结果如下：

24

注意：在调用时需要在输入参数前加 out 关键字。

4. 参数数组

有时候，在调用一个方法时预先不能确定参数的数量、数据类型等，那么怎么办呢？一种解决方案是使用 params 关键字。params 关键字指明一个输入参数，此输入参数将被看成一个参数数组，这种类型的输入参数只能作为方法的最后一个参数。下面通过例 5-17 说明其功能。

【例 5-17】 使用参数数组。

程序代码如下：

```csharp
using System;
using System.Collections.Generic;
using System.Linq;
using System.Text;
using System.Threading.Tasks;

namespace ParameterArray
{
    public class Student
    {
        public string strName;                      //姓名
        public int nAge;                            //年龄
        public System.Collections.ArrayList strArrHobby =
            new System.Collections.ArrayList();     //爱好

        /// < summary >
        /// 构造函数
        /// </summary>
        public Student(string _strName, int _nAge)
        {
            this.strName = _strName;
            this.nAge = _nAge;
        }

        /// < summary >
        /// 为爱好赋值
        /// </summary>
        public void SetHobby(params string[] _strArrHobby)
        {
            for (int i = 0; i < _strArrHobby.Length; i++)
                this.strArrHobby.Add(_strArrHobby[i]);
        }
    }
    class Test
    {
```

```
    static void Main(string[] args)
    {
        Student s = new Student("张三", 20);

        s.SetHobby("游泳", "篮球", "足球");

        for (int i = 0; i < s.strArrHobby.Count; i++)
            Console.WriteLine(s.strArrHobby[i]);
    }
    }
}
```

程序的运行结果如下：

游泳
篮球
足球

注意：该例为 Student 类实现了一个爱好赋值方法，用于确定学生的爱好。因为事先无法确定学生的爱好数目，因此可以使用 params 参数接收多个字符串参数，并整体作为数组传递给方法。

ArrayList 即为动态数组，是 Array 的复杂版本，它提供了多个优势，例如动态增加和减少元素、实现了 ICollection 和 IList 接口、灵活地设置数组的大小。

5.4.3 方法的重载

有时，对于类需要完成的同一个功能，要求可能比较复杂。例如，对学生类而言，如果要使其具有一个"成长"方法，但是这个方法可能是使学生增加一岁，也可能是增加指定的岁数，应该如何解决这个问题呢？

C#使用重载技术完成这个功能。重载是指允许存在多个同名函数，而这些函数的参数不同（或许是参数个数不同，或许是参数类型不同，或许两者都不同）。在调用这个方法时，编译器可以按照输入的参数调用适当的方法。

例 5-18 完成了本节所提出的学生"成长"问题。

【例 5-18】 方法的重载。
程序代码如下：

```
using System;
using System.Collections.Generic;
using System.Linq;
using System.Text;
using System.Threading.Tasks;

namespace MethodOverload
{
    /// <summary>
    /// 学生类
    /// </summary>
    public class Student
```

```
    {
        //属性
        public string strName;                    //姓名
        public int nAge;                          //年龄

        /// < summary >
        /// 成长 1 岁
        /// </summary >
        public void Grow()
        {
            this.nAge++;
        }

        /// < summary >
        /// 成长 _nAgeSpan 岁
        /// </summary >
        public void Grow( int _nAgeSpan)
        {
            this.nAge += _nAgeSpan;
        }
    }

    /// < summary >
    /// Main 函数类
    /// </summary >
    class Class1
    {
        static void Main(string[ ] args)
        {
            Student s = new Student();
            s.strName = "张三";
            s.nAge = 20;
            s.Grow();
            Console.WriteLine(s.nAge);          //输出 21
            s.Grow(2);
            Console.WriteLine(s.nAge);          //输出 23
        }
    }
}
```

程序的运行如果如下：

```
21
23
```

注意：在该例中定义了学生类，在类中实现了两个 Grow()方法，前一个 Grow()方法没有任何输入参数，其功能为使学生年龄加 1，后一个同名方法 Grow()带有一个参数 _nAgeSpan，其功能为使学生年龄加 nAgeSpan。在主函数中分别调用学生类的 Grow()方法并输入不同的参数，从而得到不同的结果，这样就可以使用同样的方法名完成功能类似、具体实现不同的任务了。

5.4.4　静态方法和非静态方法

类的成员类型有静态和非静态两种,因此方法也有静态方法和非静态方法(也称为实例方法)两种。使用 static 修饰符的方法称为静态方法,没有使用 static 修饰符的方法称为非静态方法。

静态方法和非静态方法的区别是静态方法表示类所具有的行为,而不是其某个具体对象所具有的行为。例如学生开班会这项任务就是全体学生集体的事情,而不是某个学生的事情。

静态方法的访问级别关键字和普通方法一样,但很少是 private,因为一般需要在类的外部访问类的静态方法。在调用静态方法时不需要实例化类的对象,直接使用类引用即可。

【例 5-19】　使用静态方法和非静态方法。

程序代码如下:

```
using System;
using System.Collections.Generic;
using System.Linq;
using System.Text;
using System.Threading.Tasks;

namespace StaticMethod
{
    class MyClass
    {
        public int a;
        static public int b;
        void Fun1()             //定义一个非静态方法
        {
            a = 10;             //正确,非静态方法直接访问非静态成员
            b = 20;             //正确,非静态方法直接访问静态成员
        }
        static void Fun2()      //定义一个静态方法
        {
            a = 10;             //错误,静态方法不能访问非静态成员
            b = 20;             //正确,静态方法可以访问静态成员,相当于 MyClass.b = 20
        }
    }
    class Test
    {
        static void Main()
        {
            MyClass clsA = new MyClass();
            clsA.a = 10;      //正确,访问 MyClass 类中的非静态公有成员
            clsA.b = 20;      //错误,不能直接访问类中的静态公有成员
            MyClass.a = 30;   //错误,不能通过类名访问类中的非静态公有成员
            MyClass.b = 40;   //正确,通过类名可以访问类 myClass 中静态公有成员
        }
    }
}
```

注意：非静态成员与静态成员的比较如下。

（1）静态成员属于类所有，非静态成员属于类的实例所有。

（2）每创建一个类的实例都会在内存中为非静态成员新分配一块存储区域；静态成员属于类所有，为各个类的实例所公用，无论类创建了多少实例，类的静态成员在内存中只占用同一块存储区域。

（3）非静态方法可以访问类中的任何成员，静态方法只能访问类中的静态成员。

5.4.5　运算符的重载

运算符也是 C# 类的一个成员，系统对于大部分运算符给出了常规定义，这些定义大部分和现实生活中这些运算符的意义相同。

在实际应用中有些数据、结构或类之间是没有运算可言的，例如对一个姓名进行＋＋操作是没有意义的。但如果把一个班的全体学生的姓名存成一个数据库，用 string 类型的变量 name 来存储其中某个学生的姓名，那么编程人员总想通过 name＋＋操作获取下一个学生的姓名，这时就可以对＋＋运算符进行重载。

在 C# 中，运算符重载在类中声明，并且通过调用类的成员方法实现。

运算符重载的声明格式为：

返回类型　operator　重载的运算符(运算符参数列表)
{
　　运算符重载的实现部分
}

和方法声明一样，其返回类型可以根据函数的实际需要设定为任意合法的 C# 类型修饰符。在方法实现部分通过 return 语句返回该数据类型。

在 C# 中可以重载的运算符如下：

+ 、- 、! 、~ 、++ 、-- 、true、false、* 、/、% 、| 、&、^、≪、≫、== 、<、>、<= 、>=

不能重载的运算符如下：

= 、&&、|| 、?: 、new、typeof、sizeof、is

【例 5-20】　假设空间中某一点的坐标为(x,y,z)，规定为$\sim(x,y,z)$关于原点的对称。如果要实现这一功能，需要对一元运算符"$\sim$"进行重载。

程序代码如下：

```
using System;
using System.Collections.Generic;
using System.Linq;
using System.Text;
using System.Threading.Tasks;

namespace OperatorReload
{
    class Space
    {
```

```
        public int x, y, z;
        public Space(int xx, int yy, int zz)
        {
            x = xx;
            y = yy;
            z = zz;
        }
        public static Space operator ～(Space d1)
        {
            Space Neg = new Space(0, 0, 0);
            Neg.x = (-1) * d1.x;
            Neg.y = (-1) * d1.y;
            Neg.z = (-1) * d1.z;
            return Neg;
        }
    }
    class Test
    {
        public static void Main()
        {
            Space d1 = new Space(1, 2, 3);
            Space d2 = ～d1;
            Console.WriteLine("空间坐标({0},{1},{2})的关于对称坐标是:({3},{4},{5}).",
d1.x,d1.y,d1.z,d2.x, d2.y, d2.z);
            Console.Read();
        }
    }
}
```

程序的运行如果如下:

空间坐标(1,2,3)的关于原点的对称坐标是: (-1,-2,-3)。

5.5　属性

在前面简单介绍了类的静态属性,本节将对其做深入的探讨。

5.5.1　字段和属性

如果想把类的静态特征分得更细,可以将其分为字段和属性两类。

(1) 字段(Field):又称为域,表示存储位置。

(2) 属性(Attribute):在编程思想上真正实现了面向对象对"属性"的准确定义,不表示存储位置,而是一个特殊的接口,用于对外交互类的静态信息。属性具有下面两个函数。

- 取值函数 get():获取字段的值。
- 赋值函数 set():为字段赋值,使用 value 关键字获取用户输入。

在有了属性和字段的概念之后,C♯不再提倡通过将字段的访问级别设为 public 实现用户在类外任意操作访问级别为 public 的字段,而推荐采用属性来表达字段及其访问级别。对于字段的访问级别，属性提供了下面 3 种接口。

(1) 只读（get）：只能读取字段的值。

(2) 只写（set）：只能为字段赋值。

(3) 读写（get 和 set）：能同时读取和赋值。

这 3 种操作必须在同一个属性名下声明。在类中属性采用以下方式进行声明：

```
[修饰符]   属性的类型名   属性名
{
    get
    {
        //可执行语句
    }
    set
    {
        //可执行语句
    }
}
```

属性修饰符有 new、public、protected、internal、private、static、virtual、override 和 abstract 共 9 种，其中读、写属性的过程分别用 get 访问器和 set 访问器表示。

【例 5-21】 字段和属性示例。

程序代码如下：

```
using System;
using System.Collections.Generic;
using System.Linq;
using System.Text;
using System.Threading.Tasks;

namespace Example_GetAndSet
{
    /// < summary >
    /// 学生类
    /// </summary>
    public class Student
    {
        private int nAge;        //私有域
        public int Age           //属性,用于控制对域的访问
        {
            get
            {
                return this.nAge;
            }
            set
            {
                if (value != this.nAge)
                    this.nAge = value;
            }
        }
```

```
/// <summary>
/// 主函数
/// </summary>
static void Main(string[] args)
{
    Student s = new Student();
    s.Age = 20;
    Console.WriteLine(s.Age);
}
}
}
```

注意：在该程序中为学生类定义了一个私有字段 nAge，相应地也定义了属性 Age，并包含 get 和 set 两个访问器，使其既可以读也可以写。在属性的 get 访问器中用 return 返回一个事物的属性值。在属性的 set 访问器中可以使用一个特殊的隐含参数 value，该参数包含用户指定的值，通常用在 set 访问器中，将用户指定的值赋给一个类变量。如果没有 set 访问器，则表示属性是只读的；如果没有 get 访问器，则表示属性是只写的。

5.5.2　静态属性

对于本书中给出的学生类示例，读者也许会有这样的疑问：想要得到所有学生人数的信息应该如何获取呢？很显然，这不是某个具体学生张三、李四的属性，而是整个学生群体的属性，对于这种情况，可以说这种属性是类的属性，而非其对象的属性。在面向对象中，类的属性称为静态属性。

在 C# 中使用 static 关键字定义静态属性或方法，静态属性不能在其实例化对象中引用，只能在类中引用。若属性是静态的，通过"类名.属性"访问；若属性是非静态的，则通过"对象名.属性"访问。

【例 5-22】　静态属性的示例。

分析：需要使用一个静态属性 Student.nCount，此属性属于 Student 类，不属于任何 Student 类的实例。静态属性 nCount 代表了所有学生的数目，每当生成一个学生对象时，其值都会进行累加。

程序代码如下：

```
using System;
using System.Collections.Generic;
using System.Linq;
using System.Text;
using System.Threading.Tasks;

namespace Example_Static
{
    /// <summary>
    /// 学生类
    /// </summary>
    public class Student
    {
```

```
public static int nCount;
public string strName;

/// <summary>
/// 构造函数
/// </summary>
/// <param name="_strName">学生姓名</param>
public Student(string _strName)
{
    nCount++;                              //静态属性
    this.strName = _strName;
}

/// <summary>
/// 主函数
/// </summary>
static void Main(string[] args)
{
    Student s = new Student("张三");
    //Console.WriteLine(s.nCount);        //错误,不能在实例中引用静态属性
    Console.WriteLine(Student.nCount);  //输出: 1

    Student s2 = new Student("张三");
    Console.WriteLine(Student.nCount);  //输出: 2
}
}
}
```

注意：在该例中为学生类定义了静态属性 nCount，也定义了构造函数，从而在每次得到一个学生对象时实现 nCount 自动递增。

读者可以看出类的静态属性与一般属性不同，它与实例化的对象无关，而只与类本身有关。静态属性（以及方法）一般用来实现类要封装的数据和实现的功能。

所有类的对象都共享类的静态属性，即所有对象各自独立使用的静态属性实际上是一个，只存在于一个内存地址中，而不是有很多副本，每个对象用一个。这样，在实例化多个对象时静态属性总能够保持最近的值，而不是在某个对象释放时释放内存。

5.5.3 重载属性

在前面介绍了方法的重载，在此读者也许会想到这样一个问题：如果在父类和子类中具有相同的属性，会发生冲突吗？

C#采用重载属性的机制处理这种情况。

（1）在某种意义上重载也可以理解为覆盖，即以子类中的定义为准。

（2）在重载时属性的名称、数据类型、访问级别都应该与父类中一致。

（3）重载后子类中属性的访问级别不能超越父类，即如果父类只有 set（或者 get），那么子类也只能有 set（或者 get），如果父类具有 get 和 set，那么子类可以只有一个，也可以两个都有。

在下面的示例中大学生类重载其父类的 Name 属性,并对 set 访问器做了完善。

【例 5-23】　重载属性的示例。

程序代码如下:

```csharp
using System;
using System.Collections.Generic;
using System.Linq;
using System.Text;
using System.Threading.Tasks;

namespace Example_AttributeOverload
{
    /// <summary>
    /// 学生类
    /// </summary>
    public class Student
    {
        private string strName;                 //域
        public string Name                      //属性
        {
            get { return this.strName; }
            set { this.strName = value; }
        }
    }


    /// <summary>
    /// 大学生类 继承: 学生类
    /// </summary>
    public class CollegeStudent : Student
    {
        private string strName;                 //域
        public new string Name                  //属性重载
        {
            get { return this.strName; }
            set { if (value != "")this.strName = value; }
        }
    }


    /// <summary>
    /// Class1 的摘要说明
    /// </summary>
    class Class1
    {
        /// <summary>
        /// 应用程序的主入口点
        /// </summary>
        static void Main(string[] args)
        {
            CollegeStudent cs = new CollegeStudent();
            cs.Name = "张三";
```

```
        Console.WriteLine(cs.Name);
    }
  }
}
```

5.6　委托和事件

委托，顾名思义就是中间代理人的意思。通俗地说，委托是一个可以引用方法的对象，当创建一个委托时也就创建了一个引用方法的对象，进而可以调用那个方法，即委托可以调用它指向的方法。

事件是建立在委托基础上的另一个重要特性。从本质上说，事件就是当某个事情发生时会自动去执行一些语句。事件是特殊化的委托，委托是事件的基础。

5.6.1　委托

C♯中的委托允许将一个类中的方法传递给另一个能调用该方法的类的某个对象。例如可以将类 A 中的一个方法 m（被包含在某个委托中）传递给一个类 B，这样类 B 就能调用类 A 中的方法 m 了。所以，这个概念和 C++中的以函数指数为参数形式，调用其他类中的方法的概念是十分相似的。

使用委托可以将方法应用（不是方法）封装在委托对象内，然后将委托对象传递给调用方法的代码，这样在编译的时候代码没有必要知道调用哪个方法。通过使用委托程序能够在运行时动态地调用不同的方法。而且委托引用的方法可以改变，这样同一个委托就可以调用多个不同的方法。

在 C♯ 中使用委托的具体步骤如下：

（1）声明一个委托，其参数形式一定要和想要包含的方法的参数形式一致。

（2）定义所有要定义的方法，其参数形式和第（1）步中声明的委托对象的参数形式必须相同。

（3）创建委托对象并将所希望的方法包含在该委托对象中。

（4）通过委托对象调用包含在其中的各个方法。

步骤 1：声明一个委托。

格式：

[修饰符]delegate 返回类型　委托号(参数列表);

根据上面给出的语法，下面的代码声明委托：

```
public delegate void MyDelegate1(string input);
public delegate double MyDelegate2();
```

声明一个委托的对象与声明一个普通类对象的方式一样：

委托名　委托对象;

步骤 2：定义方法，其参数形式和步骤 1 中声明的委托对象必须相同。

【例 5-24】 定义委托相对应的方法。

程序代码如下：

```
class MyClass1
{
    public void dMethod1(string input)
    {
        Console.WriteLine("Method1 传递的参数是{0}", input);
    }
    public void dMethod2(string input)
    {
        Console.WriteLine("Method2 传递的参数是{0}", input);
    }
    public double dMethod3()
    {
        Console.WriteLine("Method3 无传递的参数");
        return 10.5;
    }
}
```

步骤 3：创建一个委托对象并将上面的方法包含在其中，如下例。

【例 5-25】 委托的使用。

程序代码如下：

```
MyClass1 cls = new MyClass1();
MyDelegate1 d1;
d1 = new MyDelegate1(cls.dMethod1);
MyDelegate1 d2 = new MyDelegate1(cls.dMethod2);
MyDelegate2 d3 = new MyDelegate2(cls.dMethod3);
```

步骤 4：通过委托对象调用包含在其中的方法。

根据上面给出的语法，下面的代码调用委托对象包含的方法：

```
d1("red");
d2("blue");
double dblTemp = d3();
```

【例 5-26】 委托的调用。

程序代码如下：

```
using System;
using System.Collections.Generic;
using System.Linq;
using System.Text;
using System.Threading.Tasks;

namespace Example_Delegate
{
    delegate int MyDelegate();              //委托声明
delegate int NumOpe(int a, int b);          //委托声明
```

```
class MyClass
{
    public int M1()
    {
        Console.WriteLine("调用的实例的方法");
        return 0;
    }
    public static int M2()
    {
        Console.WriteLine("调用的静态的方法");
        return 0;
    }
}
class clsAdd
{
    public int Add(int num1, int num2)
    {
        return (num1 + num2);
    }
}
class Test
{
    static void Main()
    {
        MyClass cls = new MyClass();
        //委托实例化,注意参数是要使用的参数名,并且不带括号
        MyDelegate d = new MyDelegate(cls.M1);
        d();
        d = new MyDelegate(MyClass.M2);
        d();
        clsAdd add = new clsAdd();
        NumOpe p = new NumOpe(add.Add);
        Console.WriteLine(p(1, 2));                //委托的调用
        Console.ReadLine();
    }
}
}
```

程序的运行结果如下：

```
调用的实例的方法
调用的静态的方法
3
```

委托对象可以封装多个方法，这些方法的集合称为调用列表。委托使用"＋"、"＋＝"、"－"和"－＝"运算符向调用列表中增加或移除方法。对于委托加减运算，如果其中不包含方法，则结果为 null。

【例 5-27】 在委托对象中封装多个方法。

程序代码如下：

```
MyClass cls = new MyClass();
```

```
MyDelegate a = new MyDelegate(cls.M1);
MyDelegate b = new MyDelegate(MyClass.M2);
MyDelegate c = a + b;
c();                                    //先调用 M1()方法,再调用 M2()方法
c -= a;
c -= b;                                 //这时 c 的值为 null
```

5.6.2　事件

事件就是当对象或类状态发生改变时对象或类发出的信息或通知。发出信息的对象或类称为"事件源",对事件进行处理的方法称为"接收者",通常事件源在发出状态改变信息时并不知道由哪个事件接收者来处理,这就需要一种管理机制来协调事件源和接收者,在C++中通过函数指针来完成,在C#中事件使用委托为触发时将调用的方法提供类型安全的封装。

事件的工作过程如下:关心某事件的对象向事件中注册事件处理程序,当事件发生时会调用所有已注册的事件处理程序。事件处理要用委托来表示。

1. 事件的声明

事件是类成员,以关键字 event 声明。

格式:

[修饰符]　event　委托名 事件名;

所有的事件都是通过委托激活的,其返回值类型一般是 void。

例如:

```
delegate void MyEventHandler();
```

事件的声明为:

```
class MyEvent
{
    public   event MyEventHandler active;        //active 就是一个事件名
    …
}
```

2. 事件的预订与取消

事件的预订就是向委托的调用列表中添加方法,它是通过事件加上运算符"＋＝"来实现的。

格式:

事件名 += new 委托名(方法名);

例如:

```
MyEvent evt = new MyEvent();
evt.active += new MyEventHandler(handler);
```

又如：

```
OkButton.Click += new EventHandler(OkButton.Click);
```

这样，只要事件被触发，所预订的方法就会被调用。

与之相对的是，事件的取消采用左运算符"－＝"来实现。

事件名 -= new 委托名(方法名);

例如：

```
OkButton.Click -= new EventHandler(OkButton.Click);
```

值得用户注意的是，在声明事件的类的外部，对于事件的操作只能用"＋＝"和"－＝"，而不能用其他的运算符，例如赋值"＝"、判定是否为空"＝＝"等，但是在声明事件的类型的上下文中（即在所在类的程序内部）用这些运算符是可以的。

3．事件的发生

事件的发生就是对事件相对应的委托的调用，也就是委托的调用列表中所包含的各个方法的调用。

格式：

事件名(参数);

【例 5-28】 演示事件的声明、事件的预订及取消、事件的发生。

程序代码如下：

```
using System;
using System.Collections.Generic;
using System.Linq;
using System.Text;
using System.Threading.Tasks;

namespace Example_Event
{
    delegate void MyEventHandler();              //为事件建立一个委托
    class MyEvent
    {
        public event MyEventHandler activate;    //声明一个事件
        public void fire()                       //调用此方法触发事件
        {
            if (activate != null)
                activate();                      //事件发生
        }
    }
    class Test
    {
        static void handler()
        {
            Console.WriteLine("事件发生");
```

```
    }
    static void Main()
    {
        MyEvent evt = new MyEvent();
        //把 handler()方法添加到事件列表中
        evt.activate += new MyEventHandler(handler);
        evt.fire();                    //调用触发事件的方法
    }
  }
}
```

在 C♯中允许各种委托应用于事件中,但是在典型的应用中委托的常用格式如下:

```
Delegate void 委托名(object sender, EventArgs e);
```

其中,返回类型为 void,委托名有两个参数,分别表示事件的发出者及事件发生时的一些参数,这种典型的情况广泛应用于窗体中处理的各种事件。

事件的典型应用如下:

```
public delegate void EventHandler(object sender,EventArgs e)
        …
public event EventHandler Click;
        …
Button OkButton = new Button();
OkButton.Click += new EventHandler(OkButton_Click);
…
void OkButton_Click(object sender, EventArgs e)
{
        …
}
…
```

在上面的代码中,OkButton 是 Button 类的实例,在 Button 类中有一个事件 Click,使用预订事件符号"＋＝"为 OkButton 这个实例指定相应的事件处理程序,这样只要触发了 Button 实例的 Click 事件,就会调用预订的事件处理程序。

5.7 C♯常用的基础类

C♯程序是由方法和类组合而成的,这些方法和类是程序员在.NET 框架类库(FCL)中的方法和类的基础之上完成的。FCL 提供了丰富的类和方法的集合,这些类和方法可以实现常见的数学计算、字符串操作、字符操作、输入与输出操作、检错操作和许多其他有用的操作。这些模块的设置使程序员的工作变得更加容易,因为这些模块提供了许多程序员所需要的功能。FCL 方法是.NET 框架中的一部分,前面涉及的 Console 类都是 FCL 类库中的,本节将以 C♯常用的基础类来讲解 FCL 类库的使用方法。

5.7.1 Math 类和 Random 类

Math 类方法可以使程序完成某些常见的数据计算,Math 类也处于 System 命名空间中,它的方法调用与 Console 相同。

　　Math 类方法中的参数可以是常量、变量或者表达式。例如下面这个语句调用 Sqrt 方法求表达式 12+4×6 的平方根:

```
Math.Sqrt(12 + 4 * 6);
```

　　表 5-2 总结了一些 Math 类的方法,该表中变量 x 和变量 y 的类型为 double,当然有些方法并不仅限于 double 类型。在 Math 类中定义了两个常被使用的数学常量——Math.PI 和 Math.E,它们分别代表圆周率和自然对数底。

表 5-2　Math 类的常用方法

方　　法	描　　述	示　　例
Abs(x)	求 x 的绝对值	Abs(2.0)的值为 2.0 Abs(−2.0)的值为 2.0
Ceiling(x)	求不小于 x 的最小整数	Ceiling(3.4)的值为 4.0 Ceiling(−9.8)的值为−9.0
Cos(x)	求 x 的三角余弦值	Cos(0.0)的值为 1.0
Exp(x)	求以 e 为底的 x 次幂	Exp(1.0)的值为 2.718
Floor(x)	求不大于 x 的最小整数	Floor(9.2)的值为 9.0 Floor(−9.6)的值为−10.0
Log(x)	求以 e 为底的自然对数	Log(Math.E)的值为 1.0
Max(x,y)	求 x 和 y 中的较大值(有 float、int 和 long 类型的版本)	Max(2.8,8.6)的值为 8.6
Min(x,y)	求 x 和 y 中的较小值(有 float、int 和 long 类型的版本)	Max(2.8,8.6)的值为 2.8
Pow(x,y)	求 x 的 y 次幂	Pow(2.0,6)的值为 64.0
Sin(x)	求 x 的三角正弦值(x 为弧度)	Sin(0.0)的值为 0.0
Sqrt(x)	求 x 的算数平方根	Sqrt(64.0)的值为 8.0
Tan(x)	求 x 的三角正弦值(x 为弧度)	Tan(0.0)的值为 0.0

　　【例 5-29】　下面以一个例子来介绍 Math 类方法的使用,本例用于计算给定一个三角形的三边边长,判断该三角形是否为直角三角形,并计算该三角形的面积。

　　分析:我们知道要判断一个三角形是否为直角三角形,只要判断这三边是否符合两边平方和等于第三边平方即可,也就是三边中最长的边的平方应该等于另外两边的平方和。如果要计算一个三角形的面积,可以使用 $S=\sqrt{s*(s-a)*(s-b)*(s-c)}$ 公式,其中 $s=(a+b+c)/2$。

　　程序代码如下:

```
using System;
using System.Collections.Generic;
using System.Linq;
using System.Text;
using System.Threading.Tasks;

namespace Triangle
{
    class Triangle
    {
```

```
public static double ComputeArea(int a, int b, int c)
{
    const double dEpsilon = 0.0001;
    double dArea = 0;
    if (Math.Abs((a * a + b * b - c * c)) > dEpsilon)
    {
        double s = (a + b + c) / 2.0;
        dArea = Math.Sqrt(s * (s - a) * (s - b) * (s - c));
    }
    else
    {
        Console.WriteLine("This Triangle is RightAngledTriangle");
        dArea = a * b / 2.0;
    }
    return dArea;
}
public static void Main()
{
    Console.WriteLine(ComputeArea(5, 4, 6));
    Console.WriteLine(ComputeArea(3, 4, 5));
    Console.Read();
}
}
}
```

程序的运行结果如图 5-7 所示。

图 5-7 程序的运行结果

在 C♯ 中，System.Random 类用于产生随机数。Random 类的 Next( )方法用于返回非负随机数；Next(int)方法用于返回一个小于所指定最大值的非负随机数；Next(int,int)方法用于返回一个指定范围内的随机数；NextDouble( )方法用于返回一个 0.0～1.0 的随机数。

【例 5-30】 随机产生 10 个数，每个数都在 1～50 范围内，要求每个数不同。

程序代码如下：

```
using System;
using System.Collections.Generic;
using System.Linq;
using System.Text;
using System.Threading.Tasks;

namespace Example_Random
{
    class Random_50_10
```

```
        {
            static void Main()
            {
                int[] a = new int[10];
                Random ran = new Random();
                for (int i = 0; i < a.Length; i++)
                {
                one_num:
                    a[i] = (int)ran.Next(50) + 1;
                    for (int j = 0; j < i; j++)
                    {
                        if(a[i]==a[j])
                            goto one_num;
                    }
                }
                foreach (int n in a)
                {
                    Console.Write("{0}\0",n);
                }
            }
        }
    }
```

5.7.2 DateTime 类和 TimeSpan 类

DateTime 类可以表示范围在 0001 年 1 月 1 日午夜 12:00:00 到 9999 年 12 月 31 日晚上 11:59:59 之间的日期和时间，最小时间单位为 100ns。

TimeSpan 类可以表示一个时间间隔，其范围可以在 Int64.MinValue 和 Int64.MaxValue 之间。

【例 5-31】 求从 2008 年 1 月 1 日起到今天已经过了多少天。

程序代码如下：

```
using System;
using System.Collections.Generic;
using System.Linq;
using System.Text;
using System.Threading.Tasks;

namespace Example_DateTimeAndTimeSpan
{
    class Test
    {
        static void Main()
        {
            string[] weekDays = {"星期日","星期一","星期二","星期三",
                        "星期四","星期五","星期六"};
            DateTime now = DateTime.Now;
            Console.WriteLine("{0:现在是 yyyy 年 M 月 d 日,H 点 m},{1}",
                        now, weekDays[(int)now.DayOfWeek]);
            DateTime start = new DateTime(2008, 1, 1);
```

```
        TimeSpan times = now - start;
        Console.WriteLine("从 2008 年 1 月 1 日起到现在已经过了{0}天!",
                        times.Days);
        Console.Read();
    }
}
```

程序的运行结果如图 5-8 所示。

现在是2016年1月27日.16点23.星期三
从2008年1月1日起到现在已经过了2948天!

图 5-8　程序的运行结果

5.7.3　Convert 类

在 System 命名空间中有一个 Convert(转换)类,该类提供了一个基本数据类型转换为另一个基本数据类型的一系列静态方法,其中最常用的是由字符串类型转换为相应其他基本数据类型的静态方法。

类型转换最常用的调用格式之一如下:

```
Convert.静态方法名(字符串类型数据)
```

(1) Convert.ToInt64()、Convert.ToInt32()、Convert.ToInt16()方法的功能是将指定的值转换为整数。例如:

```
Convert.Toint32("123");
```

(2) Convert.ToChar 方法有下面两种常见的重载形式。
- Convert.ToChar(Int16):将指定的 16 位有符号整数的值转换为它的等效 Unicode 字符。
- Convert.ToChar(String):将 String 的第一个字符转换为 Unicode 字符。

(3) Convert.ToBoolean 方法将指定的值转换为等效的布尔值。

(4) Convert.ToDateTime()方法将指定的值转换为日期。

5.8　命名空间及其使用

对于一个大型的项目而言,其中所包含的类非常多,如果想要有效地管理它们,则需要使用 C♯ 提供的命名空间(namespace)。

5.8.1　命名空间

简单来说,命名空间提供了一种组织相关的类的逻辑层次结构,在定义一个类时可以把它放在一个命名空间中。另外，命名空间可以嵌套，即一个命名空间中还可以有子空间。在类管理的角度上，读者可以把类看作操作系统中的文件，而把命名空间看作文件夹。如果没有文件夹，而把所有的文件都放在硬盘根目录下，所有的文件管理起来会非常困难。同时，命名空间也是一种非常有效的组织方法。在 C# 中，为了方便用户编写程序，已经预先提供了较多的类（大约 5000 个）；另外，第三方厂商还在不断开发一些新的类进行补充；此外，程序员也会根据需要在程序中设计类和类库，这样可能会导致在程序代码中存在同名的类，在程序代码中怎么区分这两个类呢？命名空间能够很好地解决这个问题，它提供了一种树状层次结构来组织类，以避免类名冲突。

每当用户在 C# 中新建一个项目时，集成开发环境都会自动生成一个与项目名称相同的命名空间。例如，新建一个控制台项目 MyConsoleApp 会自动产生一个命名空间 MyConsoleApp，具体如下：

```
using System;

namespace MyConsoleApp                    //命名空间
{
    ...                                   //命名空间
}
```

命名空间隐式地使用 public 修饰符，在声明时不允许使用任何访问修饰符。命名空间还可以嵌套，例如：

```
namespace N1
{
    namespace N2
    {
        class A {}
        class B {}
    }
}
```

上面这种形式可以采用非嵌套的语法来实现：

```
namespace N1.N2
{
    class A {}
    class B {}
}
```

命名空间的成员可以是一个类型（类、结构、接口、枚举或委托），也可以是另一个命名空间。一个源文件或命名空间主体中可以包含多个成员声明，这些声明给源文件或命名空间主体中添加了新的成员。

5.8.2 命名空间的使用

在使用同一个命名空间中的类时，用户无须做任何事件，直接使用即可。但是，当使用命名空间中的成员时必须在它们的前面加上一长串命名空间加以限定，可以通过下面的语法使用命名空间下某个类的方法：

命名空间.命名空间…命名空间.类名.方法名(参数)

例如：

```
System.Console.WriteLine("Hello world");
```

显然这很不方便，为了简化代码，在 C♯语言中使用 using 语句来解决这个问题。using语句一般被放在所有语句的前面。在每个源文件中可以使用多个 using 语句，每行一个语句。

例如：

```
using System;
using System. Data;
using System.Windows.Forms;
```

这样就可以在不指明命名空间的情况下引用该空间下的所有类。

下面的例子可以在程序开头写上：

```
using System;
```

然后在类中可以这样写：

```
Console.WriteLine("Hello world");
```

using 指令有两种使用方式：一种是命名空间使用指令，利用它可以引入一个命名空间的类型成员；另一种是别名使用指令，利用它可以定义一个命名空间或类型的别名。

1. 命名空间使用指令

使用 using 语句可以把一个命名空间中的类型导入到包含该 using 语句的命名空间中，这样就可以直接使用命名空间中的类型的名字。

格式：

```
using 命名空间名;
```

说明：这种方式的 using 指令必须放在所有其他声明之前。

【例 5-32】　导入命名空间。

程序代码如下：

```
namespace N1. N2
{
    class ClassA
    {
    }
}
namespace N3
{
    using N1. N2;
```

```
    class ClassB : ClassA
    {
    }
}
```

说明：使用 using 语句导入的命名空间的作用范围仅限于包含它的编译单元或命名空间的声明体部分（即花括号内的部分）。

2. 别名使用指令

在 C♯ 中可以使用别名使用指令为命名空间或类型定义别名，此后的程序就可以使用这个别名来代替这个命名空间或类型。

格式：

using 别名 = 命名空间名；

【例 5-33】 命名空间的别名使用。

程序代码如下：

```
namespace FirstNamespace                      //声明命名空间 1
{
    class ClassA { }                          //声明类
}
namespace SecondNamespace                      //声明命名空间 2
{
    //使用 using 语句为命名空间 1 指定别名
    using N1 = FirstNamespace;
    //使用 using 语句为命名空间 1 中的类型 ClassA 指定别名
    using FA = FirstNamespace.ClassA;
    //可以使用别名来访问相应的命名空间和类型
    class ClassB: N1.ClassA
    {
    }
    class ClassC: FA
    {
    }
}
```

5.8.3　常用的命名空间

1. System 命名空间

System 命名空间包含基本类和基类，这些类定义常用于值和引用数据类型、事件和事件处理程序、接口、属性和异常处理；为其他类提供的服务支持，例如数据类型转换、方法参数操作、数学运算、远程和本地程序调用、应用程序环境管理和对托管与非托管应用程序的监控。

2. System.Data 命名空间

System.Data 命名空间主要由构成 ADO.NET 结构的类组成。ADO.NET 结构能够生成有效地管理来自多个数据源的数据组件。在断开连接的情况下（例如 Internet），ADO.NET 提供在多层系统中请求、更新和协调数据的工具。ADO.NET 结构也在客户端应用程序中实现。

3. System.Text 命名空间

System.Text 命名空间包含表示 ASCII、Unicode、UTF-7 和 UTF-8 字符编码的类，用于将字符块转换为字节块和将字节块转换为字符块的抽象基类，以及操作和格式化 String 对象而不创建 String 的中间实例的 Helper 类。

4. System.Web 命名空间

System.Web 命名空间提供可以进行浏览器与服务器通信的类和接口。

5. System.Drawing 命名空间

通过 System.Drawing 命名空间定义的类可以更好地设计对象、处理颜色与大小。

6. System.Windows.Forms 命名空间

System.Windows.Forms 命名空间包含用于创建基于 Windows 的应用程序的类，以充分利用 Microsoft Windows 操作系统中提供的丰富的用户界面功能。

7. System.IO 命名空间

System.IO 命名空间包含允许读写文件和数据流的类型以及提供的基本文件的目录支持的类型。

8. System.Net 命名空间

System.Net 命名空间为当前网络上使用的多种协议提供了简单的编程接口。

5.9 本章小结

本章主要介绍了面向对象的一些基本知识，包括对象、类以及类及其成员变量、成员方法的声明和使用，还介绍了构造函数、析构函数、委托、事件和在 C# 常用的基础类的一些知识和应用。

习题

5-1 选择题：
(1) 下面有关类和对象的说法中不正确的是(　　)。
　　A. 类包含了数据和对数据的操作
　　B. 一个对象一定属于某个类

  C. 密封类不能被继承

  D. 可以由抽象类生成对象

（2）在类的外部可以被访问的成员是（　　）。

  A. public 成员

  B. private 成员

  C. protected 成员

  D. protected internal 成员

（3）下面有关静态方法的描述中错误的是（　　）。

  A. 静态方法属于类，不属于实例

  B. 在静态方法中可以定义非静态的局部变量

  C. 静态方法可以直接用类名调用

  D. 在静态方法中可以访问实例方法

（4）下面有关析构函数的说法中不正确的是（　　）。

  A. 在析构函数中不可以包含 return 语句

  B. 在一个类中只能有一个析构函数

  C. 析构函数在对象被撤销时自动调用

  D. 用户可以定义有参析构函数

5-2　什么是类？如何定义一个类？类的成员一般分为哪两个部分？两个部分有什么联系和区别？

5-3　什么是对象？如何创建一个对象？对象的成员如何表示？

5-4　若在一个默认的类中的数据成员及方法成员的访问修饰符为 public，这个类可供什么样的类使用？

5-5　若在一个 public 类中的数据成员及方法成员的访问修饰符为默认的，这个类可供什么样的类使用？

5-6　若在一个 public 类中的数据成员及方法成员的访问修饰符为 protected，这个类可供什么样的类使用？

5-7　什么是继承机制？它的特征是什么？

5-8　设计一个学生类，该类能够记录学生的姓名、院系、班级和专业，并能够修改专业和输出专业。

5-9　定义一个描述学生基本信息的类，属性包括姓名、学号以及 C♯、英语和数学成绩，方法包括设置姓名和学号、设置三门课的成绩和输出相关学生的信息，最后求出总成绩和平均成绩。

5-10　定义一个人员类 clsPerson，属性包括姓名、编号、性别，并包括用于输入与输出的方法。在此基础上派生出学生类 clsStudent（增加成绩）和教师类 clsTeacher（增加教龄），并实现对学生和教师信息的输入与输出。

5-11　设有一个描述坐标点的 clsPoint 类，其私有变量 x 和 y 代表一个点的 x、y 坐标值。编写程序实现以下功能：利用构造函数传递参数，并设其默认参数值为 60 和 75，利用 display() 方法输出这一默认值；利用公有方法 setPoint() 将坐标值修改为(100,120)，并利用方法输出修改后的坐标值。

5-12　把定义平面直角坐标系上的一个点的类 clsPoint 作为基类,派生出描述一条直线的类 clsLine,再派生出一个矩形类 clsRect,要求方法能求出两点间的距离、矩形的周长和面积等。设计一个测试程序,并构造出完整的程序。

5-13　设计一个项目,由程序随机产生 12 个数,并把 12 个数按从大到小的顺序进行输出。

5-14　定义一个类,用于实现四则运算。其中,加法要求实现加法重载,其余的减法、乘法、除法也要实现各自运算方法的重载。

第 **6**章

抽象类、多态和接口

第 5 章介绍了在 C♯中面向对象的基本知识和基本技术，本章将对面向对象技术做进一步的探讨，讨论抽象类、多态以及接口的概念和应用。

6.1 抽象类

面向对象编程思想试图模拟现实中的对象和关系，那么仅仅使用第 5 章中介绍的类的基本技术就足够了吗？当然不是。

6.1.1 什么是抽象类

在现实中存在如图 6-1 所示的对象及关系，父类"运动员"有 3 个子类，这 3 个子类都可以继承父类的"训练"这个方法，仔细考虑一下父类"运动员"的训练应该如何实现呢？

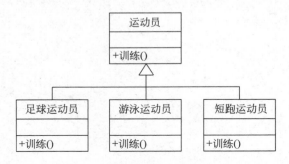

图 6-1 运动员及其子类的关系

此时不难发现，这个方法实际上没有办法具体实现，因为无法用统一的训练方法针对所有不同的子类运动员，毕竟不同的运动员有不同的训练方法。可见，在"运动员"类中，"训练"只是一个纸上谈兵的方法，是一个"虚拟"的方法。

那么，是不是可以把这个方法从运动员中间去掉呢？事实上，"训练"的存在是有其意义的，它规定了所有的子类运动员都要有"训练"这个方法。所以，这个"虚拟"方法也并不是全无用处，可以为其子类设置一个必须包含的方法。

在此我们把"训练"这个方法称为"抽象方法"，把"运动员"这个父类称为"抽象类"。

在 C♯中抽象方法和抽象类的定义如下。

• 抽象方法：包含方法定义但没有具体实现的方法，需要其子类或者子类的子类来具体实现。

- 抽象类：含有一个或多个抽象方法的类称为抽象类。抽象类不能够被实例化，这是因为它包含了没有具体实现的方法。

6.1.2 声明抽象类

6.1.1 节介绍了什么是抽象方法和抽象类，下面来看抽象方法和抽象类如何在 C♯ 中实现。

在 C♯ 中使用关键字 abstract 定义抽象方法（abstract method），并需要把 abstract 关键字放在访问级别修饰符和方法返回数据类型之前，没有方法实现的部分，格式如下：

```
public abstract void Train();
```

子类继承抽象父类之后可以使用 override 关键字覆盖父类中的抽象方法，并做具体的实现，格式如下：

```
public override void Train() { … }
```

另外，子类也可以不实现抽象方法，继续留给其后代实现，这时子类仍然是一个抽象类。根据上面给出的语法，定义运动员抽象类如下：

```
/// < summary >
/// 抽象类：运动员
/// </summary >
public abstract class Player
{
    /// < summary >
    /// 抽象方法：训练
    /// </summary >
    public abstract void Train();
}
```

该代码定义了"运动员"抽象类，它有一个抽象方法 Train()。

6.1.3 实现抽象方法

对于子类来说，在继承了抽象父类之后就可以具体实现其中的抽象方法了。

【例 6-1】 分别实现 3 个子类运动员的抽象方法 Train()。

程序代码如下：

```
/// < summary >
/// 足球运动员
/// </summary >
public class FootballPlayer : Player
{
    public override void Train()
    {
        Console.WriteLine("Football players are training...");
    }
}
```

```
    }

    /// < summary >
    /// 游泳运动员
    /// </summary >
    public class SwimPlayer : Player
    {
        public override void Train()
        {
            Console.WriteLine("Swim players are training...");
        }
    }

    /// < summary >
    /// 短跑运动员
    /// </summary >
    public class Sprinters : Player
    {
        public override void Train()
        {
            Console.WriteLine("Sprinters are training...");
        }
    }
```

说明：以上足球运动员类继承了运动员类，并实现了其父类中的抽象方法 Train()。其余两个子类与此相同，这里不再赘述。

6.2 多态

在 6.1 节对抽象类的概念进行了介绍，与抽象类紧密相关的一个面向对象机制是多态。从字面上可知，多态表示多种形态，那么什么是类的多种形态呢？它有什么用处？本节将对其进行探讨。

6.2.1 什么是多态

继续 6.1 节给出的例子，现在假设你是一个运动队的总教练，手下有足球、游泳、短跑运动员。你把运动员召集起来之后，如果只是对他们说"去训练吧！"，那么他们会怎样做呢？

很显然，不同项目的运动员会去做不同的训练。对于总教练而言，只需要告诉他们统一的指令即可。在面向对象的思想中，这称为多态（Polymorphism）。

再如，有一个"多态"的英文单词——"cut"。当理发师听到"cut"时会开始剪头发；当演员听到"cut"时会停止表演；当医生听到"cut"时会在病人身上切道口子。

多态就是父类定义的抽象方法，在子类对其进行实现之后，C♯ 允许将子类赋值给父类，然后在父类中通过调用抽象方法来实现子类的具体功能。

在 6.1 节的示例中，"运动员"包含一个抽象方法"训练"，在其子类对"训练"进行了实现之后，C♯ 允许下面的赋值表达式：

```
Player p = new FootballPlayer();
```

这样就实现了把一个子类对象赋值给父类的一个对象，然后可以利用父类对象调用其抽象函数。

```
p. Train();
```

这样该运动员对象就会根据自己所从事的项目去做相应的训练。

6.2.2　多态的实现

6.2.1 节介绍了多态的含义，下面继续使用运动员示例介绍其具体实现。其中，对抽象类的实现代码不变，这里不再重复。下面说明如何使用多态性对运动员们统一发指令。

【例 6-2】 抽象类、抽象方法和多态的实现。

程序代码如下：

```csharp
using System;
using System.Collections.Generic;
using System.Linq;
using System.Text;
using System.Threading.Tasks;

namespace Example_AbstractClass
{
    /// < summary >
    /// 抽象类: 运动员
    /// </summary >
    public abstract class Player
    {
        /// < summary >
        /// 抽象方法: 训练
        /// </summary >
        public abstract void Train();
    }


    /// < summary >
    /// 足球运动员
    /// </summary >
    public class FootballPlayer : Player
    {
        public override void Train()
        {
            Console.WriteLine("Football players are training...");
        }
    }


    /// < summary >
    /// 游泳运动员
    /// </summary >
    public class SwimPlayer : Player
```

```
{
    public override void Train()
    {
        Console.WriteLine("Swim players are training...");
    }
}

/// < summary >
/// 短跑运动员
/// </ summary >
public class Sprinters : Player
{
    public override void Train()
    {
        Console.WriteLine("Sprinters are training...");
    }
}


/// < summary >
/// Class1 的摘要说明。
/// </ summary >
class Class1
{
    /// < summary >
    /// 应用程序的主入口点。
    /// </ summary >
    [STAThread]
    static void Main(string[ ] args)
    {
        Player p;
        p = new FootballPlayer();
        p.Train();

        p = new SwimPlayer();
        p.Train();

        p = new Sprinters();
        p.Train();
    }
}
}
```

　　说明：该段代码声明了一个运动员对象 p，然后将其赋值为足球运动员，并调用 Train()方法让其训练；再使其成为一个游泳运动员，同样使用 Train()方法让其训练。只看"p.Train();"这行代码，对其调用的方法是一样的，但由于 p 的训练项目不同，因此根据多态的性质 p 调用了不同的训练方法。

6.2.3　区分多态和重载

　　如上所述，多态是基于对抽象方法的覆盖(override)来实现的，用统一的对外接口完成不同的功能。在前面还介绍了重载(overload)的概念,也是使用统一的对外接口完成不同的功能,那么这两者有什么区别呢?

- 重载:指允许存在多个同名函数,而这些函数的参数不同。重载的实现是编译器根据函数的不同参数表对同名函数的名称加以修饰。对于编译器而言,这些同名函数就成为不同的函数。它们的调用地址在编译期间就绑定了。
- 多态:指子类重新定义父类的虚函数。当子类重新定义了父类的虚函数以后,父类根据赋给它的不同子类动态调用属于子类的该函数,这样的函数调用在编译期间是无法确定的。

不难看出,两者的区别在于编译器何时寻找所要调用的具体方法,对于重载而言,在函数调用之前编译器就已经确定了所要调用的方法,这称为"早绑定"或"静态绑定";而对于多态,只有等到函数调用的那一刻编译器才会确定所要调用的具体函数,这称为"晚绑定"或"动态绑定"。

6.3 接口

前面两节介绍了抽象类和多态的概念,下面介绍与抽象类非常相似的另一个概念——接口。

6.3.1 什么是接口

接口与抽象类非常相似,它定义了一些未实现的属性和方法。所有继承它的类都继承这些成员,在这个角度上可以把接口理解为一个类的模板。

下面是有关抽象类和接口的几个形象的比喻,非常不错:

- 飞机会飞,鸟会飞,它们都继承了同一个接口"飞"。但是,F22 战斗机属于飞机抽象类,鸽子属于鸟抽象类。
- 铁门、木门都是门,门是抽象类,你想要个门,我给不了(门不能实例化),但是我可以给你一个具体的铁门或木门(多态);而且只能是门,你不能说它是窗(单继承);一个门可以有锁(接口),也可以有门铃(多重继承)。门(抽象类)定义了你是什么,接口(锁)规定了你能做什么(一个接口最好只做一件事,你不能要求锁也能发出声音吧(接口污染))。

接口和抽象类的相似之处表现在以下两个方面:

- 两者都包含可以由子类继承的抽象成员。
- 两者都不直接实例化。

接口和抽象类的区别表现在以下几个方面:

- 抽象类除拥有抽象成员以外,还可以拥有非抽象成员;而接口的所有成员都是抽象的。
- 抽象成员可以是私有的,而接口的成员一般都是公有的。
- 接口中不能含有构造函数、析构函数、静态成员和常量。
- C♯只支持单继承,即子类只能继承一个父类,而一个子类却能够继承多个接口。

6.3.2 声明接口

6.3.1节介绍了接口以及接口与抽象类的联系、区别，下面通过一个具体的例子介绍如何在C♯中声明和使用接口。图6-2所示为一个Ishape接口的示意图。

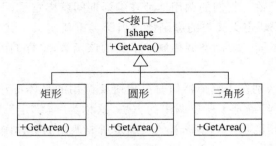

图 6-2　Ishape 接口

该示例中有一个"形状"的概念，它有3个具体的形状类，即矩形、圆形、三角形。读者可以看出，在某种意义上接口和完全的抽象类非常相似。

在C♯中声明接口的语法如下：

```
< access - modifer > interface < interface - name >
{
        //interface members
}
```

接口的成员访问级别规定为public，因此不用在声明成员时使用访问级别修饰符。根据上面给出的语法，下面的代码声明这个Ishape接口。

```
/// < summary >
/// 接口：形状
/// </summary >
public interface Ishape
{
    double GetArea();
}
```

6.3.3 实现接口

在声明接口之后，类就可以通过继承接口实现其中的抽象方法了。继承接口的语法和类的继承类似，使用冒号":"，将待继承的接口放在类的后面。如果继承多个接口，将使用逗号将其分隔。

在下面的代码中实现了矩形类，它继承于Ishape接口，并实现了GetArea()方法。

【例6-3】 继承Ishape接口实现矩形类。

程序代码如下：

```
/// 矩形类
public class Rectangle: Ishape
```

```
{
    public double dblWidth;              //宽
    public double dblHeitht;             //高
        /// 构造函数
    public Rectangle(double _dblWidth,double _dblHeight)
    {
        this.dblWidth = _dblWidth;
        this.dblHeitht = _dblHeight;
    }
        /// 求矩形面积
    public double GetArea()
    {
        return this.dblHeitht * this.dblWidth;
    }
}
```

在该段代码中使用“:”继承了 Ishape 接口,声明了矩形类 Rectangle。它有两个属性,分别是宽和高。构造函数为这两个属性赋值,然后实现了求面积的方法 GetArea()。和实现抽象类的抽象方法不同,实现接口中的方法并不需要使用“override”关键字。

下面的代码使用 Rectangle 类求一个矩形的面积。

```
Rectangle r = new Rectangle(3,5);
Console.WriteLine(r.GetArea());         //15
```

三角形类和圆形类与矩形类的实现类似,这里不再赘述,完整的实现可参考例 6-4。同样,使用接口也可以实现多态,其和抽象类一样。

【例 6-4】 使用接口实现多态。

程序代码如下:

```
using System;
using System.Collections.Generic;
using System.Linq;
using System.Text;
using System.Threading.Tasks;

namespace Example_Ishape
{
    /// < summary >
    /// 接口:形状
    /// </summary >
    public interface Ishape
    {
        /// < summary >
        /// 方法:求面积
        /// </summary >
        /// < returns ></returns >
        double GetArea();
    }
```

```csharp
/// <summary>
/// 矩形类
/// </summary>
public class Rectangle : Ishape
{
    public double dblWidth;        //宽
    public double dblHeitht;       //高

    /// <summary>
    /// 构造函数
    /// </summary>
    /// <param name = "_dblWidth">宽</param>
    /// <param name = "_dblHeight">高</param>
    public Rectangle(double _dblWidth, double _dblHeight)
    {
        this.dblWidth = _dblWidth;
        this.dblHeitht = _dblHeight;
    }

    /// <summary>
    /// 求矩形面积
    /// </summary>
    /// <returns>面积</returns>
    public double GetArea()
    {
        return this.dblHeitht * this.dblWidth;
    }
}

/// <summary>
/// 三角形类
/// </summary>
public class Triangle : Ishape
{
    public double dblEdge1;        //边1
    public double dblEdge2;        //边2
    public double dblEdge3;        //边3

    /// <summary>
    /// 构造函数
    /// </summary>
    /// <param name = "_dblEdge1">边1</param>
    /// <param name = "_dblEdge2">边2</param>
    /// <param name = "_dblEdge3">边3</param>
    public Triangle(double _dblEdge1, double _dblEdge2, double _dblEdge3)
    {
        this.dblEdge1 = _dblEdge1;
        this.dblEdge2 = _dblEdge2;
        this.dblEdge3 = _dblEdge3;
    }
```

```
/// <summary>
/// 求三角形面积：利用海伦公式
/// </summary>
/// <returns>面积</returns>
public double GetArea()
{
    double p = (this.dblEdge1 + this.dblEdge2 + this.dblEdge3) / 2.0;
    double area = System.Math.Sqrt(p * (p - this.dblEdge1) * (p - this.dblEdge2)
* (p - this.dblEdge3));
    return area;
}
}


/// <summary>
/// 圆形类
/// </summary>
public class Circle : Ishape
{
    public double dblRadius;        //半径

    /// <summary>
    /// 构造函数
    /// </summary>
    /// <param name = "_dblRadius">半径</param>
    public Circle(double _dblRadius)
    {
        this.dblRadius = _dblRadius;
    }

    /// <summary>
    /// 求圆面积
    /// </summary>
    /// <returns>面积</returns>
    public double GetArea()
    {
        return 3.1415 * this.dblRadius * this.dblRadius;
    }
}


/// <summary>
/// Class1 的摘要说明。
/// </summary>
class IshapeTest
{
    /// <summary>
    /// 应用程序的主入口点。
```

```
/// </summary>
[STAThread]
static void Main(string[] args)
{
    //多态
    Ishape s;
    s = new Rectangle(1, 2);
    Console.WriteLine("矩形面积为: {0}",s.GetArea());

    s = new Triangle(3, 4, 5);
    Console.WriteLine("三角形面积为: {0}",s.GetArea());

    s = new Circle(1);
    Console.WriteLine("圆形面积为: {0}", s.GetArea());
}
}
}
```

程序的运行结果如图 6-3 所示。

图 6-3　接口多态程序的运行结果

说明：在主函数代码中声明了一个形状接口 s，然后将其赋值为矩形，并调用 GetArea()方法得到其面积；使接口成为一个三角形，同样赋值并使用 GetArea()方法；圆形也是一样。

6.4　本章小结

本章介绍了面向对象编程技术的高级内容，主要包括抽象类、多态和接口等，这些技术在编程中有非常多的应用。

abstract 关键字实现了抽象的定义，接口的存在可以使 C♯中存在非类间的多重继承。这两种方法可以使程序的设计更加严密，使开发人员的选择更多。

习题

6-1　为什么需要抽象类？在 C♯中怎么声明抽象类？

6-2　什么是多态？多态有什么好处？

6-3　接口和抽象类有什么关系？在 C♯中怎么声明接口？

6-4　定义一个抽象类 CShape，包含抽象方法 Area()（用来计算面积）和 SetData()（用来实现输入形状大小)。然后派生出三角形类 CTriangle、矩形类 CRect、圆形类 CCircle,分别实现抽象方法 Area()和 SetData()。最后定义一个 CArea 类,计算这几个形状的面积之和,各形状的数据通过 CArea 类构造函数或成员函数来设置。编写一个完整的程序。

6-5　定义一个接口 Ishape,其包含抽象方法 Area()(用来计算面积)和 SetData()(用来实现输出形状大小)。然后派生出三角形类 CTriangle、矩形类 CRect、圆形类 CCircle,分别实现抽象方法 Area()和 SetData()。最后定义一个 CArea 类,计算这几个形状的面积之和,各形状的数据通过 CArea 类构造函数或成员函数来设置。编写一个完整的程序。

第7章

常用数据结构与算法

数据结构和算法是程序设计的基石。本章重点讲述 C♯ 中的几个主要的数据结构类型,即字符串、数组和枚举。深入了解和掌握这些 C♯ 所提供的强大的数据结构可以使程序编写事半功倍。如果说数据结构是程序的肌肉,那么算法可以说是程序的灵魂。本章还将介绍一些常用算法,如几种典型排序算法的 C♯ 实现。

7.1 字符串

字符串是应用程序和用户交互的主要方式之一,如何高效地实现字符串操作是评价一个编程语言非常重要的内容。. NET 提供了几个类快速实现字符串操作,包括 String、StringBuilder 等,本节将对这一部分内容进行介绍。

7.1.1 静态字符串 String

System. String 是最常用的字符串操作类,可以帮助开发者完成绝大部分的字符串操作功能,使用方便。下面从各个应用的角度对 String 类进行详细的介绍。

1. 比较字符串

比较字符串是指按照字典排序规则判定两个字符的相对大小。按照字典规则,在一本英文字典中出现在前面的单词小于出现在后面的单词。在 String 类中常用的比较字符串的方法有 Compare、CompareTo、CompareOrdinal 和 Equals,下面进行详细介绍。

1) Compare 方法

Compare 方法是 String 类的静态方法,用于全面比较两个字符串对象,并返回一个整数,指示两者在排序顺序中的相对位置。Compare 方法有 6 种重载方式。

下面使用 Compare 方法比较两个字符串,输出结果见注释语句。

```
//定义两个 String 对象,并对其赋值
System. String strA = "Hello";
System. String strB = "World";

//Compare
Console. WriteLine(String. Compare(strA, strB));    //-1
Console. WriteLine(String. Compare(strA, strA));    //0
```

```
Console.WriteLine(String.Compare(strB,strA));     //1
```

另外，CompareOrdinal 方法和 Compare 方法非常相似，用于判定两个字符串，但不考虑区域性问题，在此不再赘述。

2）CompareTo 方法

CompareTo 方法将当前字符串对象与另一个对象做比较，其作用与 Compare 类似，返回值也相同。

CompareTo 和 Compare 相比区别如下：

（1）CompareTo 不是静态方法，可以通过一个 String 对象调用。

（2）CompareTo 没有重载形式，只能按照大小写敏感方式比较两个整串。

CompareTo 方法的使用如下：

```
//定义两个 String 对象，并对其赋值
System.String strA = "Hello";
System.String strB = "World";
#
//CompareTo
Console.WriteLine(strA.CompareTo(strB));         //-1
```

3）Equals 方法

Equals 方法用于方便地判定两个字符串是否相同，它有下面两种重载形式：

```
public bool Equals(string)
public static bool Equals(string,string)
```

如果两个字符串相等，Equals()的返回值为 true，否则返回 false。Equals 方法的使用如下：

```
//Equals
Console.WriteLine(String.Equals(strA,strB));     //false
Console.WriteLine(strA.Equals(strB));            //false
```

4）比较运算符

String 支持"=="、"！="两个比较运算符，分别用于判定两个字符是否相等和不等，并区分大小写。相对于上面介绍的方法，这两个运算符使用起来更加直观、方便。

下面的代码使用"=="、"！="对"Hello"和"World"进行比较。

```
// == 和!=
Console.WriteLine(strA == strB);                 //false
Console.WriteLine(strA!= strB);                  //true
```

2．定位字符和子串

定位子串是指在一个字符串中寻找包含的子串或者某个字符，在 String 类中常用的定位子串和字符的方法有 StartsWith/EndsWith、IndexOf/LastIndexOf 和 IndexOfAny/LastIndexOfAny，下面进行详细介绍。

1）StartsWith/EndsWith 方法

StartsWith 方法可以判定一个字符串对象是否以另一个子字符串开头，如果是返回 true，否则返回 false。其定义如下：

```
public bool StartsWith(string value)
```

其中，参数 value 即待判定的子字符串。

```
//StartsWith
Console.WriteLine(strA.StartsWith("He"));        //true
Console.WriteLine(strA.StartsWith("She"));       //false
```

另外，EndsWith 方法可以判定一个字符是否以另一个子字符串结尾。

2）IndexOf/LastIndexOf 方法

IndexOf 方法用于搜索一个字符串，某个特定的字符或子串第一次出现的位置，该方法区分大小写，并从字符串的首字符开始以 0 计数。如果字符串中不包含这个字符或子串，则返回 −1。其共有下面 6 种重载形式。

定位字符：

```
int IndexOf(char value)
int IndexOf(char value, int startIndex)
int IndexOf(char value, int startIndex, int count)
```

定位子串：

```
int IndexOf(string value)
int IndexOf(string value, int startIndex)
int IndexOf(string value, int startIndex, int count)
```

对于上面的重载形式，其参数的含义如下。

- value：待定位的字符或者子串。
- startIndex：在总串中开始搜索的起始位置。
- count：在总串中从起始位置开始搜索的字符数。

下面的代码在“Hello”中寻找字符“l”第一次出现的位置。

```
//IndexOf
Console.WriteLine(strA.IndexOf('l'));            //2
```

和 IndexOf 类似，LastIndexOf 用于在一个字符串中搜索某个特定的字符或子串最后一次出现的位置，其方法定义和返回值都与 IndexOf 相同，这里不再赘述。

3）IndexOfAny/LastIndexOfAny 方法

IndexOfAny 方法的功能和 IndexOf 类似，区别在于可以在一个字符串中搜索出现在一个字符数组中的任意字符第一次出现的位置。同样，该方法区分大小写，并从字符串的首字符开始以 0 计数。如果字符串中不包括这个字符或子串，则返回 −1。IndexOfAny 共有 3 种重载形式：

```
int IndexOfAny(char[] anyOf)
int IndexOfAny(char[] anyOf, int startIndex)
```

```
int IndexOfAny(char[] anyOf,int startIndex,int count)
```

对于上面的重载形式，其参数的含义如下。

- anyOf：待定位的字符数组，方法将返回这个数组中任意一个字符第一次出现的位置。
- startIndex：在总串中开始搜索的起始位置。
- count：在总串中从起始位置开始搜索的字符数。

下面的代码在"Hello"中寻找字符数组 anyOf 第一次和最后一次出现的位置。

```
//IndexofAny|LastIndexOfAny
char[] anyOf = {'H','e','l'};
Console.WriteLine(strA.IndexOfAny(anyOf));       //0
Console.WriteLine(strA.LastIndexOfAny(anyOf));   //3
```

和 IndexOfAny 类似，LastIndexOfAny 用于在一个字符串中搜索出现在一个字符数组中的任意字符最后一次出现的位置。

3．格式化字符串

Format 方法用于创建格式化的字符串以及连接多个字符串对象。Format 方法也有多个重载形式，最常用的如下：

```
public static string Format(string format,params object[] args);
```

其中，参数 format 用于指定返回字符串的格式，而 args 为一系列变量参数。用户可以通过下面的代码掌握其使用方法。

```
//Format
newStr = "";
newStr = String.Format("{0},{1}!",strA,strB);
Console.WriteLine(newStr);                //Hello,World!
```

在参数 format 中包含一些用大括号括起来的数字，例如{0}、{1}，这些数字分别对应参数数组 args 中的变量。在生成结果字符串时将使用这些变量代替{i}。需要说明的是，这些变量并不要求必须为 String 类型。

在特定的应用中，Format 方法非常方便。例如，要想输出一定格式的时间字符串就可以使用 Format 方法，如下面的代码。

```
newStr = String.Format("CurrentTime = {0:yyyy - MM - dd}",System.DateTime.Now);
Console.WriteLine(newStr);                //形如：2008 - 09 - 19
```

其中，格式字符串"yyyy-MM-dd"指定返回时间的格式形如"2008-09-19"。

4．连接字符串

1) Concat 方法

Concat 方法用于连接两个或多个字符串。Concat 方法也有多个重载形式，最常用的如下：

```
public static string Concat(params string[] values);
```

其中，参数 values 用于指定所要连接的多个字符串，用户可以通过下面的代码掌握其使用方法。

```
//Concat
newStr = "";
newStr = String.Concat(strA," ",strB);
Console.WriteLine(newStr);                      //"Hello World"
```

2）Join 方法

Join 方法利用一个字符数组和一个分隔符串构造新的字符串，常用于把多个字符串连接在一起，并用一个特殊的符号分隔开。Join 方法的常用形式如下：

```
public static string Join(string separator,string[] values);
```

其中，参数 separator 为指定的分隔符，values 用于指定所要连接的多个字符串数组。下面的代码用"^^"分隔符把"Hello"和"World"连起来。

```
//Join
newStr = "";
String[] strArr = {strA,strB};
newStr = String.Join("^^",strArr);
Console.WriteLine(newStr);                      //"Hello^^World"
```

3）连接运算符"＋"

String 支持连接运算符"＋"，可以方便地连接多个字符串。例如，下面的代码把"Hello"和"World"连接起来。

```
// +
newStr = "";
newStr = strA + strB;
Console.WriteLine(newStr);                       //"HelloWorld"
```

5. 分隔字符串

使用前面介绍的 Join 方法可以利用一个分隔符把多个字符串连接起来。反过来，使用 Split 方法可以把一个整串按照某个分隔符分成一系列小的字符串。例如，把整串"Hello ^^ World"按照字符"^"进行分隔，可以得到 3 个小的字符串，即"Hello"、""（空串）和"World"。

Split 有多个重载形式，最常用的形式如下：

```
public string[] Split(params char[] separator);
```

其中，参数数组 separator 包含分隔符。下面的代码把"Hello ^^ World"进行分隔。

```
//Split
newStr = "Hello ^^ World";
char[] separator = {'^'};
String[] splitStrings = new String[100];
splitStrings = newStr.Split(separator);
```

```
int i = 0;
while(i < splitStrings.Length)
{
    Console.WriteLine("item{0}:{1}",i,splitStrings[i]);
    i++;
}
```

其输出结果如下：

```
Item0:Hello
Item1:
Item2:World
```

6．插入和填充字符串

String 类包含了在一个字符串中插入新元素的方法，可以用 Insert 方法在任意位置插入任意字符。Insert 方法用于在一个字符串的指定位置插入另一个字符串，从而构造一个新的串。Insert 方法也有多个重载形式，最常用的如下：

```
public string Insert(int startIndex, string value);
```

其中，参数 startIndex 用于指定所要插入的位置，从 0 开始索引；value 指定所要插入的字符串。在下面的代码中，在"Hello"的字符"H"后面插入"World"，构造一个串"HWorldello"。

```
//Insert
newStr = "";
newStr = strA.Insert(1,strB);
Console.WriteLine(newStr);                         //"HWorldello"
```

7．删除和剪切字符串

String 类包含了删除一个字符串的方法，可以用 Remove 方法在任意位置删除任意长度的字符，也可以使用 Trim、TrimEnd、TrimStart 方法剪切掉字符串中的一些特定字符。

1）Remove 方法

Remove 方法从一个字符串的指定位置开始删除指定数量的字符，最常用的形式如下：

```
public string Remove(int startIndex, int count);
```

其中，参数 startIndex 用于指定开始删除的位置，从 0 开始索引；count 指定删除的字符数量。在下面的代码中，把"Hello"中的"ell"删掉。

```
//Remove
newStr = "";
newStr = strA.Remove(1,3);
Console.WriteLine(newStr);                         //"Ho"
```

2）Trim、TrimStart、TrimEnd 方法

若想把一个字符串首尾处的一些特殊字符剪切掉，例如去掉一个字符串首尾的空格等，

可以使用 String 的 Trim()方法。其形式如下：

```
public string Trim()
public string Trim(params char[] trimChars)
```

其中，参数数组 trimChars 包含了指定要去掉的字符，如果省略，则删除空格符号。下面的代码实现了对"@Hello#$"的净化，去掉首尾的特殊符号。

```
//Trim
newStr = "";
char[] trimChars = {'@','#','$',' '};
String strC = "@Hello#  $";
newStr = strC.Trim(trimChars);
Console.WriteLine(newStr);                       //"Hello"
```

和 Trim 类似，TrimStart 和 TrimEnd 分别剪切掉一个字符串开头和结尾处的特殊字符。

8. 复制字符串

String 类包括了复制字符串方法 Copy 和 CopyTo，可以完成对一个字符串及其一部分的复制操作。

1) Copy 方法

若想把一个字符串复制到另一个字符数组中，可以使用 String 的静态方法 Copy 实现，其形式如下：

```
public string Copy(string str);
```

其中，参数 str 为需要复制的源字符串，方法返回目标字符串。下面的代码把 strA 字符串"Hello"复制到 newStr 中。

```
//Copy
newStr = "";
newStr = String.Copy(strA);
Console.WriteLine(newStr);                       //"Hello"
```

2) CopyTo 方法

CopyTo 方法可以实现与 Copy 同样的功能，但是功能更加丰富，可以复制字符串的一部分到一个字符数组中。另外，CopyTo 不是静态方法，其形式如下：

```
public void CopyTo(int sourceIndex, char[] destination, int destinationIndex, int count);
```

其中，参数 sourceIndex 为需要复制的字符起始位置，destination 为目标字符数组，destinationIndex 指定目标数组中的开始存放位置，而 count 指定要复制的字符个数。下面的代码把 strA 字符串"Hello"中的"ell"复制到 newCharArr 中，并在 newCharArr 中从第 2 个元素开始存放。

```
//CopyTo
char[] newCharArr = new char[100];
strA.CopyTo(2, newCharArr, 0, 3);
```

```
Console.WriteLine(newCharArr);                        //"Hel"
```

9. 替换字符串

如果想替换一个字符串中的某些特定字符或者某个子串，可以使用 Replace 方法实现，其形式如下：

```
public string Replace(char oldChar, char newChar);
public string Replace(string oldValue, string newValue);
```

其中，参数 oldChar 和 oldValue 为待替换的字符和子串，而 newChar 和 newValue 为替换后的新字符和新子串。下面的代码把"Hello"通过替换变为"Hero"。

```
//Replace
newStr = strA.Replace("ll","r");
Console.WriteLine(newStr);                        //"Hero"
```

10. 更改大小写

String 提供了方便转换字符串中所有字符大小写的方法 ToUpper 和 ToLower。这两个方法没有输入参数，使用也非常简单。下面的代码首先把"Hello"转换为"HELLO"，然后变为小写形式"hello"。

```
//ToUpper|ToLower
newStr = strA.ToUpper();
Console.WriteLine(newStr);                        //HELLO
newStr = strA.ToLower();
Console.WriteLine(newStr);                        //hello
```

11. 提取子串

利用 String 类提取子串方法 Substring 可以从一个字符串中得到子字符串。其形式如下：

```
public String Substring(int startIndex);
public string Substring (int startIndex, int length);
```

说明：返回一个从 startIndex 开始到结束的子字符串，或返回一个从 startIndex 开始长度为 length 的子字符串。

【例 7-1】 提取子串。

程序代码如下：

```
using System;
using System.Collections.Generic;
using System.Linq;
using System.Text;
using System.Threading.Tasks;

namespace SubString
```

```
    {
        class SubString
        {
            static void Main(string[] args)
            {
                string strOriginal = "I loves China!";
                string strSub = strOriginal.Substring(2, 12);
                Console.WriteLine("strOriginal:" + strOriginal);
                Console.WriteLine("strSub:" + strSub);
                string strTemp;
                for (int i = 0; i < strOriginal.Length; i += 2)
                {
                    strTemp = strOriginal.Substring(i, 1);
                    Console.Write(strTemp);
                }
            }
        }
    }
```

程序的运行如果如下：

```
strOriginal: I loves China!
strSub: loves China!
IlvsCia
```

12．String 小结

本节介绍了最常用的 String 类，并从比较、定位、格式化、连接、分隔、插入、删除、复制、大小写转换、提取子串 11 个方面介绍了其方法和应用。

之所以称 String 对象为静态串，是因为一旦定义了一个 String 对象就是不可改变的。在使用其方法（如插入、删除操作）时，都要在内存中创建一个新的 String 对象，而不是在原对象的基础上进行修改，这就需要开辟新的内存空间。如果需要经常进行串的修改操作，使用 String 类无疑是非常耗费资源的，这时需要使用 StringBuilder 类。

7.1.2 动态字符串 StringBuilder

与 String 类相比，System. Text. StringBuilder 类可以实现动态字符串。此外，动态是指在修改字符串时系统不需要创建新的对象，不会重复开辟新的内存空间，而是直接在原 StringBuilder 对象的基础上进行修改，下面将从各个应用的角度详细讨论 StringBuilder 类。

1．声明 StringBuilder 串

StringBuilder 类位于命名空间 System. Text 中，在使用时可以在文件头中通过 using 语句引入该命名空间：

```
using System.Text;
```

声明 StringBuilder 对象需要使用 new 关键字,并可以对其进行初始化。例如以下语句声明了一个 StringBuilder 对象 myStringBuilder,并初始化为"Hello":

```
StringBuilder myStringBuilder = new StringBuilder("Hello");
```

如果不使用 using 关键字在文件头中引入 System. Text 命名空间,也可以通过以下方式声明 StringBuilder 对象:

```
System.Text.StringBuilder myStringBuilder = new StringBuilder("Hello");
```

在声明时也可以不给出初始值,然后通过其方法进行赋值。

2. 设置 StringBuilder 容量

StringBuilder 对象为动态字符串,可以对其设置好的字符数量进行扩展。另外,还可以设置一个最大长度,这个最大长度称为该 StringBuilder 对象的容量(Capacity)。

为 StringBuilder 设置容量的意义在于修改 StringBuilder 字符串时,在其实际字符长度(即字符串已有的字符数量)未达到其容量之前,StringBuilder 不会重新分配空间;在达到容量时,StringBuilder 会在原空间的基础之上自动分配新的空间,并且容量翻倍。如果不进行设置,StringBuilder 默认初始分配 16 个字符长度。

在 C♯ 中有下面两种方式设置一个 StringBuilder 对象的容量。

1) 使用构造函数

StringBuilder 构造函数可以接受容量参数,例如下面声明一个 StringBuilder 对象 sb2,并设置其容量为 100。

```
//使用构造函数
StringBuilder sb2 = new StringBuilder("Hello",100);
```

2) 使用 Capacity 属性

Capacity 属性指定 StringBuilder 对象的容量,例如下面的代码首先声明一个 StringBuilder 对象 sb3,然后利用 Capacity 属性设置其容量为 100。

```
//使用 Capacity 属性
StringBuilder sb3 = new StringBuilder("Hello");
sb3.Capacity = 100;
```

3. 追加操作

追加一个 StringBuilder 是指将新的字符串添加到当前 StringBuilder 字符串的结尾处,可以使用 Append 和 AppendFormat 方法实现这个功能。

1) Append 方法

Append 方法实现简单的追加功能,其常用形式如下:

```
public StringBuilder Append(object value);
```

其中,参数 value 既可以是字符串类型,也可以是其他的数据类型,例如 bool、byte、int 等。在下面的代码中,把一个 StringBuilder 字符串"Hello"追加为"Hello World!"。

```
//Append
StringBuilder sb4 = new StringBuilder("Hello");
sb4.Append(" World!");
Console.WriteLine(sb4);                              //"Hello World!"
```

2) AppendFormat 方法

AppendFormat 方法实现对追加部分字符串的格式化，可以定义变量的格式，并将格式化后的字符串追加到 StringBuilder 后面。其常用的形式如下：

```
StringBuilder AppendFormat(string format,params object[] args);
```

其中，args 数组指定所要追加的多个变量。format 参数包含格式规范的字符串，其中包括一系列用大括号括起来的格式字符，例如{0:u}。这里，0 代表对应参数数组 args 中的第 0 个变量，而"u"定义其格式。在下面的代码中，把一个 StringBuilder 字符串"Today is"追加为"Today is \ * 当前日期 * \"。

```
//AppendFormat
StringBuilder sb5 = new StringBuilder("Today is ");
sb5.AppendFormat("{0:yyyy - MM - dd}",System.DateTime.Now);
Console.WriteLine(sb5);                        //形如 "Today is 2008 - 10 - 20"
```

4. 插入操作

StringBuilder 的插入操作是指将新的字符串插入到当前的 StringBuilder 字符串的指定位置，例如"Hello"变为"Heeeello"，可以使用 StringBuilder 类的 Insert 方法实现这个功能，其常用形式如下：

```
public StringBuilder Insert(int index, object value);
```

其中，参数 index 指定所要插入的位置，并从 0 开始索引，例如 index＝1，此时会在原字符串的第 2 个字符之前进行插入操作；和 Append 一样，参数 value 并不是只能取为字符串类型。在下面的代码中，把一个 StringBuilder 字符串"Hello"通过插入操作修改为"Heeeello"。

```
//Insert
StringBuilder sb6 = new StringBuilder("Hello");
sb6.Insert(2,"eee");
Console.WriteLine(sb6);                          //"Heeeello"
```

5. 删除操作

StringBuilder 的删除操作可以从当前 StringBuilder 字符串的指定位置删除一定数量的字符，例如把"Heeeello"变为"Hello"，可以使用 StringBuilder 类的 Remove 方法实现这个功能，其常用形式如下：

```
public StringBuilder Remove(int startIndex, int length);
```

其中，参数 startIndex 指定所要删除的起始位置，其含义和 Insert 中的 index 相同；

length 参数指定所要删除的字符数量。在下面的代码中，把一个 StringBuilder 字符串 "Heeello"通过删除操作修改为"Hello"。

```
//Remove
StringBuilder sb7 = new StringBuilder("Heeello");
sb7.Remove(2,2);                                    //在"He"后面删除两个字符
Console.WriteLine(sb7);                             //"Hello"
```

6. 替换操作

StringBuilder 使用 Replace 方法实现替换操作，例如把"Hello"变为"Hero"，则需要使用替换操作，将"ll"替换为"r"。这和 String 类的 Replace 方法非常类似，其常用形式如下：

```
public StringBuilder Replace(char oldChar, char newChar);
public StringBuilder Replace(string oldValue, string newValue);
```

其中，参数 oldChar 和 oldValue 为待替换的字符和子串，newChar 和 newValue 为替换后的新字符和新子串。

下面的代码把"Hello"通过替换变为"Hero"。

```
//Replace
StringBuilder sb8 = new StringBuilder("Hello");
sb8 = sb8.Replace("ll","r");
Console.WriteLine(sb8);                             //"Hero"
```

7. 与 String 比较

通过上面的介绍读者可以看出 StringBuilder 和 String 在许多操作（例如 Insert、Remove、Replace）上是非常相似的，而在操作性能和内存效率方面，StringBuilder 要比 String 好很多，可以避免产生太多的临时字符串对象，特别是在经常重复进行修改的情况中更是如此。另一方面，String 类提供了更多的方法，可以使开发能够更快地实现应用。

在两者的选择上，如果应用对于系统性能、内存要求比较严格，以及经常处理大规模的字符串，推荐使用 StringBuilder 对象，否则可以选择使用 String。

7.2 数组

数组的作用非常强大，几乎所有的编程语言都提供了数组类型，数据也是基本数据结构之一，是编程实现过程中必不可少的要素之一。

7.2.1 数组的概念

数组(Array)是一种数据结构，一个数组中有若干个类型相同的数组元素的变量，这些变量可以通过一个数组名和数组下标(或者称为索引)来访问。和 C/C++一样，C♯中的数组下标也是从 0 开始的，数组中的所有元素都具有相同的类型。在数组中，每一个成员称为数组元素，数组元素的类型称为数组类型，数组类型可以是 C♯中定义的任意类型，其中也

包括数组类型本身。如果一个数组的类型不是数组类型,称之为一维数组。如果数组元素的类型是数组类型,则称之为多维数组,也就是说数组定义可以嵌套。

在 C# 中,数组可以是一维(只有一个下标)或者多维(有多个下标)的。对于每一维,数组中数组元素的个数称为这个维的数组长度。无论是一维数组还是多维数组,每个维的下标都是从 0 开始,结束于这个维的长度减 1。数组被用于各种目的,因为它提供了一种高效、方便的手段将相同类型的变量合成一组。例如,可以用数组保存一个月中每天的温度记录、货物平均价格的记录。数组的主要优点是通过这样的一种方式组织数据使得数据容易被操纵。例如有一个数组包括选定的一组学生的数学成绩,操作该数组能够很容易地计算其平均数学成绩,而且数组以这样的方式组织数据会很容易实现对数据的排序。

在实际使用数据的过程中,一般是先确定数据类型,然后根据实际情况确定数组的长度。数组长度一般不能比实际中可能用到的数据大很多,否则会造成大量空间的浪费。当然,数组长度也不宜太小,否则会造成使用过程中数组空间不够用而溢出。

C# 中的数组是由 System.Array 类派生而来的引用对象,因此可以使用 Array 类的方法进行各种操作。另外,数组常用来实现静态的操作,即不改变其空间大小,例如查找、遍历等。数组也可以实现动态的操作,例如插入、删除等,但不推荐使用,用户应尽量使用集合来代替。

7.2.2　System.Array 类

System.Array 类是 C# 中各种数组的基类,其常用属性和方法的简单说明如表 7-1 所示。

表 7-1　Array 类常用属性和方法的说明

属性和方法	说　明
IsFixedSize	属性,指示 Array 是否具有固定大小
Length	属性,获得一个 32 位整数,表示 Array 的所有维数中元素的总数
Rank	属性,获取 Array 的秩(维数)
BinarySearch	方法,使用二进制搜索算法在一维的排序 Array 中搜索值
Clone	方法,创建 Array 的浅表副本
Copy/CopyTo	方法,将一个 Array 的一部分复制到另一个 Array 中
GetLength	方法,获取一个 32 位整数,表示 Array 的指定维中的元素
GetLowerBound/GetUpperBound	方法,获取 Array 的指定维度的下/上限
GetValue/SetValue	方法,获取/设置 Array 中的指定元素值
IndexOf/LastIndexOf	方法,返回一维 Array 或部分 Array 中某个值的第一个/最后一个匹配项索引
Sort	方法,对一维 Array 对象中的元素进行排序

7.2.3　一维数组

由具有一个下标的数组元素构成的数组就是一维数组,一维数组是简单的数组。例如,为了记录 50 个银行储蓄用户的账号,就可以使用一个长度为 50 的一维数组来处理。一维数组比较直观,使用起来相对容易。

1. 一维数组的定义

数组在使用前应先进行定义。定义一维数组的格式如下：

数据类型[]　数组名;

其中，数据类型为各种数据类型（如 double 型或类类型），它表示数据元素的类型；数组名可以是 C♯ 中合法的标识符；在数组名和数据类型之间是一组空的方括号。

例如：

```
char[] charArr;                          //定义了一个字符型的一维数组
int[] intArr;                            //定义了一个整型的一维数组
string[] strArr;                         //定义了一个字符串类型的一维数组
```

在定义数组之后，必须对其进行初始化才能使用。初始化数组有两种方法，即动态初始化和静态初始化。

2. 动态初始化

动态初始化需要借助 new 运算符为数组元素分配内存空间，并为数据元素赋初值。动态初始化数组的格式如下：

数组名 = new 数据类型[数组长度];

其中，数据类型是数组中数据元素的数据类型，数组长度可以是整型的常量或变量。

在 C♯ 中可以将数组定义与动态初始化合在一起，格式如下：

数据类型[]　数组名 = new 数据类型[数组长度];

例如：

```
int[] intArr = new int[5];
```

上面的语句定义了一个整型数组，它包含从 intArr[0] 到 intArr[4] 的 5 个元素。New 运算符用于创建数组，并用默认值对数据元素进行初始化。在该语句中，所有数组元素的值都被初始化为 0。当然，用户也可以为其赋初始值，代码如下：

```
int[] intArr = new int[5]{3,6,9,2,10};
```

此时数组元素的初始值就是大括号中列出的元素值。

定义其他类型的数组的方法一样，例如下面的语句用于定义一个存储 10 个字符串元素的数组，并对其进行初始化：

```
string[] strArr = new string[10];
```

在该语句中，strArr 数组中的所有数组元素的初始值都为""。

3. 静态初始化

如果数组中包含的元素不多，而且初始元素可以穷举，可以采用静态初始化的方法。在静态初始化数组时必须与数组定义结合在一起，否则程序会报错。静态初始化数组的格式如下：

```
数据类型[]数组名 = {元素 1[,元素 2…]};
```

在用这种方法对数组进行初始化时，无须说明数组元素的个数，只需按顺序列出数组中的全部元素即可，系统会自动计算并分配数组所需的内存空间。

例如：

```
int[] intArr = {3,6,9,2,10};
string[] strArr = {"English","Maths","Computer","Chinese"};
```

4. 关于一维数据初始化的几点说明

在 C♯ 中数据初始化是程序设计中容易出错的部分，为加深读者对 C♯ 中数组的理解，读者需要注意以下几点。

（1）在动态初始化数组时可以把定义与初始化分开在不同的语句中，例如：

```
int[] intArr;                        //定义数组
intArr = new int[5];                 //动态初始化,初始化元素的值均为 0
```

或者

```
intArr = new int[5]{ 3,6,9,2,10};
```

此时在 new int[5]{3,6,9,2,10}中，方括号中表示数组元素个数的"5"可以省略，因为后面的大括号中已经列出了数组中的全部元素。

（2）静态初始化数组必须与数组结合在一条语句中，否则程序会出错。例如：

```
int[] intArr;                        //定义数组
intArr = { 3,6,9,2,10};              //错误,定义与静态初始化在两条语句中
```

（3）在数组的初始化语句中，如果大括号中已经明确地列出了数组中的元素，即确定了元素个数，则表示数组元素个数的数值（即方括号中的数值）必须是常量，并且该数值必须与数组元素的个数一致。例如：

```
int j = 3;                          //定义一个整型变量 j,并为 j 赋初值 3
int[] intArrayX = new int[3]{2,6,10};    //正确
int[] intArrayY = new int[j]{2,6,10};    //错误,j 不是一个常量
int[] intArrayZ = new int[3]{2,6,10,12};//错误,数组元素个数与方括号中的数值不一致
```

5. 访问一维数组中的元素

定义一个数组，并对其进行初始化以后，就可以访问数组中的元素了。在 C♯ 中是通过数组名和下标值来访问数组元素的。数组下标就是元素索引值，它代表了要被访问的数组元素在内存中的相对位置。在 C♯ 语言中，数组下标的正常取值范围是从 0 开始到数组长度减 1 结束。在访问数组元素时，其下标可以是一个整型常量或整型表达式。例如，下面的数组元素的下标都是合法的：

```
intArr[3]、strArr[0]、intArr[j]、strArr[2 * i - 1]
```

在实际的程序设计中也可能出现下标值超过正常取值范围的情况。如果下标越界,将会抛出一个 System. IndexOutOfRangeException 异常。

【例 7-2】 给定 8 个数(8、7、6、5、4、3、2、1),将这些数存放在数组中,并将其按从小到大的顺序输出。

解题思路与步骤:

(1)定义一个数组,例如数组名为 QueArray,并将其用给定的数进行初始化。

(2)遍历数组,将 8 个数中最小的数找出来,与第 1 个位置上的数对调。其方法是先找出存放最小的数组元素的下标,将其存放在变量 temp 中,然后将 QueArray[0] 和 QueArray[temp] 中的数对调,使 QueArray[0] 中存放的是 8 个数中的最小数。

(3)再从第 2 个数到第 8 个数中找出最小的数,并按步骤(2)中的方法将最小的数与第 2 个位置上的数对调,使 QueArray[1] 中存放的是第二小的数。

(4)依此类推,完成整个排序过程并输出结果。

程序代码如下:

```
using System;
using System.Collections.Generic;
using System.Linq;
using System.Text;
using System.Threading.Tasks;

namespace ArraySort
{
    class ArraySort
    {
        static void Main()
        {
            int i, j, temp, m;
            int[] QueArray = new int[] { 8, 7, 6, 5, 4, 3, 2, 1 };
            for (j = 0; j < QueArray.Length; j++)
            {
                temp = j;
                for (i = j + 1; i < QueArray.Length; i++)      //从 j 的下一个元素开始比较
                {
                    if (QueArray[i] < QueArray[temp])          //比较数组元素
                        temp = i;                              //使 temp 为较小数的下标
                }
                if (temp != j)
                {
                    /*交换 QueArray[temp]和 QueArray[j]的值,
                    从而可以从所比较的数组元素中获得较小
                    的数赋给 QueArray[j]*/
                    m = QueArray[j];
                    QueArray[j] = QueArray[temp];
                    QueArray[temp] = m;
                }
            }
            Console.WriteLine("输出排序后的结果:");
```

```
            for (j = 0; j < QueArray.Length; j++)
                Console.Write("{0}     ", QueArray[j]);
        }
    }
}
```

程序的运行结果如下：

1　　2　　3　　4　　5　　6　　7　　8

注意：

（1）在 C#中，数组下标从 0 开始到数组长度减 1 结束。除了可以显式地指出数组长度以外，更好的做法是使用 System.Array 类的 Length 属性，数组的 Length 属性用于获取数组所包含元素的个数。

（2）上面所用的排序方法是一种常规方法，在 C#中对数组进行排序还有更高效的方法，可以使用 Array 类的 Sort 方法完成这个功能。

Sort 方法有多种重载方式，常用的形式如下：

```
public static void Sort(Array array);
```

其中，参数 array 为待排序的数组。下面的示例就使用了 Sort 方法对例 7-2 中的数组进行排序。

【例 7-3】　给定 8 个数（8、7、6、5、4、3、2、1），将这些数存放在数组中，利用 Array 类的 Sort 方法将其按从小到大的顺序输出。

程序代码如下：

```
using System;
using System.Collections.Generic;
using System.Linq;
using System.Text;
using System.Threading.Tasks;

namespace SortArray
{
    class SortArray
    {
        static void Main()
        {
            int[] QueArray = new int[] { 8, 7, 6, 5, 4, 3, 2, 1 };    //定义数组

            //输出原始数组
            Console.WriteLine("原始数组：");
            for (int i = 0; i < QueArray.Length; i++)
                Console.Write("{0}->", QueArray[i]);
            Console.WriteLine();                                      //进行换行

            Array.Sort(QueArray);                                     //对数组排序

            //输出排序后的数组
```

```
            Console.WriteLine("排序以后的数组: ");
            for (int i = 0; i < QueArray.Length; i++)
                Console.Write("{0} ->", QueArray[i]);
        }
    }
}
```

6. 查找元素

在数组中查找元素有两种解释，一是从整个数组中找到与给定值相同的元素，可以使用 Array 类的 BinarySearch 方法完成这个功能；二是判定数组中是否含有一个特定的元素，可以用 Contains 方法来实现。

1) BinarySearch 方法

BinarySearch 使用二进制搜索算法在一维数组中搜索元素，注意必须是已经排序的数组。如果找到给定的值，则返回其下标，否则返回一个负整数。其常用形式如下：

```
public static int BinarySearch(Array array, object value);
```

其中，参数 array 为待搜索的数组，value 为待寻找的元素值。

【例 7-4】　给定 8 个数(8、7、6、5、4、3、2、1)，将这些数存放在数组中，利用 Array 类的 BinarySearch 方法返回其中的元素 5 的下标。

程序代码如下：

```
using System;
using System.Collections.Generic;
using System.Linq;
using System.Text;
using System.Threading.Tasks;

namespace BinarySearch
{
    class BinarySearch
    {
        static void Main()
        {
            //定义数组
            int[] myArr = { 8, 7, 6, 5, 4, 3, 2, 1 };

            //对数组排序
            Array.Sort(myArr);

            //搜索
            int target = 5;
            int result = Array.BinarySearch(myArr, target);         //4
            Console.WriteLine("{0}的下标为{1}", target, result);      //4
            Console.ReadLine();
        }
    }
}
```

2）Contains 方法

Contains 方法可以确定某个特定的值是否包含在数组中，其返回一个 bool 值。Array 类的这个方法实际上是对 IList 接口中方法的实现，其常用形式如下：

```
bool IList.Contains(object value);
```

其中，参数 value 代表所要验证的元素值。

【例 7-5】 判定学生数组 arrSname 中是否包含"赵六"。

程序代码如下：

```
using System;
using System.Collections.Generic;
using System.Linq;
using System.Text;
using System.Threading.Tasks;

namespace Contains
{
    class Contains
    {
        static void Main()
        {
            //定义数组
            string[] arrSname = { "大宝", "张三", "李四", "赵六", "赵二", "麻子" };

            //判定是否含有某值
            string target = "赵六";
            bool result = ((System.Collections.IList)arrSname).Contains(target);
            Console.WriteLine("包含{0}?{1}", target, result);        //true
        }
    }
}
```

注意：读者可以看出，在使用 Contains 方法时需要先将数组转换为 IList（队列集合）对象，这是因为数组是一种特殊的集合对象，所以可以将其转换为一个集合对象。

7. 把数组作为参数

将数组作为参数传递可以将初始化的数组传递给方法。例如：

```
int[] myArray = new int[]{1,3,5,7,9};
PrintArray(myArray);
```

用户也可以直接将一个初始化过的数组作为参数进行传递。例如下面的代码等价于上面的数组传递。

```
PrintArray(new int[]{1,3,5,7,9});
```

【例 7-6】 演示把一个初始化后的字符串数组作为参数传递给 PrintArray 方法。

程序代码如下：

```
using System;
using System.Collections.Generic;
using System.Linq;
using System.Text;
using System.Threading.Tasks;

namespace Parameter
{
    class Parameter
    {
        static void PrintArray(string[] strArr)
        {
            for (int i = 0; i < strArr.Length; i++)
                Console.Write("{0}", strArr[i]);
            Console.WriteLine();

        }
        static void Main()
        {
            string[] WeekDays = new string[]{"星期日","星期一",
                "星期二","星期三","星期四","星期五","星期六"};
            PrintArray(WeekDays);                              //把数组作为参数
        }
    }
}
```

在该例中，主函数 Main 把定义好的 WeekDays 数组作为参数传递给 PrintArray 方法，PrintArray 方法把接收到的数组元素一个一个地打印出来。

7.2.4　二维数组

与一维数组对应的是多维数组，在 C♯ 中多维数组可以被看作是数组的数组，即高维数组。多维数组中的每一个元素是一个低维数组，因此多维数组的定义、初始化和元素访问与一维数组非常相似。在多维数组中，二维数组是最简单也是最常用的数组，本节主要介绍二维数组。

1. 二维数组的定义

二维数组的定义与一维数组很相似，其一般语法格式如下：

数据类型[,]数组名

其中，数据类型为数组中元素的类型，可以是前面定义的各种数据类型；数组名可以是 C♯ 中合法的标识符；数组的每一维都是用逗号隔开的。

例如：

```
char[,] charArr;        //定义一个字符型二维数组
int[,] intArr;          //定义一个整型二维数组
```

定义多维数组与定义二维数组的方法相同，只是要根据定义数组的维数确定方括号中

的逗号的个数，一般定义一个 $n(n \geqslant 2)$ 维数组需要的逗号个数是 $n-1$。例如，下面的语句定义一个三维数组：

```
String[,,] stringArr;          //定义一个字符串型三维数组
```

和一维数组一样，定义二维数组也不为数组元素分配内存空间，同样必须为其分配内存后才能使用。

2．二维数组的初始化

二维数组的初始化与一维数组很相似，它也包括两种初始化方法，即动态初始化和静态初始化，其初始化格式非常相似。

动态初始化二维数组的格式如下：

数组名 = new 数据类型[数组长度1,数组长度2]；

其中，数组长度 1 和数组长度 2 可以是整型的常量或变量，它们分别表示数组的第 1 维和第 2 维的长度。

用户也可以将二维数组的定义与动态初始化合并在一条语句中，格式如下：

数据类型[,]数组名 = new 数据类型[数组长度1,数组长度2]；

例如：

```
int[,] intArr = new int[3,2];
```

在上面的语句中 new 运算符用于创建数组，并默认对数组元素进行初始化，所有数组元素的值都被初始化为 0。

上面的语句定义了一个二维数组，其中第 1 维的长度为 3、第 2 维的长度为 2。在二维数组中，第 1 维常被称为行，第 2 维也被称为列，这样一个二维数组就和一个二维表格对应起来了。

用户可以这样理解二维数组：如果只给出二维数组的第 1 维的下标，以一维数组来看二维数组，则这样的数组所代表的是另一个一维数组。例如 intArr[0]代表由两个 int 类型的元素组成的另一个一维数组。不难知道，intArr 中共有 $3 \times 2 = 6$ 个 int 型元素，这 6 个元素在内存中其实是按顺序存放的，先存放 intArr[0]的两个元素，接着存放 intArr[1]的两个元素，最后存放 intArr[2]的两个元素。二维数组常用于存放矩阵，其行和列就与矩阵的行和列对应起来了。

在动态初始化二维数组时也可以直接为其赋初始值，例如：

```
int[,] intArr = new int[,] {{1,2},{3,4},{5,6}};
```

其表示的数组元素的值如表 7-2 所示。

表 7-2　数组元素值

元素值	
intArr[0,0]＝1	intArr[0,1]＝2
intArr[1,0]＝3	intArr[1,1]＝4
intArr[2,0]＝5	intArr[2,1]＝6

和一维数组一样，二维数组也可以进行静态初始化。例如，下面的语句定义一个 2 行 3 列的 double 类型二维数组，并对其进行静态初始化。

```
double[,] doubleArr = new{{1.2,2.3,3.4},{4.5,5.6,6.7}};
```

在静态初始化二维数组时必须与数组定义结合在一条语句中，否则程序会报错。在动态初始化数组时，它们可以在不同的语句中，例如：

```
int[,] intArr;                         //定义二维数组
intArr = new int[,]{{1,3},{5,7},{9,11}};//正确，动态初始化定义的二维数组
intArr = {{1,3},{5,7},{9,11}};          //错误，静态初始化必须与数组定义结合在一条语句中
```

前面关于一维数组初始化的几点说明同样适用于二维数组，读者只需将一维数组的说明推广到二维数组的情形即可。

3．访问二维数组的元素

与一维数组相似，二维数组也是通过数组名和下标值来访问数组元素的，二维数组的下标值也是从 0 开始的。与一维数组不同的是，二维数组需要两个下标才能唯一标识一个数组元素，其中第 1 个下标表示该元素所在的行，第 2 个下标表示该元素所在的列。例如 intArr[2,0] 代表数组名为 intArr 的二维数组中位于第 3 行、第 1 列的元素。

根据二维数组的特点，访问二维数组中的元素通常需要一个二重循环，下面通过几个实例介绍访问二维数组的方法。

【例 7-7】 通过二重循环将 1～16 的数赋给二维数组，然后显示数组的内容。

程序代码如下：

```csharp
using System;
using System.Collections.Generic;
using System.Linq;
using System.Text;
using System.Threading.Tasks;

namespace TwoArr
{
    class TwoArr
    {
        static void Main()
        {
            int i, j;
            int[,] intTwoArray = new int[4, 4];
            for (i = 0; i < 4; i++)
            {
                for (j = 0; j < 4; ++j)
                {
                    intTwoArray[i, j] = (i * 4) + j + 1;
                    Console.Write(intTwoArray[i, j] + "        ");
                }
                Console.WriteLine();
            }
```

```
        Console.ReadLine();
    }
  }
}
```

程序的运行结果如图 7-1 所示。

图 7-1　程序的运行结果

【例 7-8】　已知 4 个学生 4 门功课的考试成绩如表 7-3 所示，求出每位学生的平均成绩和每门课程的平均成绩。

表 7-3　学生考试成绩

学生 1	学生 2	学生 3	学生 4
78	89	78	90
90	85	90	97
85	90	89	98
85	98	99	90

　　分析：可以用一个二维数组存储学生的成绩，二维数组的每一行存储的是一个学生的各门功课的成绩，每一列表示的是某一门功课的各个学生的考试成绩。将某个考生各门功课的成绩相加，然后除以课程门数，即为该学生的平均成绩。用户可以定义一个一维数组，用于存储学生的总成绩，然后输出学号以及与其对应的平均成绩；同样可以定义一个一维数组，用于存储每门课程的成绩。

　　程序代码如下：

```
using System;
using System.Collections.Generic;
using System.Linq;
using System.Text;
using System.Threading.Tasks;

namespace StudentScore
{
    class AveScore
    {
        static void Main()
        {
            const int Pupil = 4;                    //学生人数
            const int Class = 4;                    //考试科目数
            int[] Ave = new int[4];                 //定义一个一维数组存储学生的总成绩
            int[] ClassAver = new int[4];           //定义一个一维数组存储每门课程的总成绩
            int Sum = 0;
```

```
//定义二维数组存储学生的成绩
int[,] Score = {{78,90,85,85},{89,85,90,98},
                {78,90,89,99},{90,97,98,90}};
for (int i = 0; i < Pupil; i++)
{
    for (int j = 0; j < Class; j++)
    {
        Ave[i] += Score[i, j];        //每位学生成绩总分的统计
        ClassAver[j] += Score[i, j]; //每门功课成绩总分的统计
    }
}
for (int k = 0; k < Pupil; k++)
{
    Console.WriteLine("学生{0}的平均成绩为={1}   ", k + 1, Convert.ToDouble
(Ave[k] / 4.0));
}
Console.WriteLine();
for (int k = 0; k < Class; k++)
{
    ClassAver[k] /= Class;
    Console.WriteLine("课程{0}的平均成绩为={1}   ", k + 1, Convert.ToDouble
(ClassAver[k]));
}
Console.ReadLine();
        }
    }
}
```

程序的运行结果如图 7-2 所示。

图 7-2 程序的运行结果

7.2.5 数组的实例——冒泡排序法

利用数组对存储在其中的数据进行排序是非常重要的应用之一。数据排序可以按从小到大或从大到小的规则进行。排序的方法有很多种,这里介绍冒泡排序法。

冒泡排序法是一种既简单又经典的排序方法。其基本思想是将待排序序列中的数据存储在数组中,从第 1 对相邻元素开始,依次比较数组中相邻两个元素的值,如果两个相邻元素是按升序排列的,则保持原有位置不变;如果不是按升序排列的,则交换它们的位置。这样经过第 1 轮比较后,值最大的元素就会交换到数组底部。再进行第 2 轮比较,这样会使数

值次大的元素交换到数组中倒数第 2 个元素的位置上，依次进行比较，就会使待排序序列中较小的元素像气泡一样冒出来，逐渐"上浮"到数组的顶部，使较大的元素逐渐"下沉"到数组的底部，这就是冒泡排序法。

【例 7-9】　给定一组数据序列"78、89、90、56、79、345、217、5、13、88"，要求用冒泡排序法将它们按升序排列。

分析：该序列中共有 10 个数据，按规则要进行 9 轮比较，其中第 1 轮两相邻元素需要比较 9 次，第 2 轮需要比较 8 次，依此类推，最后的一轮（即 9 轮）只需要比较一次。下面利用数组来存储待排序序列中的元素。

程序代码如下：

```
using System;
using System.Collections.Generic;
using System.Linq;
using System.Text;
using System.Threading.Tasks;

namespace BubbleSort
{
    class BubbleSort
    {
        static void Main()
        {
            int[] SortArray = new int[] { 78, 89, 90, 56, 79, 345, 217, 5, 13, 88 };
            Console.WriteLine("待排序序列: ");
            for (int i = 0; i < SortArray.Length; i++)        //输出待排序序列
                Console.Write("{0}    ", SortArray[i]);
            Console.WriteLine();
            for (int i = SortArray.Length - 1; i >= 0; i--)   //共进行元素个数 - 1 轮排序
                for (int j = 0; j < i; j++)                   //比较一轮
                {
                    if (SortArray[j] > SortArray[j + 1])      //交换排序元素
                    {
                        int temp = SortArray[j];
                        SortArray[j] = SortArray[j + 1];
                        SortArray[j + 1] = temp;
                    }
                }
            Console.WriteLine("排序完成后序列: ");
            for (int i = 0; i < SortArray.Length; i++)        //排序完成后的序列
                Console.Write("{0}    ", SortArray[i]);
            Console.ReadLine();
        }
    }
}
```

程序的运行结果如图 7-3 所示。

图 7-3 程序的运行结果

7.3 枚举

枚举类型是用户自定义的数据类型,是一种允许用符号代表数据的值类型。枚举是指在程序中某个变量具有一组确定的值,通过"枚举"可以将其值一一列出来。这样,通过使用枚举类型就可以将一年的四季分别用符号 Spring、Summer、Autumn 和 Winter 来表示,还可以将一个星期的 7 天分别用符号 Monday、Tuesday、Wednesday、Thursday、Friday、Saturday 和 Sunday 来表示,有助于用户更好地阅读和理解程序。

7.3.1 枚举类型的定义

枚举类型是一种用户自己定义的由一组指定常量集合组成的独特类型。在定义枚举类型时必须使用 enum 关键字,其一般语法形式如下:

enum 枚举名
{枚举成员表}[;]

说明:

(1) 在说明枚举类型时必须带上 enum 关键字。

(2) 枚举名必须是 C#中合法的标识符。

(3) 枚举类型中定义的所有枚举值都默认为整型。

(4) 由一对花括号"{"和"}"括起来的部分是枚举成员表,枚举成员通常使用用户易于理解的标识符字符串表示,它们之间用逗号隔开。在花括号"}"后可以选择带或不带";"符号。

下面是一个定义枚举类型的例子:

enum WeekDay
{Sun,Mon,Tue,Wed,Thu,Fri,Sat};

在上面的语句中定义了一个名称为 WeekDay 的枚举类型,它包含 Sun、Mon、Tue、Wed、Thu、Fri、Sat 这 7 个枚举成员。有了上述定义,WeekDay 本身就成了一个类型说明符,此后用户可以像使用常量那样使用这些符号。注意,两个枚举成员不能完全相同。

7.3.2 枚举成员的赋值

在定义枚举类型时可以定义 0 个或多个枚举成员,任何两个枚举成员都不能具有相同的名称。

在定义的枚举类型中，每一个枚举成员都有一个相对应的常量值，例如在前面定义的名为 WeekDay 的枚举类型中，其枚举成员 Sun、Mon、Tue、Wed、Thu、Fri 和 Sat 在执行程序时分别被赋予整数值 0、1、2、3、4、5 和 6。对于枚举成员对应的常量值，在默认情况下，C# 规定第 1 个枚举成员的值取 0，它后面的每一个枚举成员的值自动加 1 递增。

在编写程序时，用户也可以根据实际需要为枚举成员赋值，下面依次讨论几种不同的为枚举成员赋值的情况。

1. 为第 1 个枚举成员赋值

在定义枚举类型时为第 1 个枚举成员赋值。

【例 7-10】 输出枚举成员对应的整数值。

程序代码如下：

```
using System;
using System.Collections.Generic;
using System.Linq;
using System.Text;
using System.Threading.Tasks;

namespace EnumDemo
{
    class EnumDemo
    {
        enum color
        {
            yellow = -1,
            brown,
            blue,
            red,
            black
        }
        static void Main()
        {
            Console.WriteLine("yellow = {0}", color.yellow);
            Console.WriteLine("yellow = {0}", (int)color.yellow);
            //输出枚举成员对应的常量值
            Console.WriteLine("brown = {0}", (int)color.brown);
            Console.WriteLine("blue = {0}", (int)color.blue);
            Console.WriteLine("red = {0}", (int)color.red);
            Console.WriteLine("black = {0}", (int)color.black);
        }
    }
}
```

程序的运行结果如下：

```
yellow = yellow
yellow = -1
```

```
brown = 0
blue = 1
red = 2
black = 3
```

从上面的输出结果可知,为第1个枚举成员指定整数值后,其后的枚举成员的值是依次加1的。值得用户注意的是,枚举成员的值在不经过显式转换前是不会变成整数值的,这也是上述程序中用两条语句输出枚举成员 yellow 的值的原因。第1条语句输出的依然是枚举成员的标识符字符串,第2条语句输出的则是经过显式数据类型转换的常量值。

2．为某一个枚举成员赋值

如果在定义枚举类型时直接为某个枚举成员赋值,则其他枚举成员依次取值,例如下面的代码:

```
enum color
{yellow,brown,blue,red = 5,black};
```

在上面的代码中,为枚举成员 red 直接赋常量值5,如果把例7-10中枚举类型处的代码进行修改,程序的运行结果如下:

```
yellow = yellow
yellow = 0
brown = 1
blue = 2
red = 5
black = 6
```

由此可知,如果为某一个(不是第1个)枚举成员赋值,则从第1个枚举成员到被赋值的枚举成员前的那个枚举成员都是按默认方式赋值的,即第1个枚举成员 yellow 的值为0,后面的枚举成员依次加1。特殊赋值的枚举成员取赋给它的值,即 red=5,其后面的枚举成员则在所赋值的基础上依次加1。

3．为多个枚举成员赋值

在定义枚举类型时还可以为所有枚举成员赋值,此时可以不遵循按次序取值的原则。例如下面的代码:

```
enum color
{yellow,brown = 2,blue,red = - 4,black};
```

在上面的代码中,为枚举成员 brown 和 red 直接赋常量值2和−4,如果把例7-10中枚举类型处的代码进行修改,程序的运行结果如下:

```
yellow = yellow
yellow = 0
brown = 2
blue = 3
red = - 4
black = - 3
```

由结果可知，如果为某几个枚举成员赋值，则被赋值的枚举成员取所赋给它的值，其后的枚举成员的值依次加1，在第1个被赋值的枚举成员之前的枚举成员按默认方式赋值。

4. 为多个枚举成员赋同样的值

每个枚举成员都有一个与之对应的常量值，在定义枚举类型时可以让多个枚举成员具有同样的常量值，例如下面的代码：

```
enum color
{yellow, brown = 2, blue, red = blue, black};
```

在上面的代码中，通过 red＝blue 表达式使枚举成员 blue 和 red 对应相同的常量值，如果把例 7-10 中枚举类型处的代码进行修改，程序的运行结果如下：

```
yellow = yellow
yellow = 0
brown = 2
blue = 3
red = 3
black = 4
```

由结果可知，因为 brown＝2，所以 blue＝3，因此枚举成员 red 和 blue 对应相同的常量值 3。

7.3.3 枚举成员的访问

在 C# 中可以通过枚举类型变量和枚举名两种方式访问枚举成员。

1. 通过枚举类型变量访问枚举成员

在通过枚举类型变量访问枚举成员前要先声明一个枚举类型变量，声明枚举类型变量的一般形式如下：

枚举类型名　变量名；

这里以前面定义的 WeekDay 枚举类型为例进行介绍，如果要声明该类型的变量，其格式如下：

```
enum WeekDay
{Sun, Mon, Tue, Wed, Thu, Fri, Sat};
WeekDay MyWeekday;            //声明一个枚举类型变量 MyWeekday
```

在声明枚举类型变量之后就可以用该变量访问定义的枚举成员了。上面的代码声明一个枚举类型变量 MyWeekday，用来访问枚举成员的语句如下：

```
MyWeekday = WeekDay.Sun;
```

这与前面介绍的为变量赋值的方式是一样的。

【例 7-11】 声明一个枚举类型，通过枚举类型变量访问枚举成员，并输出枚举成员的常量值。

程序代码如下：

```
using System;
using System.Collections.Generic;
using System.Linq;
using System.Text;
using System.Threading.Tasks;

namespace EnumDemo
{
    class EnumDemo
    {
        enum color
        {
            yellow = -1,
            brown,
            blue,
            red = black,
            black = 4
        }
        //声明枚举类型变量
        static color color1, color2, color3, color4, color5;
        static void Main()
        {
            color1 = color.yellow;
            color2 = color.brown;
            color3 = color.blue;
            color4 = color.red;
            color5 = color.black;
            Console.WriteLine("yellow = {0}", color1);
            Console.WriteLine("yellow = {0}", (int)color1);
            Console.WriteLine("brown = {0}", (int)color2);
            Console.WriteLine("blue = {0}", (int)color3);
            Console.WriteLine("red = {0}", (int)color4);
            Console.WriteLine("black = {0}", (int)color5);
        }
    }
}
```

程序的运行结果如下：

```
yellow = yellow
yellow = - 1
brown = 0
blue = 1
red = 4
black = 4
```

在该例中，color1、color2、color3、color4 和 color5 都是声明的枚举类型变量，通过这些变量依次访问枚举成员，然后输出变量的值。用户需要注意的是赋给变量的依然是枚举成员的标识符字符串，而不是其常量值，如果要输出其常量值，需要进行显式数据类型转换。

2．通过枚举名访问枚举成员

通过枚举名访问枚举成员的方法比通过变量访问更简单，代码可读性更好。

通过枚举名访问枚举成员的一般形式如下：

枚举名.枚举成员；

【例 7-12】 实现通过枚举名访问枚举成员。

程序代码如下：

```
using System;
using System.Collections.Generic;
using System.Linq;
using System.Text;
using System.Threading.Tasks;

namespace EnumTest
{
    class EnumTest
    {
        enum WeekDay1 { sun, mon, tue, wed, thu, fri, sat };
        enum WeekDay2 { sun = 2, mon, tue, wed, thu, fri, sat };
        enum WeekDay3 { sun = 30, mon = 1, tue = 2, wed = 4, thu = 2, fri = 5, sat = 4 };
        static void Main()
        {
            int x = (int)WeekDay1.sun;
            int y = (int)WeekDay1.sat;
            Console.WriteLine("sun = {0}   sat = {1}", x, y);
            x = (int)WeekDay2.sun;
            y = (int)WeekDay2.sat;
            Console.WriteLine("sun = {0}   sat = {1}", x, y);
            x = (int)WeekDay3.sun;
            y = (int)WeekDay3.sat;
            Console.WriteLine("sun = {0}   sat = {1}", x, y);
        }
    }
}
```

该程序中共定义了 3 个枚举类型，通过枚举名访问枚举成员，并把枚举成员的常量值分别赋给 x 和 y。第 1 个枚举类型 WeekDay1 的枚举成员没有显式赋值，因此使用默认值；第 2 个枚举类型 WeekDay2 的枚举成员给第 1 个枚举元素赋了值 2，而后面的枚举元素的值将自动按加 1 递增方式赋值；第 3 个枚举类型 WeekDay3 的每个枚举成员的值都不相同，因此系统按用户定义的值给每个常量赋值。

程序的运行结果如下：

```
sun = 0     sat = 6
sun = 2     sat = 8
sun = 30    sat = 4
```

枚举类型的使用使程序的可读性大大增加,特别是当程序规模很大时,利用枚举类型既方便编程人员编程,又不会出错。

7.4 排序

排序是计算机程序设计中的一种重要的操作。在本书前面已经介绍了一种排序方法——冒泡排序法,下面将介绍其他几种排序方法。

7.4.1 选择排序

简单选择排序的基本思想是每一趟在 n 个记录中选取关键字最小的记录作为有序序列中的第 I 个记录。

【例 7-13】 用选择排序实现一组数据的排序。

分析：选择排序的主要操作是关键字间的比较,显然从 n 个数据中进行简单排序的算法为令 I 从 1 到 $n-1$ 进行 $n-1$ 趟选择操作。

程序代码如下：

```csharp
using System;
using System.Collections.Generic;
using System.Linq;
using System.Text;
using System.Threading.Tasks;

namespace SelectionSorter
{
    /// <summary>
    /// 选择排序
    /// </summary>
    public class SelectionSorter
    {
        private int min;
        public void Sort(int[] list)
        {
            for (int i = 0; i < list.Length - 1; i++)
            {
                min = i;
                for (int j = i + 1; j < list.Length; j++)
                {
                    if (list[j] < list[min])
                        min = j;                              //将最小值放在相应位置
                }
                int t = list[min];
                list[min] = list[i];
                list[i] = t;
            }
        }
    }
```

```
public class MainClass
{
    public static void Main()
    {
        int[] iArrary = new int[] { 1, 5, 3, 6, 10, 55, 9, 2, 87, 12, 34, 75, 33, 47 };
        SelectionSorter ss = new SelectionSorter();
        ss.Sort(iArrary);
        for (int m = 0; m < iArrary.Length; m++)
        {
            Console.Write("{0} ", iArrary[m]);
        }
    }
}
```

程序的运行结果如图 7-4 所示。

图 7-4　选择排序

7.4.2　直接插入排序

直接插入排序是一种简单的排序方法，基本操作是将一个记录插入到已经排好序的有序表中，从而得到一个新的、记录数增 1 的有序表。

【例 7-14】　用直接插入排序实现一组数据的排序。

分析：实现直接插入排序主要是先找到一个有序序列，然后将下一个关键字插入到该有序序列，再从剩下的关键字中选取下一个插入对象，反复执行直到整个序列有序。

程序代码如下：

```
using System;
using System.Collections.Generic;
using System.Linq;
using System.Text;
using System.Threading.Tasks;

namespace InsertionSorter
{
    /// <summary>
    /// 直接插入排序
    /// </summary>
    public class InsertionSorter
    {
        public void Sort(int[] list)
        {
            for (int i = 1; i < list.Length; i++)
```

```
        {
            int t = list[i];
            int j = i;
            while ((j > 0) && (list[j – 1] > t))
            {
                list[j] = list[j – 1];                    //交换顺序
                --j;
            }
            list[j] = t;
        }
    }
}
public class MainClass
{
    public static void Main()
    {
        int[] iArrary = new int[] { 1, 13, 3, 6, 10, 55, 98, 2, 87, 12, 34, 75, 33, 47 };
        InsertionSorter ii = new InsertionSorter();
        ii.Sort(iArrary);
        for (int m = 0; m < iArrary.Length; m++)
            Console.Write("{0} ", iArrary[m]);
    }
}
```

程序的运行结果如图 7-5 所示。

图 7-5　直接插入排序

7.4.3　希尔排序

希尔排序又称"缩小增量排序"，它也是一种插入排序的方法，但在时间效率上比前几种排序方法有较大的改进。在待排序记录按关键字"基本有序"时直接插入排序的效率可以大大提高，而且记录较少时效率也较高。希尔排序正是从这两点分析出发对直接插入排序进行改进得到的一种方法。

【例 7-15】 用希尔排序实现一组数据的排序。

分析：希尔排序的基本思想是先将整个待排序记录序列分割成若干子序列分别进行直接插入排序，待整个序列中的记录"基本有序"时再对全体记录进行一次直接插入排序。

希尔排序的特点是子序列的构成不是简单地"逐段分割"，而是将相隔某个"增量"的记录组成一个子序列。

程序代码如下：

using System;

```
using System.Collections.Generic;
using System.Linq;
using System.Text;
using System.Threading.Tasks;

namespace ShellSorter
{
    /// <summary>
    /// 希尔排序
    /// </summary>
    public class ShellSorter
    {
        public void Sort(int[] list)
        {
            int inc;
            for (inc = 1; inc <= list.Length / 9; inc = 3 * inc + 1) ;
            for (; inc > 0; inc /= 3)
            {
                for (int i = inc + 1; i <= list.Length; i += inc)
                {
                    int t = list[i - 1];
                    int j = i;
                    while ((j > inc) && (list[j - inc - 1] > t))
                    {
                        list[j - 1] = list[j - inc - 1];
                        j -= inc;
                    }
                    list[j - 1] = t;
                }
            }
        }
    }
    public class MainClass
    {
        public static void Main()
        {
            int[] iArray = new int[] { 1, 5, 13, 6, 10, 55, 99, 2, 87, 12, 34, 75, 33, 47 };
            ShellSorter sh = new ShellSorter();
            sh.Sort(iArray);
            for (int m = 0; m < iArray.Length; m++)
                Console.Write("{0} ", iArray[m]);
        }
    }
}
```

程序的运行结果如图 7-6 所示。

图 7-6　希尔排序

7.5　本章小结

　　本章主要介绍了 C♯ 中的几种重要类型，这几种重要类型是 C♯ 编程的基础。对于一个程序，字符串的处理和输出是必不可少的。利用静态字符串 String 和动态字符串 StringBuilder 可以高效、方便地实现字符串的操作和处理。数组类型是从抽象类 System. Array 中派生出来的引用型数据，利用数组可以方便地一次性定义多个同类型变量，并且利用下标访问这些变量。枚举类型可以一次性定义多个常量，将一些变量的赋值范围限定于这些常量中，这样大大加强了程序代码的可读性。

　　在程序开发中，算法是程序的灵魂。本章简要介绍了 C♯ 如何实现各种排序算法，包括冒泡排序、选择排序、直接插入排序、希尔排序，并给出相关实例。

习题

　　7-1　输入一个字符串，统计其中有多少个单词。单词之间用空格分开。

　　7-2　设定一个有大小写字母的字符串，先将字符串的大字字母输出，再将字符串的小写字母输出。

　　7-3　设定一个有大小写字母的字符串和一个查询字符串，使用 String 类的 IndexOf 判断在该字符串中要查找的字符串出现的次数。

　　7-4　编写一个程序，打印输出包含 20 个元素的 double 型数组 dblArray 中的最大值和最小值。

　　7-5　求出一个 5×5 矩阵对象元素的和。

　　7-6　将一个 5×3 的二维数组转置输出。

　　7-7　设一个一维数组中有 20 个元素，编写一个查找程序，从中查找值为 98 的元素所在的数组中的下标。

　　7-8　输入 10 个数到一维数组中，分别实现数据的输入、排序及输出。

　　7-9　设计一个程序，求一个 5×5 矩阵两对象线元素之和。

第8章 调试与异常处理

程序的开发难免会发生错误,在开发大型项目中,程序的调试是一个漫长的过程,程序越长越复杂,调试起来越困难。本章介绍在 VS 开发环境下调试 C♯ 代码的各种方法,包括使用 IDE 的调试环境、人工寻找逻辑错误的常用策略以及程序的异常处理机制。

8.1 程序调试技术

VS 开发环境提供了强大的代码调试功能,本节探讨如何利用它快速消灭代码中的语法错误和逻辑错误。

8.1.1 使用 Visual Studio 错误报告

代码中的 Bug 主要分为两种,一种是容易发现和解决的语法错误,另一种是逻辑错误。我们首先来看如何使用 VS 解决第一种问题。

语法错误是指程序员所输入的指令违反了 C♯ 语言的语法规定,例如下面的表达式:

```
String str = 'HelloWorld';
```

显然,这里应该使用双引号表示字符串变量。在使用 VS 编译代码时,VS 会在错误列表窗口中提示出现错误,如图 8-1 所示。

错误列表					平 ×
⊗ 1 个错误	⚠ 0 个警告	ⓘ 0 个消息			
	说明	文件	行	列	项目
⊗ 1	字符文本中的字符太多	Class1.cs	23	15	Example_ReportSyntaxError

图 8-1　VS.NET 错误报告

双击错误提示,VS 会自动将光标定位到出现错误的代码中,这样就可以快速地进行修改了。

除了上面介绍的明显的语法错误以外,还有一些稍微复杂的语法错误。例如,试图在类外访问其私有成员、使用未赋值的变量等,都可以通过这种方式解决。

8.1.2 寻找逻辑错误

与语法错误相比,逻辑错误是更让人头痛的问题。逻辑错误是指代码在语法上没有错误,但是从程序的功能上看,代码却无法正确地完成其功能。

同样可以使用 VS 寻找逻辑错误。在调试模式下运行程序时,VS 并非仅仅给出最后的结果,还保留了应用程序所有的中间结果,即 VS 知道代码的每一行都发生了什么。既然这样,程序员就可以通过跟踪这些中间结果来发现 Bug 到底藏在哪里。

为了便于介绍,下面首先给出一个含有逻辑错误的示例。

【例 8-1】 含有逻辑错误的示例。

程序代码如下:

```
using System;
using System.Collections.Generic;
using System.Linq;
using System.Text;
using System.Threading.Tasks;

namespace Example_LogicError
{
    public class Student
    {
        /// <summary>
        /// 输出 10 次: "我不敢了!"
        /// </summary>
        public void Punish()
        {
            for(int i = 0;i < = 10;i++)
            {
                Console.WriteLine("我不敢了!");
            }
        }
    }

    /// <summary>
    /// Class1 的摘要说明。
    /// </summary>
    class Class1
    {
        /// <summary>
        /// 应用程序的主入口点。
        /// </summary>
        [STAThread]
        static void Main(string[] args)
        {
            Student s = new Student();
```

```
            s.Punish();
        }
    }
}
```

该段代码定义了一个学生类，其中有一个方法 Punish()，希望输出 10 次"我不敢了！"，然而结果却输出 11 次。相信读者已经找到了 Bug，就是 for 语句的循环语句：

```
for(int i = 0;i < = 10;i++)
```

其中的"i＜＝10"应改为"i＜10"。然而，在实际的开发中，逻辑错误往往没有这么容易被发现。

针对这个示例，下面来看如何使用 VS 把 Bug 找出来。首先介绍如何配置 VS 使其进入调试环境。

如果想跟踪代码，要把 VS 配置为中断模式，这时需要把程序的输出项选为 Debug。其操作很简单，在 VS 工具菜单的"启动调试"按钮后面调整下拉列表框中的内容为 Debug 即可，如图 8-2 所示。

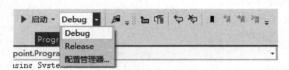

图 8-2　配置调试环境

8.1.3　单步执行程序

用户首先可以使用单步执行来运行程序，然后跟踪代码的每一步代码，最后找到 Bug 在哪里。如果想单步执行，可以按 F11 键，或者选择菜单命令"调试"→"逐语句"。

开始单步执行后，程序首先暂停在主函数的第 1 行，继续按 F10 或 F11 键可以向下执行。两者的区别在于：单步执行时，可以选择是否路过一行代码中所调用的方法，如果是，则按 F10 键；如果想进入过程进行更为细致的观察，则需要按 F11 键。

另外，在程序暂停以后，VS 的监视窗口便可以显示当前执行位置的变量值的情况，在按 F11 键单步执行 Punish 方法后，监视窗口如图 8-3 所示。

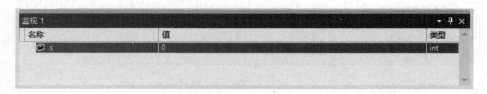

图 8-3　VS 的监视窗口

监视窗口有 3 列，分别显示想要监视的变量名称、变量的值以及变量的数据类型，每当变量的值发生变化时就会用红色显示。

如果用户想监视某个变量的值，可以在监视窗口的"名称"栏中直接输入这个值，也可以把这个值从代码中选中,然后按住左键直接拖放到监视窗口中。

除了监视窗口以外,还有自动窗口和局部变量窗口,其功能如下。

- 自动窗口:显示当前过程中的当前执行行的所有变量的值。
- 局部变量窗口:显示当前运行位置附近的局部变量值。

在例 8-1 中需要执行 for 语句的语句体,即把以下语句执行 11 次:

```
Console.WriteLine("我不敢了!");
```

因此需要按 11 次 F10 键,然后仔细观察监视窗口中 i 的值。在执行最后一次的时候,用户将会看到 i 值为 10,这时便可以发现问题所在了。

8.1.4 设置断点

对于单步执行,有时候对较大规模程序的调试显然是不可行的。就像 8.1.3 节中所述,按 10 次 F10 键是可以的,如果循环条件为 1000,那么应该如何办呢? 显然不能按 1000 次 F10 键进行调试。在此还有一种方式来解决这个问题,就是使代码暂停在程序员想要的地方,也就是设置断点。

下面首先看一段代码,这段代码用于求 10 以内的素数,运行结果如图 8-4 所示。

【例 8-2】 求 10 以内的素数。

程序代码如下:

```csharp
using System;
using System.Collections.Generic;
using System.Linq;
using System.Text;
using System.Threading.Tasks;

namespace UseBreakpoint
{
    class Program
    {
        static void Main(string[] args)
        {
            int i, s;
            for (s = 2; s < 10; s++)
            {
                for (i = 2; i < s; i++)
                {
                    if (s % i != 0) break;
                }
                if (i >= s)
                    Console.WriteLine("{0}是素数", s);
                else
                    Console.WriteLine("{0}不是素数", s);
            }
            Console.Read();
        }
    }
}
```

图 8-4　错误的运行结果

由运行结果可知,这段代码虽然没有语法错误,但执行出来的结果却不正确,要判断问题出在哪里,就需要用 VS 中的调试工具进行检查,在此通过设置断点来解决此问题的调试。

首先在程序可能出现问题的开始处设置断点,使程序能够在某一行停下来。使用中断的方法有以下几种:

在设置断点时,首先把光标放置在想要程序暂停的地方,然后按 F9 键或者单击那一行的前边界,也可以按 Ctrl+D+N 组合键或者选择菜单命令"调试"→"新断点"。如果使用后两种方法设置断点,将弹出"新建断点"对话框,如图 8-5 所示。

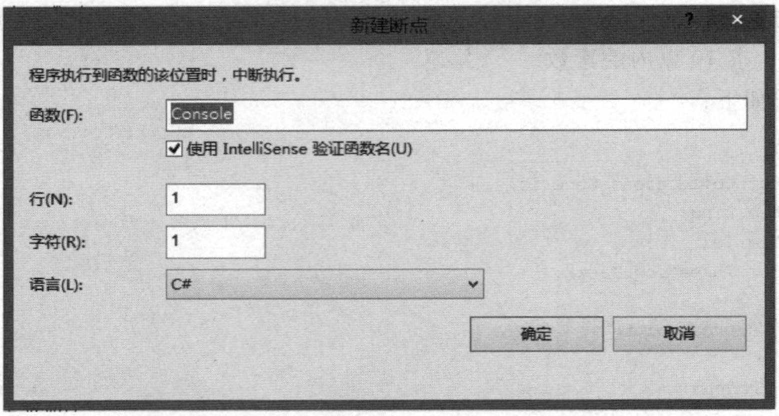

图 8-5　设置断点属性

该程序的断点设置在外层循环体语句开始处,如图 8-6 所示,用圆点来表示。

单击"启动调试"按钮 ▶ ,或者按 F5 键,程序执行到断点处中断,根据前面的运行结果,第 1 个数据结果是正确的,单击"启动调试"按钮,使第 1 个数据输出,程序停留在断点处,开始执行第 2 个数据的循环。

单击"逐语句"按钮 或者按 F11 键,程序从断点处逐语句执行,以黄色显示当前要执行的语句。当程序逐句执行时,可以从局部变量窗口中查看当前变量的值,在即时窗口中检查某个变量或表达式的值,还可以在即时窗口中执行一些 Visual Studio 命令。

选择"调试"→"窗口"命令,打开局部变量窗口,如图 8-7 所示,在这个窗口中用户可以看到当前方法中的局部变量的值。打开即时窗口,如图 8-8 所示,在这个窗口中用户可以输入命令、查看变量,或计算表达式的值。

即时窗口是一个有用的调试工具,在提示符">"状态下输入字母可以智能地显示相关

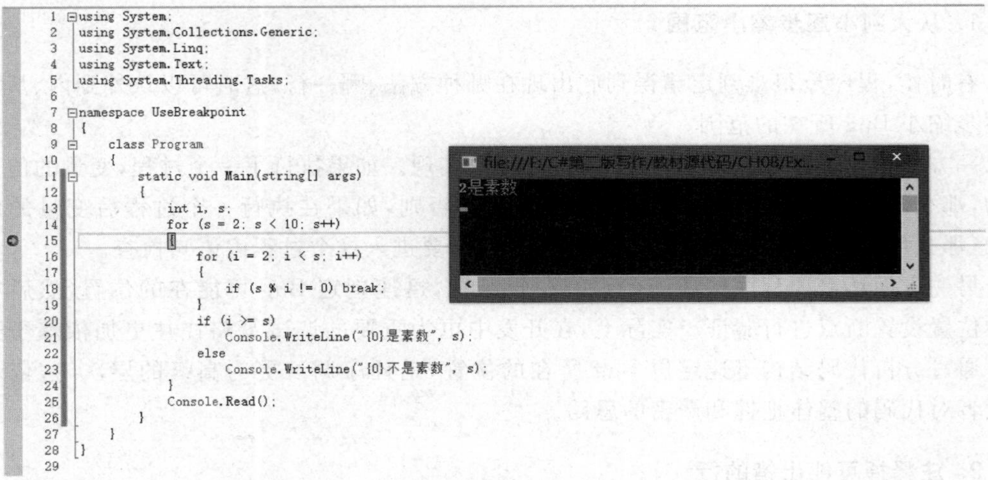

```
1  □using System;
2   using System.Collections.Generic;
3   using System.Linq;
4   using System.Text;
5   using System.Threading.Tasks;
6
7  □namespace UseBreakpoint
8   {
9      class Program
10     {
11         static void Main(string[] args)
12         {
13             int i, s;
14             for (s = 2; s < 10; s++)
15             {
16                 for (i = 2; i < s; i++)
17                 {
18                     if (s % i != 0) break;
19                 }
20                 if (i >= s)
21                     Console.WriteLine("{0}是素数", s);
22                 else
23                     Console.WriteLine("{0}不是素数", s);
24             }
25             Console.Read();
26         }
27     }
28 }
29
```

图 8-6　设置断点中断程序

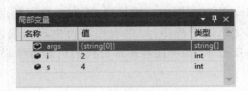

图 8-7　局部变量窗口

图 8-8　即时窗口

的命令。

通过调试，当 s 等于 3 时，内层循环结束后 i 的值应该为 3，可见问题出现在内循环中。单击"停止调试"按钮或按 Shift＋F5 组合键停止程序的运行，将错误语句修改为：

```
if (s % i == 0) break;
```

则程序的运行结果正确。

8.1.5　在哪里设置断点

前面介绍了如何使用断点寻找逻辑错误，在工程中如何恰当地设置断点，以迅速地找到 Bug 的藏身之处，是非常重要的技术。在此简单介绍常用的设置断点的策略。

1. 从大到小逐步缩小范围

有时候，程序员很难判定错误到底出现在哪种方法、哪一行，这时可以从外到内、从大到小逐步缩小 Bug 所在的范围。

一方面可以设置断点，然后逐个执行过程来实现。如果执行了一个过程，变量的值是正确的，那么可以排除 Bug 在这个过程中的可能。否则，如果在执行一个过程后变量的值不正确，那么可以断定 Bug 在这个过程里面，这时需要进入这个过程逐语句检查。

另一方面还需要程序员理清代码的逻辑结构，迅速判定 Bug 可能在的位置，然后在相应的位置设置断点进行验证。实际上，在开发中更为重要的调试策略往往更加依赖于开发者。通过分析代码结构迅速定位 Bug 所在的位置，是程序调试更为高级的层次，这依赖于开发者对代码的整体把握和严密的思路。

2. 注释掉可能出错的行

另外一种比较有效的寻找 Bug 的策略是注释掉一部分代码，然后运行程序，看其是否出错。其实这也是缩小 Bug 所在范围的一种策略，不同于使用断点来实现。

在注释掉一部分代码之后运行程序，如果程序不再出现错误，那么很明显 Bug 就在被注释掉的代码之中。但是反过来，如果注释掉部分代码后运行结果仍不正确，也不能说注释掉的代码肯定正确。

8.2   异常类与异常处理

再熟练的程序员也不敢说自己编写的代码没有任何问题。可以说，代码中异常陷阱无处不在，例如数据库连接失败、I/O 错误、数据溢出、数组下标越界等。鉴于此，C# 提供了异常处理机制，允许开发者捕捉程序运行时可能出现的异常。

8.2.1   异常类

当代码出现被除数为零、分配空间失败等错误时会自动创建异常对象，它们大多是 C# 异常类的实例。System. Exception 类是异常类的基类，一般不要直接使用 System. Exception，它没有反映具体的异常信息，而是使用它的派生类。

在 C# 中经常使用的异常类如表 8-1 所示。

表 8-1   异常类

异 常 类	描　　述
System. ArithmeticException	在算术运算期间发生的异常（System. DivideByZeroException 和 System. OverflowException)的基类
System. ArrayTypeMismatchException	当存储一个数组时，如果被存储的元素的数据类型与数组的实际类型不兼容而导致存储失败就会引发此异常
System. DivideByZeroException	在试图用零除整数值时引发
System. IndexOutRangeException	在试图使用小于零或超出数组界限的下标索引的数组时引发

异 常 类	描 述
System. InvalidCastException	当无效类型转换或显式转换时会引发此异常
System. NullReferenceException	在需要使用引用对象的场合,如果使用 null 引用就会引发此异常
System. OutOfMemoryException	在分配内存(通过 new)的尝试失败时引发
System. OverflowException	在 checked 上下文中的算术运算溢出时引发
System. StackOverflowException	当执行堆栈由于保存了太多挂起的方法调用而耗尽时会引发此异常,这通常表明存在非常深或无限的递归
System. TypeInitializationException	在静态构造函数引发异常并且没有可以捕捉到它的 catch 子句时引发

8.2.2 异常处理

在 C♯中使用 try、catch 和 finally 关键字定义异常代码块,请看下例。

【例 8-3】 异常处理的示例。

程序代码如下:

```
/// < summary >
/// 未使用异常处理机制的示例
/// </summary>
public void test_notry()
{
    int[] arr = {0,1,2};
    for(int i = 0;i <= 3;i++)                        //i == 3 时越界了
    {
        Console. WriteLine(arr[i]);
    }
}
```

程序运行后会报错:

"未处理的异常: System. IndexOutOfRangeException:索引超出了数组界限。"

停止继续运行,通过使用 try－catch－finally 语句处理可以妥善地解决这个问题,将有可能发生异常的代码放在 try 语句块中,将处理 try 语句中出现异常的代码放到 catch 语句块中,finally 语句则是不管 try 语句中有没有异常发生,最后都要执行其中的程序块。

```
/// < summary >
/// 使用异常处理机制的示例
/// </summary>
public void test_withtry()
{
    int[] arr = {0,1,2};
    try
    {
        for(int i = 0;i < = 3;i++)                    //i == 3 时越界了
        {
            Console. WriteLine(arr[i]);
```

```
            }
        }
        catch(Exception e)
        {
            Console.WriteLine(e.Message);
        }
        finally
        {
            Console.WriteLine("Exit test_withtry()");
        }
    }
```

说明：当在 try{…}代码块中出现异常时，C♯将自动转向 catch{…}代码块，并执行其中的内容。无论是否出现异常，程序都会执行 finally{…}中的代码。

try－catch－finally 语句有下面 3 种形式：

- try－catch；
- try－catch－finally；
- try－finally。

通常情况下要将可能发生异常的多条代码放入到 try 块中，一个 try 块必须至少有一个与之相关联的 catch 块或 finally 块，单独一个 try 块是没有意义的。

catch 块中包含的是出现异常时要执行的代码。在一个 try 后面可以有零个以上的 catch 块。如果 try 语句中没有异常，则 catch 块中的代码不会被执行。catch 后面的括号中放入希望捕获的异常。当两个 catch 语句的异常类有派生关系的时候，要将包括派生的异常类 catch 语句放到前面，将包括基类的 catch 语句放到后面。

finally 块包含了一定要执行的代码，通常是一些资源释放、关闭文件等代码。

下面来看多 catch 语句的示例。

【例 8-4】 含有多 catch 语句的示例。

程序代码如下：

```
using System;
using System.Collections.Generic;
using System.Linq;
using System.Text;
using System.Threading.Tasks;

namespace MultiCatch
{
    class Program
    {
        static void Main(string[] args)
        {
            test_withtry_mulcatch();
        }

        public static void test_withtry_mulcatch()
        {
            int[] arr = { 0, 1, 2 };
```

```
try
{
    for (int i = 0; i <= 3; i++)
    {
        Console.WriteLine(arr[i]);
    }
}
catch (IndexOutOfRangeException e)
{
    Console.WriteLine(e.Message);
}
catch (Exception e)
{
    Console.WriteLine(e.Message);
}
finally
{
    Console.WriteLine("Exit test_withtry_mulcatch()");
}
```

程序的运行结果如图 8-9 所示。

图 8-9　程序的运行结果

第 1 个 catch 语句捕获的异常是 IndexOutOfRangeException，表示使用了下标小于零或超出数组下标界限的数组时引发异常；第 2 个 catch 语句捕获的异常是 Exception，它是所有异常类的基类。最终执行的是第 2 个 catch 语句。如果将代码中的第 2 个 catch 语句作为第 1 个 catch 语句使用，程序编译将不能通过，提示如下：

"上一个 catch 子句已经捕获了此类型或超类型（"System.Exception"）的所有异常"。

8.3　高质量编码标准

一般来说，程序总是可能出现错误的，不过，好的编码方式可以大大降低常见错误出现的几率。

8.3.1　好的编码结构

对比下面两段代码，它们的功能相同，都是定义了一个圆类，并包含求面积的方法。

代码段 A（结构良好的圆类实现）：

```
public class Circle
{
    public double dblRadius;

    public Circle(double _dblRadius)
    {
        this.dblRadius = _dblRadius;
    }

    public double GetArea()
    {
        return dblRadius * dblRadius * 3.1415926;
    }
}
```

代码段 B（结构混乱的圆类实现）：

```
public class Circle{
public double dblRadius;
public Circle(double _dblRadius){
this.dblRadius = _dblRadius;
}

public double GetArea(){
return dblRadius * dblRadius * 3.1415926;
}
}
```

相信在不做任何解释的情况下，读者能看明白代码 A 的内容，因为它的缩进结构好，体现了清晰的逻辑结构，而对于代码 B，要想看明白很困难。

说明：缩进应使用 Tab 键，而不要使用空格键。

由上面可以看出，良好的代码层次结构以及清晰的代码逻辑结构可以在很大程度上提高代码的质量，一方面可以降低程序员出错的可能性，另一方面在代码出现错误的时候也比较容易寻找到错误所在。

8.3.2　好的注释风格

良好的注释可以大大提高代码的可阅读性，另外在编写程序时还可以帮助程序员具有更为清晰的编程思路。

比较 8.3.1 节中的代码段 A 和下面的代码段 C。

代码段 C（具有良好注释的圆类实现）：

```
/// <summary>
/// 圆类
/// </summary>
public class Circle
{
```

```
    public double dblRadius;                                        //半径

    /// <summary>
    /// 构造函数
    /// </summary>
    /// <param name = "_dblRadius">半径</param>
    public Circle(double _dblRadius)
    {
        this.dblRadius = _dblRadius;
    }

    /// <summary>
    /// 求圆的面积
    /// </summary>
    /// <returns>面积</returns>
    public double GetArea()
    {
        return dblRadius * dblRadius * 3.1415926;
    }
}
```

显而易见,有了注释之后,完全没有必要对这段代码进行解释了,读者一定能够看懂。另外,VS.NET 提供了良好的自动注释功能,当在方法或者类的前面用“///”添加注释时会自动生成大量的注释格式,只需要在相应的位置添入注释项即可。

在此推荐尽量使用“///”对类或方法进行注释,这样做还有一个好处,就是当引用这个类或者方法时 VS 会自动提示注释的内容。图 8-10 表明了引用 Circle 类的构造函数时的情形。这样,在调用类或方法时会更加方便。

图 8-10 根据类的注释给出相应提示

8.3.3 好的命名规范

在编码时用户经常用到的命名规范如下。
- Pascal 命名规范:每个单词的首字母大写,例如 ProductType。
- Camel 命名规范:第一个单词的首字母小写,其余单词的首字母大写,例如 productType。

在 C♯ 中,推荐的命名规范如下:

(1) 类名使用 Pascal 命名规范,例如:

```
public class HelloChina
{
    ...
}
```

（2）方法使用 Pascal 命名规范，例如：

```
public class HelloChina
{
    void SayHelloToWho(string name)
    {
        ...
    }
}
```

（3）变量和方法参数使用 Camel 命名规范，例如：

```
public class HelloChina
{
    int totalCount = 0;
    void SayHelloToWho(string name)
    {
        string fullMessage = "Hello " + name;
        ...
    }
}
```

当然也可以加前缀表示变量的类型。

8.3.4　避免文件过大

在开发过程中，用户应尽量避免使用大文件。如果一个类中的代码超过 300 行，要考虑将代码分到不同的类中。另外，还要尽量避免写太长的方法，一个较理想的方法的代码为 1～25 行，方法名应尽量体现其功能。

比较下面两段代码。

代码段 D（一个好的类，功能独立的方法尽可能分开）：

```
/// <summary>
/// 圆类
/// </summary>
public class Circle
{
    public double dblRadius;        //半径

    /// <summary>
    /// 构造函数
    /// </summary>
    /// <param name = "_dblRadius">半径</param>
    public Circle(double _dblRadius)
    {
        this.dblRadius = _dblRadius;
    }

    /// <summary>
    /// 求圆的面积
```

```
    /// </summary>
    /// <returns>面积</returns>
    public double GetArea()
    {
        return dblRadius * dblRadius * 3.1415926;
    }


        /// <summary>
        /// 求圆的周长
        /// </summary>
        /// <returns>周长</returns>
        public double GetRoundLength()
        {
            return 2 * 3.1415926 * dblRadius;
        }
}
```

代码段 E(一个不好的类,方法功能混乱):

```
/// <summary>
/// 圆类
/// </summary>
public class Circle1
{
    public double dblRadius;                                    //半径

    /// <summary>
    /// 构造函数
    /// </summary>
    /// <param name="_dblRadius">半径</param>
    public Circle1(double _dblRadius)
    {
        this.dblRadius = _dblRadius;
    }


    /// <summary>
    /// 求圆的面积和周长
    /// </summary>
    /// <returns>面积和周长</returns>
    public double GetData(out double _dblArea,out double _dblRoundLength)
    {
        return _dblArea = dblRadius * dblRadius * 3.1415926;
        return _dblRoundLength = 2 * 3.1415926 * dblRadius;
    }
}
```

第 2 段代码把多个功能融合在一个方法中,一方面逻辑比较混乱,另外也容易出错,显然不好。

8.3.5　使用异常处理

前面介绍了如何使用异常处理,在捕捉异常之后,一定要有相应的处理操作,不要仅为了防止程序崩溃而使用异常处理，也不能捕捉了异常后不加以处理。

　　异常处理的一般策略是在程序的开发过程中尽量暴露程序的问题，使设计人员尽可能地解决这些可能的异常，而在系统发布之后尽可能地隐藏程序的问题，在发生异常时尽可能不直接显示给用户，而给出友好的提示。

8.4　本章小结

　　本章简要介绍了程序开发过程中必然要使用到的调试技术和异常处理机制，并对如何进行高质量编码进行了探讨。其中，程序开发人员常利用调试技术和异常处理机制实现对于代码错误和逻辑错误的找错、纠错；而高质量编码则尽可能降低了程序开发中的错误。

习题

8-1　如何寻找代码中的语法错误和逻辑错误？

8-2　如何处理代码中的异常情况？

8-3　如何编写高质量的代码？

8-4　请运用异常处理机制妥善处理做整数除法时除数为零时所出现的异常。

第9章 Windows应用程序设计基础

C♯是一种可视化的程序设计语言,对于图形界面的设计不需要编写大量的代码。Windows窗体和控件是开发C♯应用程序的基础,窗体和控件在C♯程序设计中扮演着重要的角色。在C♯中,每个Windows窗体和控件都是对象,都是类的实例。窗体是可视化程序设计的基础界面,是其他对象的载体和容器。在窗体上,可以直接"可视化"地创建应用程序,每个Windows窗体对应于应用程序运行的一个窗口。控件是添加到窗体对象上的对象,每个控件都有自己的属性、方法和事件以完成特定的功能。Windows应用程序设计还体现了另外一种思维,即对事件的处理。

本章将介绍建立Windows应用程序、使用Windows Forms常用控件等,同时向大家介绍用Windows窗体编写程序的特点以及技巧。

9.1 Windows应用程序的结构

VS集成开发环境是基于.NET Framework构建的,该框架提供了一个有条理的、面向对象的、可扩展的类集,它使用户得以开发丰富的Windows应用程序。通过Windows的窗体设计器设计窗体,用户可以创建Windows应用程序和客户机/服务器应用程序。用户可以对窗体设定某些特性并在其上添加控件,然后编写代码以增加控件和窗体的功能。

VS提供了很多工具,可以使应用程序的开发快捷、可靠,这些工具如下:

- 带有可拖放控件的Windows窗体可视化设计器。
- 包含语句结束、语法检查和其他智能感知功能的识别代码编辑器。
- 集成的编译和调试。
- 用于创建和管理应用程序文件的项目管理工具。

典型的Windows应用程序包括窗体(Forms)、控件(Controls)和相应的事件(Events)。下面通过C♯实现一个简单的计算器,要求能够实现基本的加、减、乘、除功能,并通过这个计算器的例子来了解和掌握Windows应用程序的一般开发过程。

9.1.1 计算器窗体

Windows窗体就是建立Windows应用程序的框架。在VS中创建Windows应用程序的第一步就是建立这个框架,其操作步骤如下:

(1) 运行VS,在"起始页"上单击"新建项目",打开"新建项目"对话框,如图9-1所示。

在"项目类型"列表框中指定项目的类型为"Viusal C♯"，在"模板"列表框中选择"Windows 窗体应用程序"模板，在"名称"文本框中输入 Calculator，在"位置"下拉列表框中选定保存项目的位置。

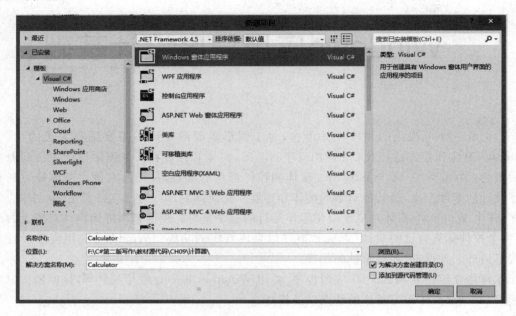

图 9-1　"新建项目"对话框

（2）单击"确定"按钮后进入 VS 的主界面，如图 9-2 所示。

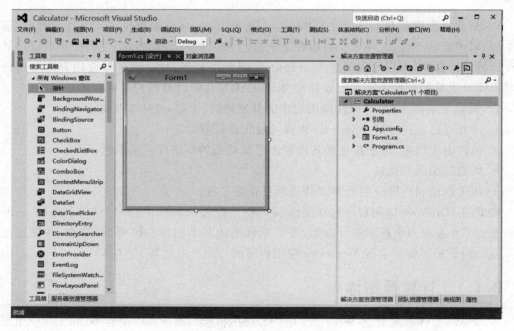

图 9-2　Microsoft Visual Studio 主界面

从图 9-2 中可以看出,当选择"Windows 窗体应用程序"作为应用程序的模板后,系统会自动为用户生成一个空白窗体,一般名为 Form1。该窗体就是应用程序运行时显示给用户的操作界面,下一步就是向窗体中添加各种控件。

9.1.2　计算器控件

控件表示用户和程序之间的图形化连接。控件可以提供或处理数据、接受用户输入、对事件做出响应或执行连接用户和应用程序的其他功能。因为控件实际上是具有图形接口的组件,所以它能通过组件所提供的功能与用户交互。

窗体中的控件有很多,工具箱中的"所有 Windows 窗体"中包含了 Windows 的所有标准控件,用户还可以根据需要自己定义控件,通过在属性窗口中改变控件的属性可以改变控件的外观和特性。9.1 节的实例中需要用到以下控件。

(1) 按钮:16 个,其中的 10 个数字按钮分别用于表示 0~9;4 个运算符按钮表示"＋"、"－"、"＊"、"\";一个"计算"按钮用于实施计算操作;一个"清空"按钮用于清除上次的计算结果。

(2) 标签:一个,用于标识计算结果所在的文本框。

(3) 文本框:一个,用于显示计算结果。

具体添加控件的步骤如下:

首先向窗体中添加按钮(Button),具体操作为在工具箱中单击 Button,然后移动鼠标指针到窗体中的预定位置,按下左键拖动鼠标,划出一个方框,释放鼠标左键后,一个按钮就被添加到刚才方框的位置了。调整好大小和位置后选中该按钮,在属性窗口中用户可以看到该控件名为 Button1,将该按钮的 Text 属性设置为"1"。继续在窗体中添加其余 15 个按钮,并分别设置它们的属性。

按照同样的方法在窗体中添加一个标签(Label),设置其 Text 属性为"结果",再添加一个文本框(TextBox),并设置其 Text 属性为空。这样,一个简单计算器的界面就完成了,如图 9-3 所示。

图 9-3　计算器界面

界面设计完成之后,接下来就要为各控件添加相应的事件代码了。各控件的属性如表 9-1 所示。

表 9-1　控件的属性设置

控件类型	属　性	属　性　值
Label	(Name)	lblResult
	Text	结果
TextBox	(Name)	txtResult
	Text	
Button	(Name)	btnClear
	Text	清空
Button	(Name)	btn1
	Text	1
Button	(Name)	btn0
	Text	0
Button	(Name)	btnAdd
	Text	＋
Button	(Name)	btnSub
	Text	－
Button	(Name)	btnMul
	Text	＊
Button	(Name)	btnDiv
	Text	/
Button	(Name)	btnCalculate
	Text	计算

9.1.3　计算器事件

在 C♯ 中，基于 Windows 应用程序的设计方法是事件驱动的。事件驱动不是由程序的顺序来控制的，而是由事件的发生来控制的。事件驱动程序设计是围绕着消息的产生与处理而展开的，消息就是关于发生的事件的信息。Windows 程序员的工作就是对所开发的应用程序要发出或者接收的消息进行排序和管理。事件驱动程序方法提供了许多便利，对于那些需要大范围用户干预的应用程序来说更有用处。

我们在窗体设计器中看到的是窗体以及其中的控件，要为控件添加事件处理程序必须先切换到代码编辑器状态。切换到代码编辑器有以下几种方法：

（1）双击窗体或者某控件。

（2）在解决方案资源管理器中右击 Form1.cs，从弹出的快捷菜单中选择"查看代码"命令。如果选择"视图设计器"，则可以回到"窗体设计器"中。

（3）第一次切换到代码编辑器之后，在窗体标题"Form1.cs[设计]"的左边会自动出现一个新的标题——Form1.cs，单击该标题就可以切换到代码编辑器。反之，如果单击"Form1.cs[设计]"则会切换到"窗体设计器"。

下面分析一下计算器中的各个控件到底应该添加什么样的代码。对于计算器来说，在单击某个数字键之后，结果显示区中应显示该键上的数字。因此，用户可以双击"1"按钮，切换到代码编辑器，此时光标停留在该按钮所对应的代码处，输入下列代码：

```
private void btn1_Click(object sender, EventArgs e)
{
    Button btn = (Button)sender;
    txtResult.Text += btn.Text;
}
```

继续给其他数字按钮添加代码，然后给 4 个运算符按钮添加下列代码：

```
private void btnAdd_Click(object sender, EventArgs e)
{
    Button btn = (Button)sender;
    txtResult.Text = txtResult.Text + " " + btn.Text + " ";  //空格用于分隔数字、各运算符
}
```

```
private void btnSub_Click(object sender, EventArgs e)
{
    Button btn = (Button)sender;
    txtResult.Text = txtResult.Text + " " + btn.Text + " ";  //空格用于分隔数字、各运算符
}
```

```
private void btnMul_Click(object sender, EventArgs e)
{
    Button btn = (Button)sender;
    txtResult.Text = txtResult.Text + " " + btn.Text + " ";  //空格用于分隔数字、各运算符
}
```

```
private void btnDiv_Click(object sender, EventArgs e)
{
    Button btn = (Button)sender;
    txtResult.Text = txtResult.Text + " " + btn.Text + " ";  //空格用于分隔数字、各运算符
}
```

接下来给"清空"按钮添加下列代码：

```
private void btnClear_Click(object sender, EventArgs e)
{
    txtResult.Text = "";
}
```

最后给"计算"按钮添加下列代码：

```
private void btnCalculate_Click(object sender, EventArgs e)
{
    Single r;                                              //r 用于保存计算结果
    string t = txtResult.Text;                             //t 用于保存文本框中的算术表达式
    int space = t.IndexOf(' ');                            //用于搜索空格位置
    string s1 = t.Substring(0, space);                     //s1 用于保存第一个运算数
    char op = Convert.ToChar(t.Substring(space + 1, 1));   //op 用于保存运算符
    string s2 = t.Substring(space + 3);                    //s2 用于保存第二个运算数
    Single arg1 = Convert.ToSingle(s1);                    //将运算数从 string 转换为 Single
    Single arg2 = Convert.ToSingle(s2);
    switch (op)
```

```
    {
        case '+':
            r = arg1 + arg2;
            break;
        case '-':
            r = arg1 - arg2;
            break;
        case '*':
            r = arg1 * arg2;
            break;
        case '/':
            if (arg2 == 0)
            {
                throw new ApplicationException();
            }
            else
            {
                r = arg1 / arg2;
                break;
            }
            break;
        default:
            throw new ApplicationException();
    }
    //将计算结果显示在文本框中
    txtResult.Text = r.ToString();
}
```

现在，所有的工作都完成了。在"调试"菜单中选择"启动"命令或者"开始执行（不调试）"命令运行该应用程序，计算器就可以工作了。

9.2　Windows 窗体

通过"计算器"这个例子，读者已经初步了解了 Windows 应用程序的结构，下面具体介绍 Windows 应用程序的设计和开发。

一个应用程序除了需要实现应有的功能以外，还必须具有良好的用户界面。在 C♯ 中，Windows 应用程序的界面是以窗体（Form）为基础的，窗体是 Windows 应用程序的基本单位，是一小块屏幕区域，用来向用户展示信息和接受用户的输入。

窗体可以是标准窗口、多文档界面（MDI）窗口、对话框的显示界面。在 C♯ 应用程序运行时，一个窗体及其上的其他对象就构成了一个窗口。窗体是基于 .NET Framework 的一个对象，通过定义其外观的属性、定义其行为的方法以及定义其与其他对象交互的事件可以使窗体对象满足应用程序的要求。

窗体就好像一个容器，其他界面元素都可以放置在窗体中。在 C♯ 中以 Form 类封装窗体，一般来说，用户设计的窗体都是 Form 类的派生类，在用户窗体中添加其他界面元素的操作实际上就是向派生类中添加私有成员。在新建一个 Windows 应用程序项目时，C♯

就会自动创建一个默认名为 Form1 的 Windows 窗体。

Windows 窗体由以下 4 个部分组成。

(1) 标题栏：显示该窗体的标题,标题的内容用该窗体的"Text"属性设置。

(2) 控制按钮：提供窗体最大化、最小化以及关闭窗体的控件。

(3) 边界：边界限定窗体的大小,可以有不同样式的边界。

(4) 窗口区：这是窗体的主要部分,应用程序的其他对象可以放在上面。

9.2.1 Windows 窗体的基本属性

Windows 窗体的属性可以决定窗体的外观和行为,其中常用的属性有名称(Name)属性、标题(Text)属性、控制菜单属性和影响窗体外观的属性。

1. 窗体的名称(Name)属性

Name 属性用于设置窗体的名称,该属性值作为窗体的标志,用于在程序中引用窗体。该属性只能在属性窗口的"Name"中设置,在应用程序运行时它是只读的。在新建一个 Windows 应用程序项目时会自动创建一个窗体,该窗体的名称被自动命名为 Form1;在添加第 2 个窗体时,其名称被自动命名为 Form2,依此类推。通常而言,在设计 Windows 窗体时可以给其 Name 属性设置一个有实际含义的名字。例如,对于一个登录窗体,可以命名为 "frmLogin"。

2. 窗体的标题(Text)属性

Text 属性用于设置窗体标题栏中显示的内容,它的值是一个字符串。通常,标题栏显示的内容应能概括地说明窗体的内容或作用。例如,对于一个登录窗体,其标题栏设置为 "欢迎登录!"。

3. 窗体的控制菜单属性

C#应用程序中的 Windows 窗体一般都显示控制菜单,以方便用户的操作。为窗体添加或去掉控制菜单的方法很简单,只需设置相应的属性值即可,其相关的属性如下。

(1) ControlBox 属性：该属性用来设置窗体上是否有控制菜单。其默认值为 true,即窗体上显示控制菜单。若将该属性的值设置为 false,则窗体上不显示控制菜单,如图 9-4 所示。

图 9-4 无控制菜单的窗体

（2）MaximizeBox 属性：用于设置窗体上的最大化按钮。其默认值为 true，即窗体上显示最大化按钮。若将该属性的值设置为 false，则窗体上不显示最大化按钮。

（3）MinimizeBox 属性：用于设置窗体上的最小化按钮。其默认值为 true，即窗体上显示最小化按钮。若将该属性的值设置为 false，则窗体上不显示最小化按钮。

4．影响窗体外观的属性

影响窗体外观的属性如下。

（1）FormBorderStyle 属性：用于控制窗体边界的类型。该属性还会影响标题栏及其上按钮的显示。它有 7 个可选值，可选值说明如表 9-2 所示。

表 9-2　FormBorderStyle 属性的可选值

可选项	说　　明
None	窗体无边框，可以改变大小
Fixed3D	使用 3D 边框效果，不允许改变窗体大小，可以包含控件菜单、最大化按钮和最小化按钮
FixedDialog	用于对话框，不允许改变窗体大小，可以包含控件菜单、最大化按钮和最小化按钮
FixedSingle	窗体为单线边框，不允许改变窗体大小，可以包含控件菜单、最大化按钮和最小化按钮
Sizable	该值为属性的默认值，窗体为双线边框，可以重新设置窗体的大小，可以包含控件菜单、最大化按钮和最小化按钮
FixedToolWindow	用于工具窗口，不可以重新设置窗体大小，只带有标题栏和关闭按钮
SizableToolWindow	用于工具窗口，可以重新设置窗体大小，只带有标题栏和关闭按钮

（2）Size 属性：用来设置窗体的大小，可直接输入窗体的宽度和高度，也可以在属性窗口中双击 Size 属性将其展开，分别设置 Width（宽度）和 Height（高度）值。

（3）Location 属性：设置窗体在屏幕上的位置，即设置窗体左上角的坐标值，可以直接输入坐标值，也可以在属性窗口中双击 Location 属性将其展开，分别设置 X 和 Y 值。

（4）BackColor 属性：用于设置窗体的背景颜色，可以从弹出的调色板中选择。

（5）BackgroundImage 属性：用于设置窗体的背景图像。单击此属性右边的按钮会弹出"打开"对话框，可以从中选择 * . bmp、* . gif、* . jpg、* . jpeg 等文件格式，并选中给定路径上的一个图片文件，单击"打开"按钮即可将图片加载到当前窗体上。

（6）Opacity 属性：该属性用来设置窗体的透明度，当其值为 100％时，窗体完全不透明；当其值为 0％时，窗体完全透明。

5．设置窗体可见性的属性

窗体的可见性由 Visible 属性控制。

9.2.2　创建窗体

在初始创建一个 Windows 应用程序项目时，系统将自动创建一个默认名称为 Form1 的窗体。在开发项目时一个窗体往往不能满足需要，通常会用到多个窗体。C＃提供了多窗体处理能力，在一个项目中可以创建多个窗体，添加新窗体的方法如下：

（1）选择"项目"菜单下的"添加 Windows 窗体"命令，打开"添加新项"对话框，如图 9-5所示。

图 9-5 "添加新项"对话框

（2）在"模板"列表框中选择"Windows 窗体"模板，然后单击"添加"按钮，就添加了一个新的 Windows 窗体。继续添加第 2 个窗体，默认名称为 Form2，依此类推。完成窗体的添加后，在解决方案资源管理器窗口中双击对应的窗体，则在 Windows 窗体设计器中可以显示该窗体。

9.2.3　设置启动窗体

当在应用程序中添加了多个窗体后，默认情况下，应用程序中的第一个窗体被自动指定为启动窗体。在应用程序开始运行时，此窗体会首先显示出来。如果想在应用程序启动时显示其他窗体，则要设置启动窗体。那么如何设置启动窗体呢？请读者看例 9-1。

【例 9-1】 用 C♯ 设置启动窗体。

实现步骤如下：

（1）在一个项目中添加两个窗体。

（2）在解决方案资源管理器窗口中有一个 Program. cs 文件，双击该文件，此时该文件的代码如下：

```
static class Program
{
    /// < summary >
    /// 应用程序的主入口点。
    /// </ summary >
    [STAThread]
    static void Main()
```

```
        {
            Application.EnableVisualStyles();
            Application.SetCompatibleTextRenderingDefault(false);
            Application.Run(new Form1());
        }
    }
```

（3）如果要先启动 Form2，只需在 Program.cs 文件中修改"Application.Run(new Form1());"代码为"Application.Run(new Form2());"即可。

（4）运行程序，则先启动的窗体为 Form2。

9.2.4　窗体的显示与隐藏

1. 窗体的显示

如果要在一个窗体中通过按钮打开另一个窗体，则必须通过调用 Show()方法显示窗体。其语法如下：

```
public void Show();
```

【例 9-2】　在 Form1 窗体中添加一个 Button 按钮，在按钮的 Click 事件中调用 Show()打开 Form2 窗体。

程序代码如下：

```
private void button1_Click(object sender, EventArgs e)
{
    Form2 frm2 = new Form2();          //实例化 Form2
    frm2.Show();                       //调用 Show 方法显示 Form2 窗体
}
```

2. 窗体的隐藏

通过调用 Hide()方法隐藏窗体。其语法如下：

```
public void Hide();
```

【例 9-3】　通过登录窗体登录系统，在输入用户名和密码后单击"登录"按钮，隐藏登录窗体，显示主窗体。

其关键代码如下：

```
this.Hide();                       //调用 Hide 方法隐藏当前窗体
frmMain frm = new frmMain();       //实例化 frmMain
frm.Show();                        //调用 Show 方法显示 frmMain 窗体
```

9.2.5　窗体的事件

Windows 是事件驱动的操作系统，对 Form 类的任何交互都是基于事件实现的。Form 类提供了大量的事件用于响应对窗体执行的各种操作。窗体设计人员往往关心窗体的加载和关闭,通常在加载时进行界面和数据的初始化,在关闭前进行资源的释放等清理操作,也可以取消关闭操作。下面详细介绍窗体的 Click、Load 和 FormClosing 事件。

1. Click(单击)事件

在单击窗体时将会触发窗体的 Click 事件。其语法如下:

```
public event EventHandler Click
```

【例 9-4】 在窗体的 Click 事件中编写代码,实现当单击窗体时弹出提示框的功能。
程序代码如下:

```
private void Form1_Click(object sender, EventArgs e)
{
    MessageBox.Show("已经单击了窗体!");              //弹出提示框
}
```

程序的运行结果如图 9-6 所示。

图 9-6　单击窗体触发 Click 事件

2. Load(加载)事件

当第一次直接或间接调用 Form. Show 方法显示窗体时,窗体会进行且只进行一次加载,并且在必需的加载操作完成后会引发 Load 事件。通常,在 Load 事件响应函数中执行一些初始化操作。其语法如下:

```
public event EventHandler Load
```

【例 9-5】 实现在窗体的 Load 事件中对窗体的大小、标题、颜色等属性进行设置。
程序代码如下:

```
private void Form1_Load(object sender, EventArgs e)
{
    this.Width = 1000;
    this.Height = 500;
    this.ForeColor = Color.Cyan;
    this.BackColor = Color.Red;
```

```
        this.Text = "Welcome you!";
    }
```

程序的运行结果如图 9-7 所示。

图 9-7　窗体的 Load 事件结果

3. FormClosing（关闭）事件

Form 类的 FormClosing 事件是在窗体关闭时引发的事件，直接或间接地调用 Form.Close()方法都会引发事件。在 FormClosing 事件中通常进行关闭前的确认和资源释放操作，例如确认是否真的关闭窗体、关闭数据库连接、注销事件、关闭文件等。其语法如下：

```
public event FormClosingEventHandler FormClosing
```

【例 9-6】　创建一个 Windows 应用程序，实现关闭窗体之前弹出提示框询问用户是否关闭当前窗体，单击"是"按钮，关闭窗体。

程序代码如下：

```
private void Form1_FormClosing(object sender, FormClosingEventArgs e)
{
    DialogResult dr = MessageBox.Show("是否关闭窗体", "提示",
        MessageBoxButtons.YesNo, MessageBoxIcon.Warning);
    if (dr == DialogResult.Yes)                //使用 if 语句判定是否单击"是"按钮
    {
        e.Cancel = false;                      //如果单击"是"按钮则关闭窗体
    }
    else
    {
        e.Cancel = true;                       //否则不执行操作
    }
}
```

程序的运行结果如图 9-8 所示。

图 9-8 窗体的 FormClosing 事件结果

注意：DialogResult 指定标识符以指示对话框的返回值，返回值为 None、Ok、Cancel、Abort 或 Retry。

9.3 窗体控件概述

控件是包含在窗体上的对象，是构成用户界面的基本元素，也是 C♯可视化编程的重要工具。使用控件可以使程序的设计简化，避免大量重复性工作，简化设计过程，有效地提高设计效率。对于一个程序开发人员而言，必须掌握每类控件的功能、用途，并掌握其常用的属性、事件和方法。

在 VS2012 中，工具箱中包含了建立应用程序的各种控件。通常，工具箱分为 Windows窗体、公共控件、容器、菜单和工具栏、数据、组件、打印、对话框等部分，常用的 Windows 窗体控件放在"所有 Windows 窗体"下。工具箱中有数十个常用的 Windows 窗体控件，它们以图标的方式显示在工具箱中，其名称显示于图标的右侧。除了系统提供的上述控件以外，VS 还具有控件可扩展性的特征，如果用户需要，可以从有关公司购买或从互联网上下载控件。此外，VS 还提供了自定义控件的功能，在应用程序设计中用户可以根据需要设计自己的控件。

在介绍具体控件之前，我们首先探讨一下各控件共有的属性、事件和方法。在 C♯中，所有的窗体控件（例如标签控件、文本框控件、按钮控件等）都继承于 System. Windows. Forms. Control。

作为各种窗体控件的基类，Control 类实现了所有窗体交互控件的基本功能，即处理用户键盘输入、处理消息驱动、限制控件大小等。

Control 类的属性、方法和事件是所有窗体控件公有的，而且其中很多是用户在编程中经常会遇到的。例如，Anchor 用来描述控件的布局特点；BackColor 用来描述控件的背景色等。下面具体介绍 Control 类的属性、方法和事件。

1. Control 类的属性

Control 类的属性描述了一个窗体控件的所有公共属性,可以在属性(Properties)窗口中查看或修改窗体控件的属性。其常用的属性如下:

1) Name 属性

每一个控件都有 Name(名字)属性,在应用程序中可以通过此属性引用这个控件。C#会给每个新添加的控件指定一个默认名,它一般由控件类型和序号组成,例如 button1、button2、textBox1、textBox2 等。在应用程序的设计中,用户可以根据需要将控件的默认名字改成更有实际意义的名字。控件的命名必须符合标识符的命名规则,在此强调两点:

(1) 必须以字母开头,其后可以是字母、数字和下划线,不允许使用其他字符或空格。

(2) 在 C# 中,大写字母和小写字母的作用相同,但是正确地使用大小写字母能使名字更容易识别,例如 cmdLogin 比 cmdlogin 更容易识别。

2) Text 属性

在 C# 中,每一个控件对象都有 Text 属性。它是与控件对象实例关联的一段文本,用户可以查看或进行输入。Text 属性在很多控件中都有重要的意义和作用。例如,在标签控件中显示的文字、用户在文本框中输入的文字、组合框和窗体中的标题等都是用控件的 Text 属性进行设定的。Text 属性的设置过程及设置结果如图 9-9 和图 9-10 所示。

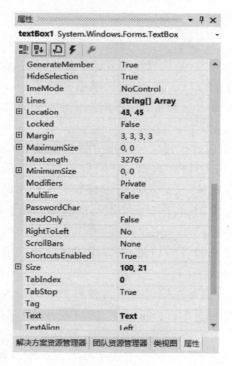

图 9-9　对窗体的 Text 属性进行设置

在程序中可以直接访问 Text 属性,取得或设置 Text 的值,这样就可以实现在程序运行时修改标题的名称或者取得用户输入的文字等功能。

图 9-10　完成 Text 属性的结果

3) Anchor 属性

Anchor 的意思是"锚",那么 Anchor 属性是用来确定此控件与其容器控件的固定关系的。在此容器控件指什么呢？顾名思义,容器控件就是像一般的容器那样可以存放其他控件的控件。例如,窗体控件中会包含很多控件,像标签控件、文本框等。这时,称包含控件的控件为容器控件或父控件,而称里面的控件为子控件。显然,这必然涉及一个问题,即子控件与父控件的位置关系问题。即当父控件的位置、大小发生变化时,子控件按照什么样的原则改变其位置、大小。Anchor 属性就用于设置此原则。

对于 Anchor 属性,可以设定 Top、Bottom、Right、Left 中的任意几种,其设置方法非常直观,如图 9-11 所示。

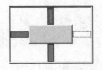

图 9-11　Anchor 属性的设置

在图 9-11 中,选中变黑的方位即为设定的控件方位,图中所示的方位为 Top、Left、Bottom。此时,如果容器控件发生变化,子控件将保证其上边缘与容器上边的距离、左边缘与容器左边的距离、底边与容器底边的距离。其运行结果如图 9-12 所示。

图 9-12　Anchor 的运行结果

4）Dock 属性

Dock 属性规定了子控件与父控件的边缘依赖关系。Dock 的效果如图 9-13 所示。

图 9-13　Dock 为 Top、Fill、Bottom 时的效果（从左到右）

Dock 的值有 6 种，分别是 Top、Bottom、Left、Right、Fill，另外还有默认值 None。一旦 Dock 值被设定，子控件就会发生变化与父控件选定的边缘相融在一起。

2．Control 类的方法

用户可以调用 Control 类的方法获得控件的一些信息，或者设置控件的属性值及行为状态。

例如，Focus 方法可以设置此控件获得的焦点；Refresh 方法可以重画控件；Select 方法可以激活控件；Show 方法可以显示控件等。

3．Control 类的事件

事件是当今先进编程语言必不可少的概念。在 C♯ 中，当用户进行某项操作时会引起某个事件的发生，此时就会调用事件处理程序代码实现对程序的控制。

事件驱动实现是基于窗体的消息传递和消息循环机制的。在 C♯ 中，所有的机制都被封装在控件之中，极大地方便了用户编写事件的驱动程序。如果希望能够更加深入地操作，或用户定义自己的事件，则需要联合使用委托（Delegate）和事件（Event），这样可以灵活地添加、修改事件的响应，并自定义事件的处理方法。

Control 类的可响应事件如下：单击时发生的 Click 事件；双击时发生的 DoubleClick 事件；取得焦点时发生的 GetFocus 事件；鼠标指针移动时发生的 MouseMove 事件等。

9.4　常用控件

窗体是由一个一个控件构成的，因此熟悉控件是合理、有效地进行程序开发的重要前提。本节针对 Windows 窗体应用程序中常见的控件进行详细介绍，读者可以先从自己比较熟悉的控件入手，逐渐掌握其余控件的使用。

9.4.1 按钮控件

按钮(Button)控件是用户与应用程序交互最常用的工具,其应用十分广泛。在程序执行时,它用于接收用户的操作信息,然后执行预先规定的命令,触发相应的事件过程,以实现指定的功能。

1. 常用的属性

1) Text 属性

Text 属性用于设定按钮上显示的文本。它可以包含许多字符,如果其内容超过命令按钮的宽度,则会自动换到下一行。该属性也可以为按钮创建快捷方式,其方法是在作为快捷键的字母前加一个"&"字符,这样在程序运行时,命令按钮上的该字母带有下划线,该字母即成为快捷键。例如,某个按钮的 Text 属性被设置为"&Display",则程序运行时会显示为"Display"。

2) FlatStyle 属性

FlatStyle 属性指定了按钮的外观风格,它有 4 个可选值,分别是 Flat、Popup、System、Standard。该属性的默认值为 Standard。

3) Image 属性

Image 属性用于设定在按钮上显示的图形。

4) ImageAlign 属性

当图片在命令按钮上显示时,可以通过 ImageAlign 属性调节其在按钮上的位置。

5) Enable 属性

Enable 属性用于设定控件是否可用,如果不可用,则用灰色表示。

6) Visible 属性

Visible 属性用于设定控件是否可见,如果不可见,则隐藏。

注意:在上面的属性中,前 4 个为外观属性,后两个为行为属性。

2. 常用的事件

如果按钮具有焦点,则可以使用鼠标左键、Enter 键或空格键触发该按钮的 Click 事件。通过设置窗体的 AcceptButtton 或 CancelButton 属性,无论该按钮是否有焦点,都可以使用户通过按 Enter 或 Esc 键触发按钮的 Click 事件。当使用 ShowDialog 方法显示窗体时,可以使用按钮的 DialogResult 属性指定 ShowDialog 的返回值。

【例 9-7】 按钮控件的运用。

实现步骤如下:

(1) 为窗体 Form1 添加一个计数器 nCounter,并添加 3 个按钮控件,分别完成递增计数器、递减计数器、通过消息框提示计数器的值的功能,并添加一个 Label 控件显示每次运算后的计数器值。完成的窗体界面如图 9-14 所示。

(2) 设置窗体和各控件的属性,如表 9-3 所示。

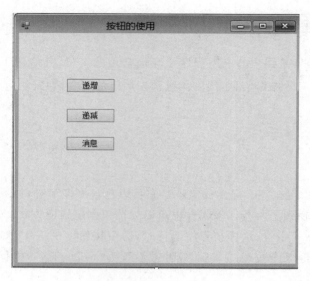

图 9-14 完成的窗体界面

表 9-3 窗体和控件的属性

对　　象	属　　性	属　性　值
窗体	Name	Form1
	Text	按钮的使用
按钮 1	Name	btnInc
	Text	递增
按钮 2	Name	btnDes
	Text	递减
按钮 3	Name	btnMsg
	Text	消息
标签	Name	lblResult
	Text	

（3）切换到代码窗口，创建事件过程。

```csharp
private int nCounter;                        //窗体级变量

//第一次加载时进行计数器和 lblResult 的初始化
private void Form1_Load(object sender, EventArgs e)
{
    this.nCounter = 50;
    this.ShowCounter();
}
//进行递增操作，并提示新值
private void btnInc_Click(object sender, EventArgs e)
{
    this.nCounter++;
    this.ShowCounter();
}
```

```
//进行递减操作,并提示新值
private void btnDes_Click(object sender, EventArgs e)
{
    this.nCounter -- ;
    this.ShowCounter();
}

//通过 MessageBox 提示当前的值
private void btnMsg_Click(object sender, EventArgs e)
{
    string strMsg = "当前计数器 = " + this.nCounter.ToString("D8");
    MessageBox.Show(strMsg, "提示");
}

//显示计数器值到 Label 控件 lblResult
private void ShowCounter()
{
    string strMsg = this.nCounter.ToString("D8");
    this.lblResult.Text = strMsg;
}
```

程序的运行结果如图 9-15 所示。

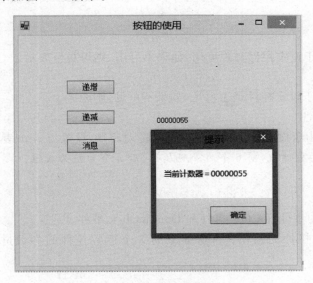

图 9-15　程序的运行结果

9.4.2　标签控件

标签(Label)控件主要用来显示文本,通常用标签为其他控件显示说明信息、窗体的提示信息,或者用来显示处理结果等信息。但是,标签显示的文本不能被直接编辑。

标签参与窗体的 Tab 键顺序,但不接收焦点。如果将 UseMnemonic 属性设置为 true,并且在控件的 Text 中指定助记键字符("&"符后面的第一个字符),那么当用户按下 Alt＋

助记键时，焦点移动到 Tab 键顺序中的下一个控件。除了显示文本以外，标签还可以使用 Image 属性显示图像，或使用 ImageIndex 和 ImageList 属性组合显示图像。

1. 常用的属性

1）Text 属性

Text 属性用于设定标签显示的文本，可以通过 TextAlign 属性设置文本的对齐方式。

2）BorderStyle 属性

BorderStyle 属性用于设定标签的边框形式，共有 3 个设定值，分别是 None、FixedSingle、Fixed3D。该属性的默认值为 None。

3）BackColor 属性

BackColor 属性用于设定标签的背景色。

4）ForeColor 属性

ForeColor 属性用于设定标签中文本的颜色。

5）Font 属性

Font 属性用于设定标签中文本的字体、大小、粗体、斜体、删除线等。

6）Image 属性

Image 属性用于设定标签的背景图片，可以通过 ImageAlign 属性设置图片的对齐方式。

7）Enable 属性

Enable 属性用于设定控件是否可用，如果不可用，则用灰色表示。

8）Visible 属性

Visible 属性用于设定控件是否可见，如果不可见，则隐藏。

9）AutoSize 属性

AutoSize 属性用于设定控件是否根据文本自动调整，设置为 true 表示自动调整。

注意：在上面的属性中，前 6 个为外观属性，后 3 个为行为属性。

2. 常用的事件

标签控件常用的事件有 Click 事件和 DoubleClick 事件。

【例 9-8】 标签控件的运用：对窗体上的 3 个标签控件的参数进行设置，用来显示文本。

程序代码如下：

```
private void Form1_Load(object sender, EventArgs e)
{
    //label1 参数设置，默认字体为宋体 9 号、前景色为黑色
    this.label1.AutoSize = true;
    this.label1.BackColor = System.Drawing.Color.White;
    this.label1.Text = "宋体 9 号－白底－黑字";

    //label2 参数设置，默认字体为宋体 9 号、前景色为黑色
    this.label2.AutoSize = true;
    this.label2.BackColor = System.Drawing.Color.Black;
```

```
    this.label2.Font = new System.Drawing.Font("宋体",10.5F,
        System.Drawing.FontStyle.Regular,
        System.Drawing.GraphicsUnit.Point,((byte)(134)));
    this.label2.ForeColor = System.Drawing.Color.White;
    this.label2.Text = "宋体 10 号 - 黑底 - 白字";

    //label3 参数设置
    this.label3.AutoSize = true;
    this.label3.BackColor = System.Drawing.Color.Blue;
    this.label3.Font = new System.Drawing.Font("楷体_GB2312", 14.25F,
        System.Drawing.FontStyle.Regular,
        System.Drawing.GraphicsUnit.Point, ((byte)(134)));
    this.label3.ForeColor = System.Drawing.Color.Red;
    this.label3.Text = "楷体 14 号 - 蓝底 - 红字";
}
```

程序的运行结果如图 9-16 所示。

图 9-16　标签控件应用示例

9.4.3　文本框控件

在 C♯中,文本框(TextBox)控件是最常用、最简单的文本显示和输入控件。文本框有两种用途,一是可以用来输出或显示文本信息;二是可以接受从键盘输入的信息。在应用程序运行时,如果用鼠标单击文本框,则光标在文本框中闪烁,此时可以向文本框输入信息。

1. 常用的属性

1) Text 属性
Text 属性用于设定文本框显示的文本,可以通过 TextAlign 属性设置文本的对齐方式。

2) BackColor 属性
BackColor 属性用于设定文本框的背景色。

3）ForeColor 属性

ForeColor 属性用于设定文本框中文本的颜色。

4）Font 属性

Font 属性用于设定文本框中文本的字体、大小、粗体、斜体、删除线等。

5）PasswordChar 属性

文本框控件以密码输入方式使用，输入字母用 PasswordChar 属性指定字符屏蔽。

6）Enable 属性

Enable 属性用于设定文本框控件是否可用，如果不可用，则用灰色表示。

7）Visible 属性

Visible 属性用于设定文本框控件是否可见，如果不可见，则隐藏。

8）ReadOnly 属性

ReadOnly 属性用于设定文本框控件是否只读。

9）MultiLine 属性

MultiLine 属性用于设定文本框控件是否包多行文本。

注意：在上面的属性中，前 5 个为外观属性，后 4 个为行为属性。

2．常用的方法

1）Clear 方法

Clear 方法用于清除文本框中已有的文本。

2）AppendText 方法

AppendText 方法用于在文本框最后追加文本。

3．常用的事件

在文本框控件所能响应的事件中，TextChanged、Enter 和 Leave 是常用的事件。

1）TextChanged 事件

当文本框的文本内容发生变化时触发 TextChanged 事件。当向文本框输入信息时，每输入一个字符就会触发一次 TextChanged 事件。

2）Enter 事件

当文本框获得焦点时会触发 Enter 事件。

3）Leave 事件

当文本框失去焦点时会触发 Leave 事件。

【例 9-9】　文本框控件的运用。

实现步骤如下：

（1）为窗体 Form1 添加两个 TextBox 控件，即 tbInput 和 tbHint，前者可编辑单行文本，用来获取用户输入；后者用于显示数据，应设置为只读多行文本。所以，将 tbHint 的 ReadOnly 属性设置为 true，将 MultiLine 属性设置为 true。同时，再添加一个 Label 控件 lblCopy，用来显示输入文本框中的数据。

（2）在此例中通过程序代码设置相应控件的属性，主要程序代码如下：

```
private void Form1_Load(object sender, EventArgs e)
{
    //设置两个文本框的属性
    this.tbInput.ForeColor = Color.Blue;
    this.tbHint.BackColor = Color.White;
    this.tbHint.ForeColor = Color.Green;
    this.tbHint.ReadOnly = true;
}

private void tbInput_Enter(object sender, EventArgs e)
{
    //光标进入，清除原有文本
    this.tbInput.Clear();
}

private void tbInput_Leave(object sender, EventArgs e)
{
    //焦点退出，将文本添加到 tbHint 的新的一行
    this.tbHint.AppendText(this.tbInput.Text + Environment.NewLine);
}

private void tbInput_TextChanged(object sender, EventArgs e)
{
    //将当前 tbInput 中的文本内容同步显示到 lblCopy 中
    this.lblCopy.Text = this.tbInput.Text;
}
```

注意：在 tbInput_Leave 事件中将编辑好的文本通过 TextBox.AppendText()方法追加到 tbHint 中；在 tbInput_TextChanged 事件中将 tbInput 中最新的文本同步显示到 lbCopy 控件上。

程序的运行结果如图 9-17 所示。

图 9-17　文本框使用示例

9.4.4　单选按钮控件

单选按钮（RadioButton）控件为用户提供由两个或多个互斥选项组成的选项集。当用户选中某个单选按钮时，同一组中的其他单选按钮不能同时选定，该控件以圆圈内加点的方式表示选中。

单选按钮用来让用户在一组相关的选项中选择一项，因此单选按钮控件总是成组出现，直接添加到一个窗体中的所有单选按钮将形成一个组。若要添加不同的组，必须将它们放到面板或分组框中。当将若干个 RadionButton 控件放在一个 GroupBox 控件中组成一组时，若这一组中的某个单选按钮控件被选中，该组中的其他单选控件将自动处于不选中状态。

1．常用的属性

1）Text 属性

Text 属性用于设置单选按钮旁边的说明文字，以说明单选按钮的用途。

2）Checked 属性

Checked 属性表示单选按钮是否被选中，若选中，Checked 属性的值为 true，否则为false。

2．常用的事件

单选按钮常用的事件主要有 Click 事件和 CheckedChanged 事件。

当用鼠标单击单选按钮时将触发 Click 事件，并且改变 Checked 属性的值。Checked 属性的值改变，将同时触发 CheckedChanged 事件。

【例 9-10】　单选按钮控件的运用：通过选择不同的单选按钮实现在文本框中显示不同水果价格的功能。

实现步骤如下：

（1）创建如图 9-18 所示的窗体。

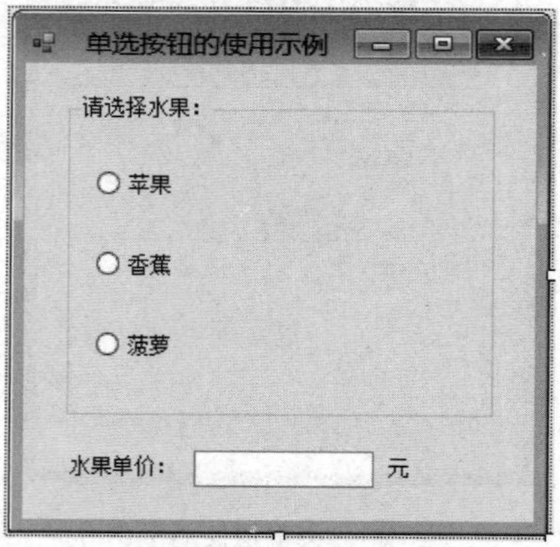

图 9-18　单选按钮示例

（2）设置窗体和各控件的属性，如表 9-4 所示。

表 9-4　窗体和控件的属性

对象	属性	属性值
窗体	Name Text	Form1 单选按钮的使用示例
单选按钮 1	Name Text	rdoApple 苹果
单选按钮 2	Name Text	rdoBanana 香蕉
单选按钮 3	Name Text	rdoPineapple 菠萝
分组框	Name Text	groupBox1 请选择水果：
文本框	Name Text	txtPrice
标签 1	Name Text	iabel1 水果单价：
标签 2	Name Text	Label2 元

（3）打开代码窗口，编写事件过程。

```
private void rdoApple_CheckedChanged(object sender, EventArgs e)
{
    txtPrice.Text = "10.0";
}


private void rdoBanana_CheckedChanged(object sender, EventArgs e)
{
    txtPrice.Text = "8.5";
}


private void rdoPineapple_CheckedChanged(object sender, EventArgs e)
{
    txtPrice.Text = "12.5";
}
```

9.4.5　复选框控件

复选框（CheckBox）控件和单选按钮控件一样，也提供一组选项供用户选择。但它与单选按钮有所不同，每个复选框都是一个单独的选项，用户既可以选择它，也可以不选择它，不存在互斥的问题，可以同时选择多项。

若单击复选框，则复选框中间将出现一个对号，表示该项被选中。单击被选中的复选框，则取消对该复选框的选择。

1．常用的属性

1）Text 属性

Text 属性用于设置复选框旁边的说明文字，以说明复选框的用途。

2）Check 属性

Check 属性用于表示复选框是否被选中，true 表示复选框被选中，false 表示复选框未被选中。

3）CheckState 属性

CheckState 属性用于反映复选框的状态，它有 3 个可选值。

(1) Checked：表示复选框当前被选中。

(2) Unchecked：表示复选框当前未被选中。

(3) Indeterminate：表示复选框的当前状态未定，此时该复选框呈灰色。

2．常用的事件

复选框响应的事件主要有 Click 事件、CheckedChanged 事件和 CheckStateChanged 事件。

当用鼠标单击复选框时将触发 Click 事件，并且改变 Checked 属性的值和 CheckState 属性的值。Checked 属性的值改变，将同时触发 CheckedChanged 事件；CheckState 属性的值改变，将同时触发 CheckStateChanged 事件。

【例 9-11】 复选框控件的运用：通过选择不同的复选框实现输出选中的业余爱好的功能。

实现步骤如下：

(1) 创建一个 Windows 窗体应用程序，添加如图 9-19 所示的控件。

(2) 编写"确定"按钮（btnOk）和"退出"按钮（btnExit）的代码。其中，"确定"按钮的功能为显示一个对话框，输出用户所填的内容；"退出"按钮的功能为结束程序。

图 9-19　窗体设计

程序的完整代码如下：

```
using System;
```

```csharp
using System.Collections.Generic;
using System.ComponentModel;
using System.Data;
using System.Drawing;
using System.Linq;
using System.Text;
using System.Threading.Tasks;
using System.Windows.Forms;

namespace UseCheckBox
{
    public partial class Form1 : Form
    {
        public Form1()
        {
            InitializeComponent();
        }

        //利用 Validating 事件检查用户输入的信息是否有效
        //Validating 事件是在验证控件时触发的事件
        private void txtName_Validating(object sender, CancelEventArgs e)
        {
            if (txtName.Text.Trim() == string.Empty)
            {
                MessageBox.Show("姓名为空,请重新输入!");
                txtName.Focus();
            }
        }

        private void btnExit_Click(object sender, EventArgs e)
        {
            this.Close();
        }

        private void btnOk_Click(object sender, EventArgs e)
        {
            string strUser = string.Empty;
            strUser = "姓名：" + txtName.Text + "\n";
            strUser = strUser + "业余爱好：" + (chkMovie.Checked ? "电影 " : "") +
                (chkMusic.Checked ? "音乐 " : "") +
                (chkSport.Checked ? "体育 " : "") + "\n";
            DialogResult result = MessageBox.Show(strUser, "信息确认",
                MessageBoxButtons.OKCancel, MessageBoxIcon.Information,
                MessageBoxDefaultButton.Button1);
            if (result == DialogResult.OK)
            {
                txtName.Clear();
                chkMovie.Checked = false;
                chkMusic.Checked = false;
                chkSport.Checked = false;
            }
```

```
        }

        private void btnExit_MouseEnter(object sender, EventArgs e)
        {
            txtName.CausesValidation = false;
        }

        private void btnExit_MouseLeave(object sender, EventArgs e)
        {
            txtName.CausesValidation = true;
        }
    }
}
```

运行程序,输入相应的内容,如图 9-20 所示。然后单击"确定"按钮,弹出的对话框如图 9-21 所示。

图 9-20　注册用户

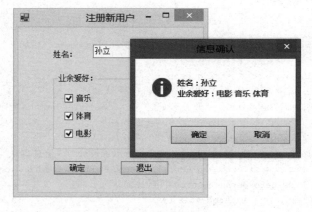

图 9-21　信息确认

单击"信息确认"对话框中的"确定"按钮,将会清除已经输入的内容,包括复选框的选中状态。

说明: 该段代码中用到了 MessageBox 的另一个构造方法,这种方法使得 MessageBox

的外观更加多样化,包括 MessageBox 的标题(Title)、图标(MessageBoxIcons)的按钮(MessageBoxButtons)。MessageBox 的构造函数共有 21 种,使用它们可以创造出多种多样的提示框。因此,对于 MessageBox 的使用用户应该熟练掌握。

另外,在程序中利用 txtName 控件的 Validating 事件进行输入信息是否为空的检验;还编写了 btnExit 的 Enter 事件和 Leave 事件,目的是为了在单击"退出"按钮时不触发 TextBox 控件的 Validating 事件,防止出现多余的提示。在 Leave 事件中又恢复了 TextBox 控件的 Validating 事件。读者可以先删除该段代码,以查看相应的效果。

9.4.6 列表框控件

列表框(ListBox)控件提供一个项目列表,用户可以从中选择一项或多项。如果项目总数超过了可以显示的项目数,则自动在列表框上添加滚动条,供用户上下滚动选择。

在列表框内的项目称为列表项,列表项的加入是按照一定的顺序进行的,这个顺序号称为索引号。列表框内列表项的索引号是从 0 开始的,即第一个加入的列表项的索引号为 0,其余索引项的索引号依次加 1。

1. 常用的属性

1)Items 属性
通过 Items 属性设置或获取列表框的项。对于该属性,用户可以事先在属性窗口中进行设置,也可以在程序中进行设置。

2)Multicolumn 属性
Multicolumn 属性用于设置列表框是否为多列列表框,其默认值为 false,表示列表项以单列显示。

3)SelectionMode 属性
SelectionMode 属性用于设定列表框选择属性,它共有 4 个可选值。
(1)None:表示不允许进行选择。
(2)One:表示只允许选择其中一项。此值为默认值。
(3)MultiSimple:表示允许同时选择多个列表项。
(4)MultiExtended:用鼠标和 Shift 键可以选择连续的列表项,用鼠标和 Ctrl 键可以选择不连续的列表项。

4)SelectedItem 属性
SelectedItem 属性用于获取或设置列表框中的当前选定项。

5)SelectedItems 属性
SelectedItems 属性用于获取或设置列表框中当前选定项的集合。

6)SelectedIndex 属性
SelectedIndex 属性用于获取或设置列表框中当前选定项的从零开始的索引。在编程时,用户可以捕获该属性值,然后根据该值进行相应的动作。
注意:在上面的属性中,前 2 个为外观属性,后 4 个为行为属性。

2. 常用的事件

列表框控件除了能响应常用的 Click、DoubleClick、GotFocus、LostFocus 等事件以外，还可以响应特有的 SelectedIndexChanged 事件。

当用户改变列表框中的选择时将会触发 SelectedIndexChanged 事件。

3. 常用的方法

列表框中的列表项可以在属性窗口中通过 Item 属性设置，也可以在应用程序中用 Items.Add 或 Items.Insert 方法添加，以及用 Items.Remove 或 Items.Clear 方法删除。

1）Items.Add 方法

Items.Add 方法的功能是把一个列表项加入到列表框的底部。其一般格式如下：

```
Listname.Items.Add(Item)
```

其中，Listname 是列表控件的名称；Items 是要加入列表框的列表项，它必须是一个字符串表达式。

2）Items.Insert 方法

Items.Insert 方法的功能是把一个列表项插入到列表框的指定位置。其一般格式如下：

```
Listname.Items.Insert(Index,列表项)
```

其中，Index 是新增列表项在列表框中的指定位置。当 Index 的值为 0 时，表示被列表项添加到列表框的第一个位置。

3）Items.Remove 方法

Items.Remove 方法的功能是清除列表框中的指定列表项。其一般格式如下：

```
Listname.Items.Remove(Item)
```

4）Items.Clear 方法

Items.Clear 方法的功能是清除列表框中的所有列表项。其一般格式如下：

```
Listname.Items.Clear()
```

【例 9-12】 列表框控件的运用。

实现步骤如下：

（1）创建一个 Windows 窗体应用程序，在窗体上添加如图 9-22 所示的控件。其中，ListBox 控件的名称如图所示，4 个按钮的名称依次为 btnRight、btnRightAll、btnLeftAll 和 btnLeft。

（2）更改 lstLeft 控件的 Items 属性，弹出如图 9-23 所示的字符串集合编辑器，依次输入星期日、星期一、星期二、星期三、星期四、星期五和星期六，然后单击"确定"按钮，得到如图 9-24 所示的窗体。

（3）编写各按钮的代码，功能为使 ListBox 控件的选项在 lstLeft 和 lstRight 控件之间移动，并将记录输出到列表框控件 lstBottom 中。

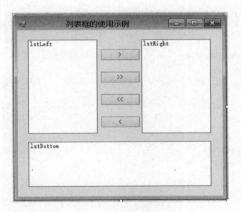

图 9-22 窗体设计

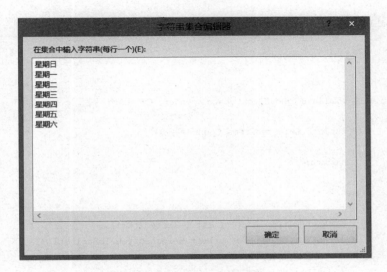

图 9-23 字符串集合编辑器

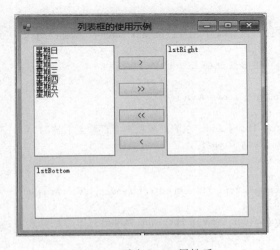

图 9-24 更改 Items 属性后

程序的完整代码如下：

```csharp
using System;
using System.Collections.Generic;
using System.ComponentModel;
using System.Data;
using System.Drawing;
using System.Linq;
using System.Text;
using System.Threading.Tasks;
using System.Windows.Forms;

namespace UseListBox
{
    public partial class Form1 : Form
    {
        public Form1()
        {
            InitializeComponent();
        }

        private void btnRight_Click(object sender, EventArgs e)
        {
            if (lstLeft.SelectedItems.Count == 0)
            {
                return;
            }
            else
            {
                lstRight.Items.Add(lstLeft.SelectedItem);
                lstBottom.Items.Add(lstLeft.SelectedItem.ToString() +
                    "被移至右侧");
                lstLeft.Items.Remove(lstLeft.SelectedItem);
            }
        }

        private void btnRightAll_Click(object sender, EventArgs e)
        {
            foreach (object item in lstLeft.Items)
            {
                lstRight.Items.Add(item);
            }
            lstBottom.Items.Add("左侧列表项被全部移至右侧");
            lstLeft.Items.Clear();
        }

        private void btnLeftAll_Click(object sender, EventArgs e)
        {
            foreach (object item in lstRight.Items)
            {
                lstLeft.Items.Add(item);
```

```
        }
        lstBottom.Items.Add("右侧列表项被全部移至左侧");
        lstRight.Items.Clear();
    }

    private void btnLeft_Click(object sender, EventArgs e)
    {
        if (lstRight.SelectedItems.Count == 0)
        {
            return;
        }
        else
        {
            lstLeft.Items.Add(lstRight.SelectedItem);
            lstBottom.Items.Add(lstRight.SelectedItem.ToString() +
                "被移至左侧");
            lstRight.Items.Remove(lstRight.SelectedItem);
        }
    }
}
```

运行程序,可以将两侧列表框中的项随意移动,如图9-25所示。

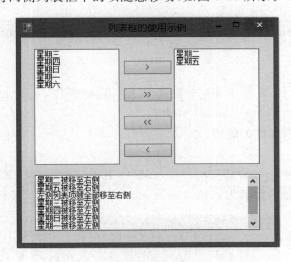

图 9-25 运行结果

9.4.7 可选列表框控件

可选列表框(CheckedListBox)控件和 ListBox 控件类似,但是其列表框中选项的左侧还可以显示选择框。对于其使用方法读者可以结合 CheckBox 控件和 ListBox 控件自学,在此不再介绍了。

9.4.8　组合框控件

组合框（ComboBox）控件是一个文本框和一个列表框的组合。在使用列表框时，只能在给定的列表项中进行选择，如果用户想要选择列表框中没有给出的选项，则用列表框控件不能实现。与列表框不同的是，在组合框中提供了一个供用户选择的列表框，若用户选择列表框中的某个列表项，该列表项的内容将自动装入文本框中。若列表框中没有所需的选项，也允许在文本框中直接输入特定的信息（但组合框的 DropDownStyle 属性设置为 DropDownList 时除外）。

1．常用的属性

1）DropDownStyle 属性

DropDownStyle 属性用于设置组合框的样式，它有 3 个可选值。

（1）Simple：没有下拉列表框，所以不能选择，但可以输入，和 TextBox 控件相似。

（2）DropDown：具有下拉列表框，可以选择，也可以直接输入选择项中不存在的文本。该值是默认值。

（3）DropDownList：具有下拉列表框，只能选择已有可选项中的值，不能输入其他的文本。

2）MaxDropDownItems 属性

MaxDropDownItems 属性用于设置下拉列表框中最多显示列表项的个数。

2．常用的事件

组合框控件的常用事件不多，一般是使用 Click 事件，有时也使用 SelectedIndexChanged 事件和 SelectedItemChanged 事件。

【例 9-13】　组合框控件的运用。

实现步骤如下：

（1）创建一个 Windows 窗体应用程序，在窗体上添加如图 9-26 所示的控件。其中，将两个 ComboBox 控件分别命名为 cboCountry 和 cboCity，将"确定"按钮命名为 btnOk。

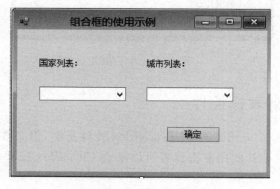

图 9-26　窗体设计

（2）cboCountry 和 cboCity 控件的 DropDownStyle 属性默认值为 DropDown，改变两个 ComboBox 控件的 DropDownStyle 属性为 DropDownList，并为 cboCountry 的 Items 添加内容"中国、美国、英国"。

（3）编写程序代码，实现以下功能：在 cboCountry 中选择相应的国家，则在 cboCity 中显示该国家的部分城市。

程序的完整代码如下：

```csharp
using System;
using System.Collections.Generic;
using System.ComponentModel;
using System.Data;
using System.Drawing;
using System.Linq;
using System.Text;
using System.Threading.Tasks;
using System.Windows.Forms;

namespace UseComboBox
{
    public partial class Form1: Form
    {
        public Form1()
        {
            InitializeComponent();
        }
        private void Form1_Load(object sender, EventArgs e)
        {
            cboCountry.SelectedIndex = 0;
        }

        private void cboCountry_SelectedIndexChanged(object sender, EventArgs e)
        {
            switch (cboCountry.SelectedIndex)
            {
                case 0:
                    cboCity.Items.Clear();
                    cboCity.Items.Add("北京");
                    cboCity.Items.Add("上海");
                    cboCity.Items.Add("天津");
                    cboCity.SelectedIndex = 0;
                    break;
                case 1:
                    cboCity.Items.Clear();
                    cboCity.Items.Add("华盛顿");
                    cboCity.Items.Add("纽约");
                    cboCity.Items.Add("芝加哥");
                    cboCity.SelectedIndex = 0;
                    break;
                case 2:
```

```
                    cboCity.Items.Clear();
                    cboCity.Items.Add("伦敦");
                    cboCity.Items.Add("曼彻斯特");
                    cboCity.Items.Add("考文垂");
                    cboCity.SelectedIndex = 0;
                    break;
                default:
                    cboCity.Items.Clear();
                    break;
            }
        }

        private void btnOk_Click(object sender, EventArgs e)
        {
            string strSelect = cboCountry.SelectedItem.ToString() +
                ": " + cboCity.SelectedItem.ToString();
            MessageBox.Show(strSelect, "国家城市列表", MessageBoxButtons.OK
                , MessageBoxIcon.Information);
        }
    }
}
```

运行程序,可以实现任意选择国家组合框中的项,右侧的城市随之改变,如图 9-27 所示。单击"确定"按钮,通过 MessageBox 提示框显示所选的内容,如图 9-28 所示。

图 9-27 运行结果

图 9-28 显示提示

说明：该段代码在 Form1 窗体的 Load 事件中对 cboCountry 控件的 SelectedIndex 属性赋值，使其默认选择一个选项，避免了运行程序时组合框的所选内容为空。

随后的代码处理了 cboCountry 控件的 SelectedIndexChanged 事件，根据不同的国家添加不同的城市名称。

9.4.9　面板控件和分组框控件

面板(Panel)控件和分组框(GroupBox)控件是一种容器控件，可以容纳其他控件，同时为控件分组，一般用于将窗体上的控件根据功能进行分类，以便于管理。通常情况下，单选按钮控件经常与 Panel 控件或 GroupBox 控件一起使用。单选按钮的特点是当选择其中一个时，其余的自动关闭，当需要在同一窗体中建立几组相互独立的单选按钮时，需要用 Panel 控件或 GroupBox 控件将每一组单选按钮框起来，这样可以实现在一个框内对单选按钮的操作，从而不会影响框外其他组的单选按钮。另外，放在 Panel 控件或 GroupBox 控件内的所有对象将随容器控件一起移动、显示、消失和屏蔽。这样，使用容器控件可以将窗体区域分割为不同的功能区，可以提供视觉上的区分和分区激活或屏蔽的功能。

1．使用方法

使用 Panel 控件或 GroupBox 控件将其他控件进行分组的方法如下：
(1) 在工具箱中选择 Panel 控件或 GroupBox 控件，将其添加到窗体上。
(2) 在工具箱中选择其他控件放在 Panel 控件或 GroupBox 控件上。
(3) 重复步骤(2)，添加所需要的其他控件。

2．Panel 控件的常用属性

Panel 控件的常用属性主要有以下几种：
1) BorderStyle 属性
BorderStyle 属性用于设置边框的样式，其有 3 种设定值。
(1) None：无边框。
(2) Fixed3D：立体边框。
(3) FixedSingle：简单边框。
其默认值是 None，即不显示边框。
2) AutoScroll 属性
AutoScroll 属性用于设置是否在框内添加滚动条。当设置为 true 时，添加滚动条；当设置为 false 时，不添加滚动条。

3．GroupBox 控件的常用属性

GroupBox 控件最常用的是 Text 属性，该属性用于在 GroupBox 控件的边框上设置显示的标题。Panel 控件与 GroupBox 控件的功能类似，都用来做容器组合控件，但两者有下面 3 个主要的区别。
(1) Panel 控件可以设置 BorderStyle 属性，选择是否有边框。
(2) Panel 控件可以把 AutoScroll 属性设置为 true，即进行滚动。

（3）Panel 控件没有 Text 属性，不能设置标题。

【例 9-14】　Panel 控件和 GroupBox 控件的运用。

实现步骤如下：

（1）使用 GroupBox 控件为 RadioButton 控件和 CheckBox 控件提供分组，这样就可以在一个窗体中有几个独立的分组。完成的窗体布局如图 9-29 所示。

（2）使用 Panel 控件可以使窗体的分类更详细，以便于用户理解。例如可以在图 9-29 所示的窗体中添加一个 Panel 控件，如图 9-30 所示，这样的分类使得程序界面更加美观。

图 9-29　窗体布局

图 9-30　添加 Panel 控件

9.4.10　滚动条控件

滚动条（ScrollBar）控件是一种有效的工具，被广泛地应用于 Windows 应用程序中。滚动条有水平和垂直两种，可以通过工具箱中的水平滚动条（HScrollBar）和垂直滚动条（VScrollBar）建立。

这两种滚动条除了方向不同以外，其功能和操作都是一样的。在滚动条两端各有一个滚动箭头，在滚动箭头之间有一个滑块，当滑块从一端移到另一端时其值在不断变化。

滚动条主要用在列有较长项目或大量信息的地方，这样用户在小区域中使用滚动条平滑移动，可以浏览到所有信息或列表项目。另外，滚动条也可以作为一种特殊的输入工具。例如，我们经常利用滚动条中滑块位置的变化调节声音的音量或调整图片的颜色，使其有连续变化的效果，从而实现调节的目的。

1. 常用的属性

1）Minimum（最小值）属性

当将滑块移到滚动条的最左端或最上端时，滚动条的属性值达到最小，属性的最小值由 Minimum 属性决定。

2）Maximum（最大值）属性

当将滑块移到滚动条的最右端或最下端时，滚动条的属性值达到最大，属性的最大值由

Maximum 属性决定。

3）Value 属性

Value 属性表示滚动条内滑块的位置所代表的值。

4）SmallChange(小变化)属性

SmallChange 属性表示单击滚动条两端的箭头时滑块移动的增量值。

5）LargeChange(大变化)属性

LargeChange 属性表示单击滚动条内的空白处或者按 PageUp、PageDown 键时滑块移动的增量值。

2．常用的事件

滚动条的主要事件有 Scroll 和 ValueChanged，通常捕捉该事件对滚动条的动作进行相应的操作。当通过鼠标或键盘移动滚动条的滑块时，滑块被重新定位，即触发 Scroll 事件；当通过 Scroll 事件或者以编程方式更改 Value 属性时触发 ValueChanged 事件。

【例 9-15】 水平滚动条控件的运用。

实现步骤如下：

（1）新建一个项目，在窗体中加入一个文本框、一个水平滚动条和一个标签，并为其中的水平滚动条控件设置属性。

设置其 Minimum 属性值为 5、Maximum 属性值为 60、SmallChange 属性值为 1、LargeChange 属性值为 5、Value 属性的初始值为 15。

然后设置文本框的 Multiline 属性为 true 。

完成属性设置的窗体如图 9-31 所示。

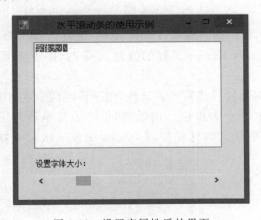

图 9-31　设置完属性后的界面

（2）添加程序代码，实现改变文本框的字体大小的功能。添加的代码如下：

```
private void hScrollBar1_ValueChanged(object sender, EventArgs e)
{
    int nFontSize;
    nFontSize = hScrollBar1.Value;
    textBox1.Font = new System.Drawing.Font("宋体", nFontSize);
}
```

运行该程序可以看出，当用户拖动滚动条时，文本框的字体大小会随着水平滚动条的滑动发生变化，如图 9-32 所示。

图 9-32 程序运行后的界面

9.4.11 定时器控件

定时器（Timer）控件也称为计时器控件，它是按一定的时间间隔周期性地自动触发事件的控件。在程序运行时，定时器是不可见的。定时器控件主要用来计时，通过计时处理可以实现各种复杂的动作，例如延时、动画等。

1. 常用的属性

1）Enable 属性

当 Enable 属性的值为 true 时启动 Timer 控件，也就是每隔 InterVal 属性指定的时间间隔调用一次 Tick 事件；当 Enable 属性的值为 false 时，停止使用 Timer 控件。

2）InterVal 属性

InterVal 属性是定时器控件最重要的属性，用于设定两个定时器事件之间的时间间隔，其值以毫秒（ms，$1ms = 10^{-3}s$）为单位。例如，如果希望每半秒产生一个定时器事件，那么 InterVal 属性值应该设置为 500，这样每隔 500ms 引发一次定时器事件，从而执行相应的 Tick 事件过程。

2. 常用的方法

1）Start 方法
Start 方法用于启动定时器。
2）Stop 方法
Stop 方法用于停止定时器。

3. 常用的事件

定时器控件只响应一个 Tick 事件，即定时器控件对象在间隔了一个 InterVal 设定的时间后触发一次 Tick 事件。

【例 9-16】　定时器控件的运用。

实现步骤如下：

（1）在窗体中添加两个定时器控件，设置 timer1 的 InterVal 属性值为 10 000ms（10s），设置 timer2 的 InterVal 属性值为 1000ms（1s）。

设计完成的窗体如图 9-33 所示。

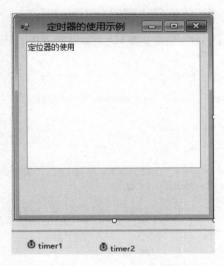

图 9-33　设计完成的窗体

（2）添加代码，利用 timer1 每隔 100s 检查一次用户的文件是否保存，如果未保存，提示用户进行保存；利用 timer2 建立一个数字式钟表。

程序的完整代码如下：

```
using System;
using System.Collections.Generic;
using System.ComponentModel;
using System.Data;
using System.Drawing;
using System.Linq;
using System.Text;
using System.Threading.Tasks;
using System.Windows.Forms;

namespace UseTimer
{
    public partial class Form1 : Form
    {
        public Form1()
        {
            InitializeComponent();
        }

        //设置一个表示是否保存的标记
        public bool blFileSave;
```

```csharp
//在窗体初始化时进行相应的设置
private void Form1_Load(object sender, EventArgs e)
{
    blFileSave = false;
    timer1.Enabled = true;
    timer2.Enabled = true;
}
private void textBox1_TextChanged(object sender, EventArgs e)
{
    //当文本框的内容变化时要将 blFileSave 标志设置为 false
    blFileSave = false;
}

private void timer1_Tick(object sender, EventArgs e)
{
    timer1.Enabled = false;
    if (blFileSave == false)
    {
        MessageBox.Show("还没有保存,请保存!", "提示信息",
            MessageBoxButtons.OK);
        blFileSave = true;
    }
    timer1.Enabled = true;
}

private void timer2_Tick(object sender, EventArgs e)
{
    lblTime.Text = "当前时间为: " + System.DateTime.Now;
}
    }
}
```

（3）运行程序，可以看到过了 100s 之后，如果文本框的内容没有被保存，则会提示用户保存，如图 9-34 所示。timer2 的 Tick 事件中的 DataTime 是返回系统时间的函数。在系统运行时，lblTime 标签控件的显示一秒钟改变一次。

图 9-34　程序运行后的界面

9.4.12 TreeView 控件

TreeView 控件用来显示信息的分级,如同 Windows 中显示的文件和目录。TreeView 控件中的各项信息都有一个与之相关联的 Node 对象。在实际应用中,利用 TreeView 控件能设计出 Windows 中的树形目录,用于显示分类或具有层次结构的信息。

1. TreeView 控件的结构组成

首先了解一下结点对象(Node)和结点集合(Nodes)。TreeView 控件的每个列表项都是一个 Node 对象,可以包括文本和图片。结点之间有父子关系、兄弟关系。在图 9-35 中,系和班级之间为父子关系,系是班级的父结点(Parent),班级是系的子结点(Child),系与系之间为兄弟关系。各系均为顶层结点,顶层结点没有父结点。TreeView 控件中的所有 Node 对象构成 Node 集合,集合中的每个结点对象都具有唯一的索引。

图 9-35　TreeView 控件

2. TreeView 控件的常用属性

1)ImageList 属性

ImageList 属性用来获取或设置包含树结点所使用的 Image 对象的 ImageList。

2)ImageIndex

ImageIndex 属性用来获取或设置树结点显示的默认图像的图像列表索引值。

3)Indent 属性

Indent 属性用来获取或设置每个子树结点级别的缩进距离。

4)LabelEdit 属性

LabelEdit 属性用来获取或设置一个值,用于指示是否可以编辑树结点的标签文本。此属性有 0 和 1 两个属性值,0 代表自动编辑标签,1 代表人工编辑标签。

5)ShowLines 属性

ShowLines 属性用来获取或设置一个值,用于指示是否在树视图控件中的树结点之间绘制连线。它有 true 和 false 两个值,用于设置是否显示出线条。

6)ShowRootLines 属性

ShowRootLines 属性用来获取或设置一个值,用以指示是否在树视图根处的树结点之间绘制连线。它有 true 和 false 两个值,用于设置是否显示出线条。

7）Nodes 属性

Nodes 属性用来获取给树视图控件的树结点集合。

8）TopNode 属性

TopNode 属性用来获取树视图控件中第一个完全可见的树结点。

9）PathSeperator 属性

PathSeperator 属性用来获取或设置树结点路径所使用的分隔符串，在默认情况下设置为"\"。

3．TreeView 控件的常用方法

TreeView 控件有 3 种基本操作，即加入子结点、加入兄弟结点和删除结点，掌握这 3 种常用的操作对于在编程中灵活地运用 TreeView 控件是十分必要的。

1）加入子结点——Add()方法

所谓子结点，就是处于选定结点的下一级结点。加入子结点的具体过程是首先在 TreeView 控件中定位要加入的子结点的位置，然后创建一个结点对象，再利用 TreeView 类中对结点的 Add()方法加入此结点对象。下面是在 treeView1 控件中加入一个子结点的具体代码：

```
if (treeView1.SelectedNode == null)            //首先判断是否选定控件中的结点
    MessageBox.Show("请选择一个结点");
else
    {
        TreeNode tmpNode;
        tmpNode = new TreeNode("结点显示内容",
            在取消选定时显示图像的索引值, 在选择树结点时显示图像的索引值);
        treeView1.SelectedNode.Nodes.Add(tmpNode);  //在 TreeView 控件中加入子结点
    }
```

2）加入兄弟结点——Add()方法

所谓兄弟结点，就是与选定的结点平级的结点。加入兄弟结点的方法和加入子结点的方法基本一致，加入兄弟结点和加入子结点的最大区别在于最后一步。下面是在 treeView1 控件中加入一个兄弟结点的具体代码：

```
if (treeView1.SelectedNode == null)            //首先判断是否选定控件中的结点
    MessageBox.Show("请选择一个结点");
else
    {
        TreeNode tmpNode;
        tmpNode = new TreeNode("结点显示内容",
            在取消选定时显示图像的索引值, 在选择树结点时显示图像的索引值);
        //在 TreeView 控件中加入子结点
        treeView1.SelectedNode.Parent.Nodes.Add(tmpNode);
    }
```

3）删除结点——Remove()方法

删除结点就是删除 TreeView 控件中选定的结点，删除结点可以是子结点，也可以是兄弟结点,但无论结点的性质如何,必须保证要删除的结点没有下一级结点,否则必须先删除此结点的下一级结点,然后再删除此结点。删除结点比上面的两种操作略微简单一些,具体方法是首先判断要删除的结点是否存在下一级结点,如果不存在,则可以调用 TreeView 类的 Remove()方法删除结点。

下面是删除 TreeView 控件中结点的具体代码:

```
//判断选定结点是否存在下一级结点
if(treeView1.SelectedNode.Nodes.Count == 0)
        treeView1.SelectedNode.Remove();                    //删除结点
else
        MessageBox.Show("请先删除此结点中的子结点!");
```

4)展开所有结点——ExpandAll()方法

如果要展开 TreeView 控件中的所有结点,首先要把选定的结点指针定位在 TreeView 控件的根结点上,然后调用选定控件的 ExpandAll()方法。

```
treeView1.SelectedNode = treeView1.Nodes[0];        //定位根结点
treeView1.SelectedNode.ExpandAll();                 //展开控件中的所有结点
```

5)展开选定结点的下一级结点——Expand()方法

由于只是展开下一级结点,只需要调用 Expand()方法就可以了。

```
treeView1.SelectedNode.Expand ();
```

6)折叠所有结点—Collapse()方法

折叠结点和展开所有结点是一组互操作,具体实现的思路大致相同,折叠所有结点时首先要把选定的结点指针定位在根结点上,然后调用选定控件的 Collapse()方法。

```
treeView1.SelectedNode = treeView1.Nodes[0];        //定位根结点
treeView1.SelectedNode.Collapse();                  //折叠控件中的所有结点
```

4. TreeView 控件的常用事件

1)AfterLabelEdit 事件
AfterLabelEdit 事件在编辑树结点标签文本后发生。
2)BeforeLabelEdit 事件
BeforeLabelEdit 事件在编辑树结点标签文本前发生。
3)AfterSelect 事件
AfterSelect 事件在选定树结点标签文本后发生。
4)AfterExpend 事件
AfterExpend 事件在展开树结点后发生。
此外还有 Click 事件和 DoubleClick 事件。

【例 9-17】 TreeView 控件的运用:使用 TreeView 控件建立一个学校的分层列表,可以添加、删除系部和班级信息。

实现步骤如下:

(1)向设计窗体中拖放一个 TreeView 控件、两个 TextBox 控件和 4 个 Button 控件。

其中，TextBox 控件的 Name 属性分别为 txtRoot、txtChild；Button 控件的 Name 属性分别为 btnAddRoot、btnAddChild、btnDelete、btnClear。设置属性后的窗体如图 9-36 所示。

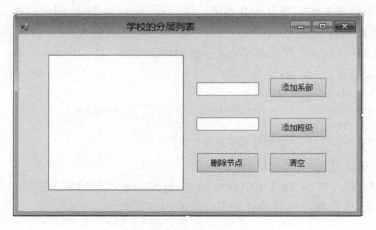

图 9-36　窗体布局

接着从工具箱中向窗体拖放一个 ImageList 控件，选择其 Image 属性，然后在图 9-37 所示的图像集合编辑器中添加 4 幅图像，并设置 TreeView 控件的 ImageList 属性为 imageList1。

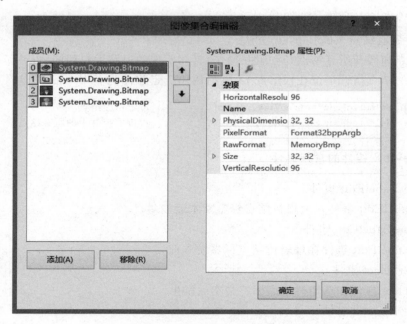

图 9-37　图像集合编辑器

（2）添加按钮的事件处理代码。

```
//"添加系部"按钮的 Click 事件
private void btnAddRoot_Click(object sender, System.EventArgs e)
{
```

```
        //构造结点显示内容、取消选定时显示图像索引号、选定时显示图像索引号
    TreeNode newNode = new    TreeNode(this.txtRoot.Text,0,1);
    this.treeView1.Nodes.Add(newNode);
    this.treeView1.Select();
}


//"添加班级"按钮的 Click 事件
private void btnAddChild_Click(object sender, System.EventArgs e)
{
    TreeNode selectedNode = this.treeView1.SelectedNode;
    if(selectedNode == null)
    {
        MessageBox.Show("添加子结点之前必须先选中一个结点。","提示信息");
        return;
    }
    TreeNode newNode = new TreeNode(this.txtChild.Text,2,3);
    selectedNode.Nodes.Add(newNode);
    selectedNode.Expand();
    this.treeView1.Select();
}


//"删除结点"按钮的 Click 事件
private void btnDelete_Click(object sender,System.EventArgs e)
{
    TreeNode selectedNode = this.treeView1.SelectedNode;
    if(selectedNode == null)
    {
        MessageBox.Show("删除结点之前先选中一个结点。","提示信息");
        return;
    }
    TreeNode parentNode = selectedNode.Parent;
    if(parentNode == null)
        this.treeView1.Nodes.Remove(selectedNode);
    else
        parentNode.Nodes.Remove(selectedNode);
    this.treeView1.Select();
}


//"清空"按钮的 Click 事件
private void btnClear_Click(object sender, System.EventArgs e)
{
    treeView1.Nodes.Clear();
}
```

程序的运行结果如图 9-38 所示。

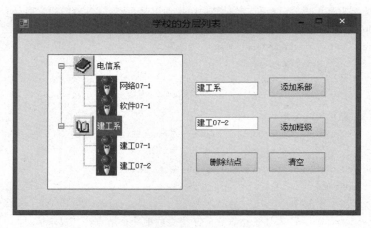

图 9-38　用 TreeView 控件建立学校分层列表

9.4.13　ListView 控件

ListView 控件用于显示项目的列表视图，可以利用该控件的相关属性安排行列、列头、标题、图标和文本。在 ListView 控件中用列表的形式显示一组数据，每条数据都是一个 ListItem 类型的对象。

ListView 控件可以用不同的视图显示列表项，包括大图标、小图标、列表、详细资料 4 种。Windows 资源管理器的右窗格就是 ListView 控件的典型例子。该控件常与 TreeView 控件一起使用，用于显示 TreeView 控件结点下一层的数据，也可以用于显示对数据库查询的结果和数据库记录等。

1. ListView 控件的常用属性

1）View 属性

View 属性用来表示数据的显示模式，共有 4 种选择。

（1）LargeIcons（大图标）：每条数据都用一个带有文本的大图标表示。

（2）SmallIcons（小图标）：每条数据都用一个带有文本的小图标表示。

（3）List（列表）：提供 ListItems 对象视图。

（4）Details（详细列表）：每条数据由多个字段组成，每个字段占一列。

2）MultiSelect 属性

MultiSelect 属性用来表示是否允许选择多行。

3）SelectedItems 属性

SelectedItems 属性用来获取控件中选定的项。

4）Alignment 属性

Alignment 属性用来获取或设置控件中项的对齐方式。其默认值是 Top，即顶部对齐。

5）CheckBoxs 属性

CheckBoxs 属性用来获取或设置控件的一个值，该值指示控件中各项的旁边是否显示复选框。

6）CheckItems 属性

CheckItems 属性用来获取控件中当前选中的项。

7）Items 属性

Items 属性用来获取控件中所有项的集合。

8）Sorting 属性

Sorting 属性用来获取或设置控件中项的排列顺序。

9）LabelEdit 属性

LabelEdit 属性用来获取或设置控件的一个值,该值指示用户是否可以编辑控件中项的标签。

2．ListView 控件的常用事件

1）AfterLabelEdit 事件

AfterLabelEdit 事件在用户编辑当前选择的列表项之后发生。

2）BeforeLabelEdit 事件

BeforeLabelEdit 事件在用户编辑当前选择的列表项之前发生。

3）SelectedIndexChanged 事件

SelectedIndexChanged 事件在列表视图控件中选定的项的索引更改时发生。

4）Click 事件

Click 事件在用户单击控件时发生。

5）DoubleClick 事件

DoubleClick 事件在用户双击控件时发生。

【例 9-18】　ListView 控件的运用：使用 ListView 控件显示学生信息,可以添加、删除学生信息。

实现步骤如下：

(1) 创建一个新项目,在窗体上添加一个 ListView 控件、4 个 Label 控件、一个 ComboBox 控件（cmbDisplayStyle）、3 个 TextBox 控件（txtstuNo、txtstuName、txtAddress）、两个 Button 控件（btnAppend、btnDelete）,并适当调整控件和窗体的位置和大小。

(2) 添加一个 ImageList 控件（imageList1）,向该控件中加入一个 16×16 的图标文件。再添加一个 ImageList 控件（imageList2）,向该控件中加入一个 32×32 的图标文件。

(3) 设置 ListView 控件的属性。

- LarageImageList：选 imageList2。
- SmallImageList：选 imageList1。
- Columns：学号（width 为 60）、姓名（width 为 60）、籍贯（width 为 60）。
- View：当前显示模式,设置为[Details]。
- FullRowSelect：设置为 true。
- CheckBoxs：设置为 true。

设置属性后的窗体如图 9-39 所示。

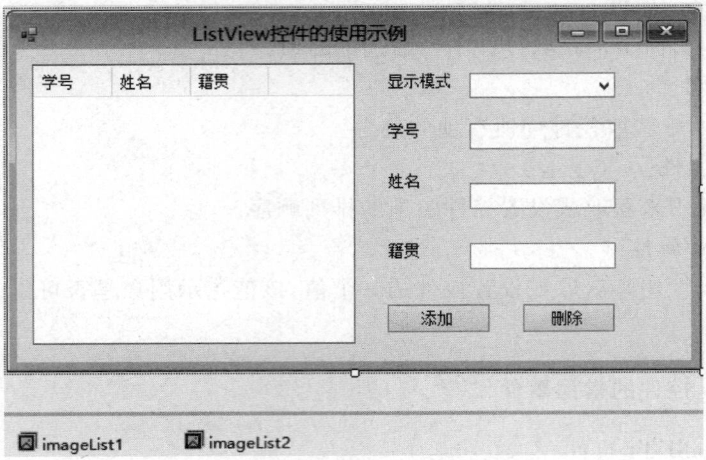

图 9-39　窗体布局

完整的程序代码如下：

```
using System;
using System.Collections.Generic;
using System.ComponentModel;
using System.Data;
using System.Drawing;
using System.Linq;
using System.Text;
using System.Threading.Tasks;
using System.Windows.Forms;

namespace UseListView
{
    public partial class Form1 : Form
    {
        public Form1()
        {
            InitializeComponent();
        }

        //添加窗体的 Load 事件
        private void Form1_Load(object sender, EventArgs e)
        {
            cmbDisplayStyle.Items.Add("大图标");
            cmbDisplayStyle.Items.Add("小图标");
            cmbDisplayStyle.Items.Add("列表");
            cmbDisplayStyle.Items.Add("详细列表");
            cmbDisplayStyle.SelectedIndex = 3;
        }

        private void btnAppend_Click(object sender, EventArgs e)
        {
```

```
        int itemNumber = this.listView1.Items.Count;
        string[] subItem = {this.txtStuNo.Text,
                        this.txtStuName.Text,this.txtAddress.Text};
        this.listView1.Items.Insert(itemNumber, new ListViewItem(subItem));
        this.listView1.Items[itemNumber].ImageIndex = 0;
    }

    private void btnDelete_Click(object sender, EventArgs e)
    {
        for (int i = this.listView1.SelectedItems.Count - 1; i >= 0; i--)
        {
            ListViewItem item =
                this.listView1.SelectedItems[i];
            this.listView1.Items.Remove(item);
        }
    }

    private void cmbDisplayStyle_SelectedIndexChanged(object sender, EventArgs e)
    {
        string str = this.cmbDisplayStyle.SelectedItem.ToString();
        switch (str)
        {
            case "大图标":
                this.listView1.View = View.LargeIcon;
                break;
            case "小图标":
                this.listView1.View = View.SmallIcon;
                break;
            case "列表":
                this.listView1.View = View.List;
                break;
            default:
                this.listView1.View = View.Details;
                break;
        }
    }

    //添加 ListView 控件的 Click 事件,实现单击弹出学生的信息
    private void listView1_Click(object sender, EventArgs e)
    {
        string str;
        str = this.listView1.SelectedItems[0].Text;
        MessageBox.Show("该生的学号为: " + str);
    }

    }
}
```

程序的运行结果如图 9-40 和图 9-41 所示。

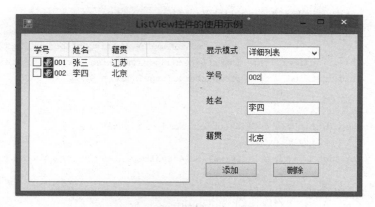

图 9-40　程序的运行结果

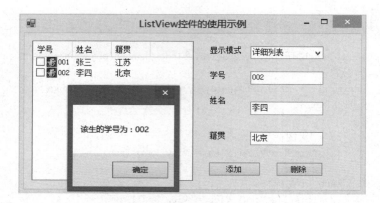

图 9-41　ListView 控件的 Click 事件

9.4.14　菜单

一个友好的用户界面除了具有丰富的内容以外，还需要具有菜单和工具栏提供一些功能的快捷操作。.NET 类库同样提供了这些控件，可以方便地在窗体中使用。菜单通常分为主菜单和上下文菜单（又称为右键菜单）两类，在.NET 类库中分别提供了 MenuStrip 和 ContextMenuStrip 控件来实现主菜单和上下文菜单。

1. 主菜单（MenuStrip）控件

MenuStrip 控件用来提供主菜单控件，它必须依附在某个窗体上，通常显示在窗体的最上方，由 System.Windows.Forms.MenuStrip 类提供。MenuStrip 控件通常包含多个不同的菜单项（MenuItem），并且可以通过代码动态地添加或删除菜单项。MenuStrip 控件可以包含以下 4 种类型的菜单项。

（1）MenuItem 类型：类似 Button 的菜单项，通过单击实现某种功能，同时可以包含子菜单项，它以右三角形的形式表示包含子菜单。

（2）ComboBox 类型：类似 ComboBox 控件的菜单项，可以在菜单中实现多个可选项的选择。

（3）TextBox 类型：类似 TextBox 控件的菜单项，可以在菜单中输入任意文本。

（4）Separator 类型：菜单项分隔符，以灰色的"一"表示。

菜单项也是控件，同样可以通过 BackColor、ForeColor、Font 等属性设置显示外观，使其更具有特色。不同类型的菜单项有不同的常用事件需要处理，MenuItem 类型通过处理 Click 事件完成单击当前菜单需要执行的操作。ComboBox 类型通过处理 SelectedIndexChanged 事件判定选择变动的处理，同时也可以提供用户数据的输入和输出。TextBox 类型主要提供用户数据的输入，也可以通过响应 TextChanged、KeyPress 等事件实现一些扩展功能。

下面具体介绍使用 MenuStrip 控件如何实现主菜单。

【例 9-19】 MenuStrip 控件的运用。

实现步骤如下：

（1）创建一个 Windows 窗体应用程序，在左侧的工具箱中双击 MenuStrip 控件，将其添加到窗体，如图 9-42 所示。

可以看到，在窗体的上方出现了一个空菜单，并提示输入菜单名称，下文多出一个 menuStrip1 控件。

（2）在输入菜单文本时，Visual Studio 2012 将会自动产生下一个菜单条目的提示输入，方便开发人员使用，如图 9-43 所示。

图 9-42 添加菜单

图 9-43 输入菜单文本

（3）创建一个类似于 Visual Studio 2012 的菜单。

在图 9-43 所示的位置输入"文件(&F)"，将会产生"文件(F)"的效果，& 被识别为确认快捷键的字符。同理，在"文件"下创建"新建"、"打开"、"添加"和"关闭"子菜单。在新创建的菜单上右击，可以添加其他内容，例如分隔符，如图 9-44 所示。

（4）用户还可以为菜单添加图像，以方便用户识别和使用。

添加后的结果如图 9-45 所示。

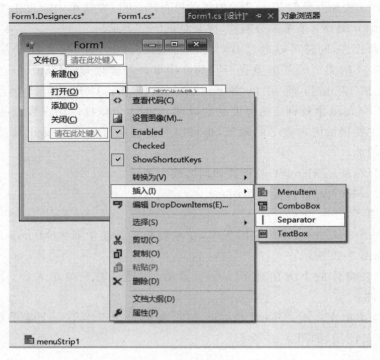

图 9-44　添加其他内容

图 9-45　菜单完成后的结果

2. 上下文菜单（ContextMenuStrip）控件

上下文菜单（右键菜单）的编辑、菜单项的管理、菜单项的使用和主菜单完全相同，只是它被作为右键弹出菜单使用，ContextMenuStrip 控件提供了与某个控件关联的快捷菜单。

为窗体创建上下文菜单的步骤如下例。

【例 9-20】　ContextMenuStrip 控件的运用。

实现步骤如下：

（1）打开例 9-19 的程序，添加 ContextMenuStrip 控件，如图 9-46 所示。

图 9-46　添加 ContextMenuStrip 控件

（2）添加菜单项，如图 9-47 所示。

（3）设置 Form1 窗体的 ContextMenuStrip 属性为 contextMenuStrip1，然后运行程序，在窗体上右击，运行结果如图 9-48 所示。

图 9-47　添加 ContextMenuStrip 菜单项

图 9-48　运行结果

9.4.15　工具栏

除了菜单以外，工具栏（Tool Bar）也是快速执行某些操作的常用方式之一，在.NET 类库中提供了 ToolStrip 控件方便地实现工具栏界面。工具栏必须依靠在某个窗体上，可以包含多个工具栏项目（ToolStripItem），不同的项目具有不同的功能和意义。

在.NET 类库中，工具栏可以包含以下 8 种类型的项目。

（1）Label 类型：和 Label 控件类似，通常在工具栏上提示静态文本。

（2）Button 类型：和 Button 控件类似，通常通过鼠标单击事件来引发某个具体的操作。

（3）ComboBox 类型：和 ComboBox 控件类似，通常在工具栏上提供一些可选项的选择，并通过 SelectedIndexChanged 事件引发某个具体的操作。

（4）TextBox 类型：和 TextBox 控件类似，通常在工具栏上让用户输入数据。

（5）SplitButton 类型：具有同步下拉菜单选项。

（6）DropDownButton 类型：具有下拉菜单的工具栏项目。

（7）ProgressBar 类型：进度条样式工具栏项目，通常在工具栏上进行进度提示。

（8）Separator 类型：工具栏分隔符，以灰色的"|"表示。

工具栏也是控件，同样可以通过 Image、BackColor、ForeColor、Font 等属性设置显示外观，使其更具有特色。不同类型的工具栏项目有不同的常用事件需要处理，Button 类型通过处理 Click 事件完成单击当前菜单需要执行的操作；ComboBox 类型通过处理 SelectedIndexChanged 事件判定选择变动的处理，同时也可以提供用户数据的输入和输出；TextBox 类型主要提供用户数据的输入，也可以通过响应 TextChanged、KeyPress 等事件实现一些扩展功能。

工具栏的添加和创建比较简单，具体步骤见下例。

【例 9-21】　ToolStrip 控件的运用。

实现步骤如下：

（1）打开 9.4.14 节中的程序，添加 ToolStrip 控件，如图 9-49 所示。读者可以看到窗体中多出一个工具栏，下方显示出 toolStrip1 控件。

图 9-49　添加 ToolStrip 控件

（2）单击工具栏上的提示图标，如图 9-50 所示。然后参照上一小节中的菜单项添加相应的工具栏按钮。

（3）运行程序，结果如图 9-51 所示。

图 9-50 添加工具栏按钮 图 9-51 运行结果

9.5 鼠标事件处理

在程序运行中,产生事件的主体有很多,其中以鼠标和键盘为最多,下面首先来讨论鼠标事件的处理。

鼠标相关的事件大致有 6 种,分别是 MouseHover、MouseLeave、MouseEnter、MouseMove、MouseDown 和 MouseUp。

1. 如何在 C# 程序中定义这些事件

在 C# 中通过不同的 Delegate 描述上述事件,其中描述 MouseHover、MouseLeave 和 MouseEnter 事件的 Delegate 是 EventHandler,而描述 MouseMove、MouseDown 和 MouseUp 事件的 Delegate 是 MouseEventHandler。这两个 Delegate 分别被封装在不同的命名空间中,其中 EventHandler 被封装在 System 命名空间中,MouseEventHandler 被封装在 System.Windows.Froms 命名空间中。为 MouseHover、MouseLeave、MouseEnter 事件提供数据的类是 EventArgs,它也被封装在 System 命名空间中;而为后面的 3 个事件提供数据的类是 MouseEventArgs,它被封装在 System.Windows.Froms 命名空间中。以上内容决定了在 C# 中定义这些事件和响应这些事件有不同的处理办法。下面就来介绍这些不同点。

上述的前 3 个事件是用以下语法定义的:

```
"组件名称"."事件名称" += new System.EventHandler("事件名称");
```

下面是在程序中具体实现的代码:

```
Button1.MouseLeave += new System.EventHandler(button1_MLeave);
```

在完成了事件的定义以后,需要在程序中加入响应此事件的代码,否则程序编译时会报错。下面是响应上面事件的基本结构:

```
Private void button1_MLeave(object sender, System.EventArgs e)
```

```
{
    //此处加入响应此事件的代码
}
```

定义 MouseMove、MouseDown 和 MouseUp 事件的语法和前面介绍的 3 个事件大致相同，具体如下：

```
"组件名称". "事件名称" += new System. Windows. Froms. MouseEventHandler("事件名称");
```

下面是在程序中具体实现的代码：

```
Button1.MouseMove += new System.EventHandler(button1_MMove);
```

下面是响应上面事件的基本结构：

```
Private void button1_MMove(object sender, System. Windows. Froms. MouseEventHandler e)
{
    //此处加入响应此事件的代码
}
```

在上述程序中 button1 是定义的一个按钮控件。

2. 鼠标相关事件中典型问题的处理办法

和鼠标相关事件的典型问题，其一是读取鼠标的当前位置；其二是判定到底是哪个鼠标按键被按动。

判定鼠标的位置可以通过事件 MouseMove 来处理，在 MouseEventArgs 类中提供了两个属性"X"和"Y"来判定当前鼠标的横坐标和纵坐标。而判定鼠标按键的按动情况可以通过事件 MouseDown 来处理，并且在 MouseEventArgs 类中提供了一个属性"Buttons"来判定鼠标的按键情况。根据这些知识，可以得到在 C#中如何实现读取鼠标当前位置和判定鼠标按键情况的程序代码。

【例 9-22】 用两个文本框显示鼠标指针在窗体上移动时鼠标指标所指的位置。

实现代码如下：

```
private void Form1_MouseMove(object sender, MouseEventArgs e)
{
    this.txtCoordinateX.Text = Convert.ToString(e.X);
    this.txtCoordinateY.Text = Convert.ToString(e.Y);
}
```

程序的运行结果如图 9-52 所示。

【例 9-23】 实现判定鼠标按键的代码。

实现代码如下：

```
private void Form1_MouseDown(object sender, MouseEventArgs e)
{
    if (e.Button == MouseButtons.Left)
        MessageBox.Show("按动鼠标左键!");
    if (e.Button == MouseButtons.Middle)
        MessageBox.Show("按动鼠标中键!");
```

```
    if (e.Button == MouseButtons.Right)
        MessageBox.Show("按动鼠标右键!");
}
```

程序的运行结果如图 9-53 所示。

图 9-52　例 9-22 的运行结果

图 9-53　例 9-23 的运行结果

9.6　键盘事件处理

在 C♯ 中和键盘相关的事件相对比较少,大致有 3 种,即 KeyDown、KeyUp 和 KeyPress。

1. 如何在程序中定义这些事件

在 C♯ 中描述 KeyDown、KeyUp 事件的 Delegate 是 KeyEventHandler,而描述 KeyPress 事件的 Delegate 是 KeyPressEventHandler。这两个 Delegate 都封装在命名空间 System.Windows.Froms 中。为 KeyDown、KeyUp 事件提供数据的类是 KeyEventArgs,而为 KeyPress 事件提供数据的类是 KeyPressEventArgs。同样,这两者也被封装在命名空间 System.Windows.Forms 中。

定义 KeyDown 和 KeyUp 事件的语法如下:

"组件名称"."事件名称" += new System.Windows.Froms.KeyEventHandler("事件名称");

下面是在程序中具体实现的代码:

Button1.KeyUp += new System.Windows.Froms.KeyEventHandler(button1_KUp);

在完成了事件的定义以后,需要在程序中加入响应此事件的代码,否则程序编译时会报错。下面是响应上面事件的基本结构:

```
Private void button1_ KUp (object sender, System.Windows.Froms.KeyEventHandler e)
{
    //此处加入响应此事件的代码
}
```

在 C♯ 中定义 KeyPress 事件的语法如下：

`"组件名称". "事件名称" += new System.Windows.Froms.KeyPressEventHandler("事件名称");`

下面是在程序中具体实现的代码：

`Button1.KeyPress += new System.Windows.Froms.KeyPressEventHandler(button1_KPress);`

下面是响应上面事件的基本结构：

```
Private void button1_ KPress (object sender, System.Windows.Froms. KeyPressEventHandler e)
{
        //此处加入响应此事件的代码
}
```

2. 键盘相关事件中典型问题的处理办法

和键盘相关的典型问题无非是判断到底是哪个按键被按动。通过上面的 3 个事件都可以完成，并且在 KeyEventArgs 类中通过属性 KeyCode 可以读取当前按键，所以在 KeyUp 或者 KeyDown 事件中处理这个问题。根据上面这些知识，读者可以得到在 C♯ 中编写如何读取按键的程序代码。在 KeyPressEventArgs 类中，通过 KeyChar 属性获取或设置与按下的键对应的字符；通过 Handled 属性获取或设置一个值，该值指示是否处理过 KeyPress 事件。

【例 9-24】 实现显示所按动的按键名称。

实现代码如下：

```
private void Form1_KeyUp(object sender, KeyEventArgs e)
{
    MessageBox.Show("你所按动的键为：" + e.KeyCode.ToString());
}
```

程序的运行结果如图 9-54 所示。

图 9-54　例 9-24 的运行结果

【例 9-25】 实现只允许输入数字的 TextBox 控件。

分析：可以使用 KeyChar 属性获取或设置 a～z、A～Z、Ctrl、标点符号、键盘顶部和数字键盘上的数字键、Enter 键。我们知道,键盘按键与 ASCII 字符集之间存在对应关系。为了便于用户输入,在限制用户输入非 0~9 的数字的同时不应限制用户输入"回车"和"退格",否则将给用户带来不便。其中,"回车"键的 ASCII 值为 13;"退格"键的 ASCII 值为 8。

实现代码如下:

```
private void txtProduceNum_KeyPress(object sender, KeyPressEventArgs e)
{
        if ((e.KeyChar != 8 && !char.IsDigit(e.KeyChar))
            && e.KeyChar != 13)
        {
        MessageBox.Show("商品数量只能输入数字", "操作提示",
            MessageBoxButtons.OK, MessageBoxIcon.Information);
        e.Handled = true;                       //表示已经处理过 KeyPress 事件
        }
}
```

程序的运行结果如图 9-55 所示。

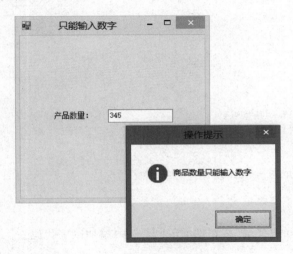

图 9-55　例 9-25 的运行结果

练习:在本例的基础上进一步深化其功能,例如可以在文本框中输入小数点的功能,请读者自行完成。

9.7　窗体之间的数据交互

通常,在 Windows 窗体之间会发生数据交互,主窗体需要将数据传递到弹出窗体,有时弹出窗体修改数据后需要把新数据返回主窗体。弹出窗体和父窗体之间的数据交互通常采用以下 3 种方式。

(1) 属性:弹出窗体通过读写属性将数据传递到父窗体,接收父窗体数据。

(2) 方法:弹出窗体通过构造函数或方法将数据传递到父窗体,接收父窗体数据。

(3) 事件:弹出窗体通过事件的方式通知父窗体有数据需要进行交互。

在此初步探讨窗体之间的数据交互技术，在后面的章节将进行更加深入的探讨和介绍。

9.7.1 通过属性实现窗体之间的数据交互

通过在弹出窗体中添加相应的读写属性实现窗体之间的数据交互，具体步骤通过下例介绍。

【例 9-26】 在一个项目中创建两个窗体，其中 frmLogin 用于实现登录，frmWelcome 用于显示欢迎信息，显然这两个窗体之间要有数据的交互，在此通过 frmWelcome 中的读写属性来实现。

实现步骤如下：

（1）在 frmLogin 窗体中添加两个文本框和两个按钮，两个文本框是 txtStuNo 和 txtName，两个按钮是 btnLogin 和 btnExit。在 frmWelcome 窗体中添加一个标签 lblWelcome。

（2）在 frmWelcome 中添加"姓名"的读写属性。具体代码如下：

```
private string _strName;
//姓名属性
public string strName
{
    get
    {
        return this._strName;
    }
    set
    {
        this._strName = value;
    }
}
```

（3）在 frmLogin 的"登录"按钮的 Click 事件中添加以下代码：

```
private void btnLogin_Click(object sender, EventArgs e)
{
    frmWelcome frmwelcome = new frmWelcome();
    frmwelcome.strName = this.txtName.Text.ToString();    //实现窗体间的数据传递
    frmwelcome.Show();
}
```

（4）在 frmWelcome 窗体的 Load 事件中添加以下代码：

```
private void frmWelcome_Load(object sender, EventArgs e)
{
    this.lblWelcome.Text = "欢迎你" + this.strName + "同学!";
}
```

程序的运行结果如图 9-56 和图 9-57 所示。

练习：在本例的基础上进一步深化其功能，例如实现在 frmWelcome 上显示学号的功能，请读者自行完成。

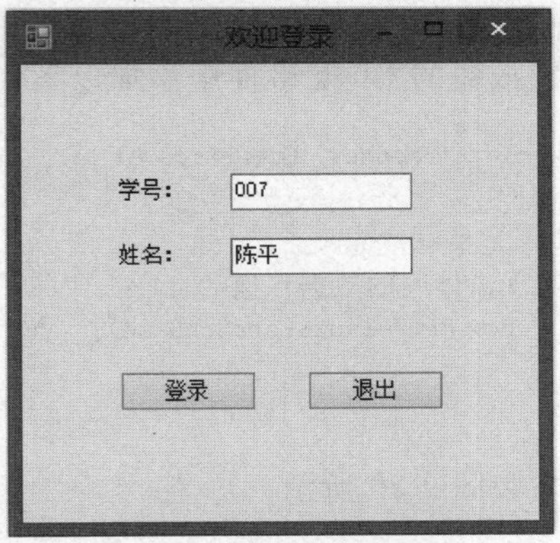

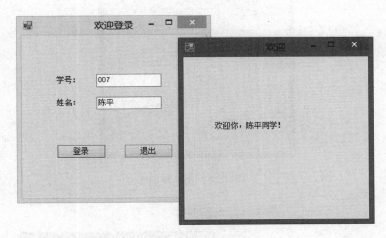

图 9-56 登录界面

图 9-57 欢迎界面

9.7.2 通过窗体构造函数实现窗体之间的数据交互

通过在弹出窗体中重载弹出窗体的构造函数来实现窗体之间的数据交互,具体步骤通过下例介绍。

【例 9-27】 在一个项目中创建两个窗体,其中 frmLogin 用于实现登录,frmWelcome 用于显示欢迎信息,显然这两个窗体之间要有数据的交互,在此通过 frmWelcome 中的重载构造函数来实现。

实现步骤如下:

(1)设计窗体,由于此过程比较简单,在此省略。

(2)在 frmWelcome 中重载窗体的构造函数。具体代码如下:

```
public frmWelcome(string strName)
{
    InitializeComponent();
    this.lblWelcome.Text = "欢迎你," + strName + "同学!";
```

```
}
```

（3）在 frmLogin 的"登录"按钮的 Click 事件中添加以下代码：

```
private void btnLogin_Click(object sender, EventArgs e)
{
    string strStuName = this.txtName.Text;
    //通过窗体的构造函数实现窗体间的数据传递
    frmWelcome frmwelcome = new frmWelcome(strStuName);
    frmwelcome.Show();
}
```

程序的运行结果如图 9-58 和图 9-59 所示。

图 9-58　登录界面

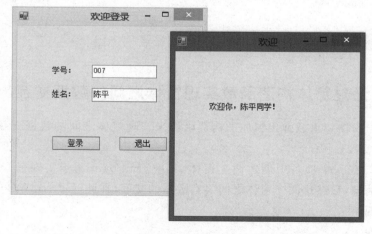

图 9-59　欢迎界面

9.8 本章小结

C♯是一种可视化的程序设计语言，Windows 窗体和控件的应用在 C♯程序设计中占据了重要的位置。本章主要介绍了如何建立 Windows 应用程序、常用的 Windows Forms 控件、菜单以及多文档界面的设计等内容,其中对属性和事件的处理进行了重点介绍。对于本章的内容,要求读者熟练掌握,并运用到程序开发当中。

习题

9-1　Windows 窗体对象与其他控制对象有什么区别?

9-2　Windows 窗体常用的基本属性有哪些?

9-3　Windows 窗体控件共有的基本属性有哪些? 分别说明这些属性的作用。

9-4　标签和文本框控件在功能上的主要区别是什么?

9-5　为了使一个控件在运行时不可见,需要对该控件的什么属性进行设置?

9-6　组合框有哪几种类型? 各种类型的组合框的特点是什么?

9-7　如果要实现定时器控件每隔 30s 触发一个 Tick 事件,则该控件的 InterVal 属性应设置为多少?

9-8　当在应用程序中添加多个窗体后,如何设置启动窗体?

9-9　在窗体上建立一个标签、一个文本框和一个按钮,将标签的 Text 属性设置为"欢迎你,C♯!",编写一个程序,实现当单击此按钮后将标签上的信息显示在文本框中的功能。

9-10　设计一个程序,在窗体上建立一个列表框、一个文本框和一个按钮,在列表框中列有 12 个同学的姓名,实现以下功能:当选定某个学生姓名之后,单击此按钮,则在文本框上显示出该学生的班级。

9-11　设计一个"简单通讯录"程序,在窗体上建立一个下拉式列表框、两个文本框和两个标签,实现以下功能:当用户在下拉式列表框中选择一个学生姓名后,在"学生姓名"、"地址"两个文本框中分别显示出对应的学生姓名和地址。

9-12　设计一个 Windows 应用程序,在窗体上有一个文本框、一个按钮,实现当用户单击按钮时文本框内显示当前是第几次单击该按钮的功能。

9-13　在窗体上创建 3 个文本框,如图 9-60 所示。编写一个程序,当程序运行时,在第一个文本框中输入一行文字,则在另两个文本框中同时显示相同的内容,但显示的字号和字体不同,要求输入的字符数不超过 10 个。

图 9-60　显示不同的字号和字体

9-14 实现一个简单的计算器程序,此程序的设计界面如图 9-61 所示,运行结果如图 9-62 所示。

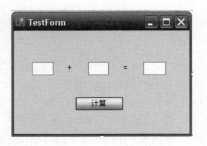

图 9-61 计算器的设计界面   图 9-62 计算器的运行结果

9-15 编写一个程序:输入两个数,并可以用命令按钮选择执行加、减、乘、除运算。在窗体上创建两个文本框用于输入数值,创建 3 个标签分别用于显示运算符、等号和运算结果,创建 5 个命令按钮分别执行加、减、乘、除运算和结束程序的运行,如图 9-63 所示,要求在文本框中只能输入数字,否则将报错。程序的运行结果如图 9-64 所示。

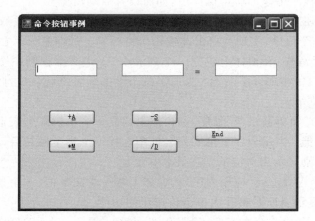

图 9-63 程序的设计界面

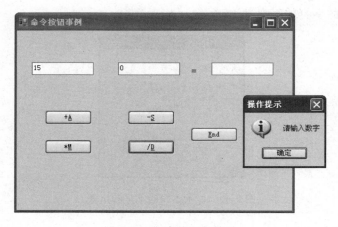

图 9-64 程序的运行结果

9-16 建立一个简单的购物计划,物品单价已列出,用户只需在购买物品时选择购买的物品,并单击"总计"按钮,即可显示购物的总价格。在本程序中采用了以下设计技巧:

- 利用窗体初始化来建立初始界面,这样做比利用属性列表操作更加方便。
- 利用复选框的 Text 属性显示物品名称,利用 Label1~Label4 的 Text 属性显示各物品价格,利用文本框的 Text 属性显示所购物品价格。
- 对于复选框,可以利用其 Checked 属性值或 CheckState 属性值的改变去处理一些问题,在本例中被选中的物品才计入总价。

程序的运行结果如图 9-65 所示。

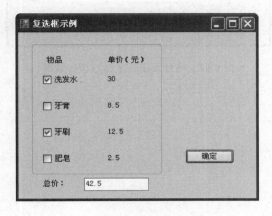

图 9-65 购物计划的运行结果

9-17 输入一个字符串,统计其中有多少个单词。单词之间用空格分隔,程序的运行结果如图 9-66 所示。

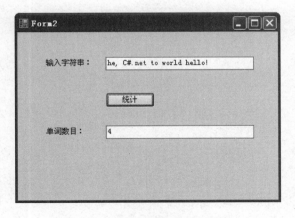

图 9-66 统计单词数的运行结果

9-18 设定一个有大小写字母的字符串,先将字符串的大写字母输出,再将字符串的小写字母输出,程序的运行结果如图 9-67 所示。

图 9-67　统计大小写字母的运行结果

第10章 Windows应用程序进阶

Windows 窗体和控件是开发 C♯ 可视化应用程序的基础。但用户要进一步深入 C♯ 可视化编程必须要掌握 Windows 窗体管理的方法和技术。通常将 Windows 窗体应用程序分为 3 类,即基于单文档界面(SDI)的应用程序、基于多文档界面(MDI)的应用程序和基于对话框的应用程序。本章将对这 3 种应用程序形式分别进行介绍。

在 SDI 应用程序中所有窗体都是平等的,窗体之间不存在层次关系;MDI 应用程序包含一个父窗体(也称为容器窗体)以及一个或多个子窗体;父窗体和子窗体之间存在层次关系。对话框是 Windows 应用程序中重要的用户界面元素之一,是与用户交互的重要手段;在程序运行过程中,对话框可以用于捕捉用户的输入信息或数据。Windows 主要有 3 种对话框,即模态对话框、非模态对话框和通用对话框。

10.1 SDI 应用程序

SDI 应用程序,顾名思义就是处理单一文档的应用程序。通常 SDI 应用程序只用于完成单一的任务,涉及单一的文档。

典型的 SDI 应用程序如 Windows 写字板。SDI 应用程序每次只能处理一个文档,当用户打开第二个文档时将会打开“写字板”的第二个实例,与之前打开的“写字板”应用程序没有任何关系。本书前面介绍的应用程序都是单文档的,在此不再重复介绍。

10.2 MDI 应用程序

一般来说,MDI 应用程序需要在一个窗体中同时包含多个子窗体,不同的子窗体处理不同的数据。子窗体之间可以进行交互,也可以互不相干。包含其他窗体的窗体称为父窗体,它是一个窗体容器,负责统一管理所包含的子窗体。通常,各子窗体之间存在一些共同点(如界面显示风格)需要通过父窗体统一处理,子窗体之间也可能有一些数据交互。

在 MDI 应用程序中,父窗体根据需要静态或动态地创建、删除、显示、隐藏子窗体。当父窗体关闭时会自动关闭所有子窗体,如果某一个子窗体关闭失败,则取消父窗体的关闭。

通常,父窗体以及所有子窗体都需要菜单项,通过这些菜单项来管理子窗体或激发子窗体的某些操作。子窗体也可以根据特定需要制作专用菜单,然后合并到父窗体菜单中,变成一个统一的菜单项。父窗体一般包括“窗口”菜单项,用户通过这个菜单项可以在各子窗体之间进行切换，还可以按不同的方式排列子窗体。

子窗体是 MDI 程序的必要元素，是用户交互和数据处理的核心，从理论上看可以对不同类型的数据进行各种操作。在多个子窗体中只能有一个是活动窗体，它获得用户输入焦点，与用户交互，进行前台数据处理。

10.2.1　如何设置 MDI 窗体

当 MDI 应用程序启动时首先会显示父窗体。所有的子窗体都在父窗体中打开，在父窗体中可以在任何时候打开多个子窗体。每个应用程序只能有一个父窗体，其他子窗体不能移出父窗体的框架区域。下面介绍如何将窗体设置成父窗体或子窗体。

1. 设置父窗体

如果要将某个窗体设置为父窗体，只要在窗体的属性面板中将 IsMdiContainer 属性设置为 true 即可。

2. 设置子窗体

设置完父窗体以后，通过设置某个窗体的 MdiParent 属性来确定子窗体。其语法如下：

```
public Form MdiParent {get;set;}
```

【例 10-1】　将 Form2、Form3 和 Form4 共 3 个窗体设置成子窗体，并且在父窗体 Form1 中打开这 3 个子窗体。注意，要将父窗体 Form1 的 IsMdiContainer 属性设置为 true。

具体代码如下：

```
private void Form1_Load(object sender, EventArgs e)
{
    Form2 frm2 = new Form2();
    frm2.Show();
    frm2.MdiParent = this;
    Form3 frm3 = new Form3();
    frm3.Show();
    frm3.MdiParent = this;
    Form4 frm4 = new Form4();
    frm4.Show();
    frm4.MdiParent = this;
}
```

10.2.2　排列 MDI 子窗体

如果一个 MDI 窗体中有多个子窗体同时打开，若不对其排列顺序进行调整，那么界面会非常混乱，而且不容易浏览。如何解决这个问题呢？可以通过使用带有 MdiLayout 枚举的 LayoutMdi 方法来排列多文档界面父窗体中的子窗体。其语法如下：

```
public void LayoutMdi(MdiLayout value)
```

value 是 MdiLayout 枚举值之一，用来定义 MDI 子窗体的布局。

MdiLayout 枚举用于指定 MDI 父窗体中子窗体的布局。其语法如下：

```
public enum MdiLayout
```

MdiLayout 的枚举成员及说明如表 10-1 所示。

表 10-1　MdiLayout 的枚举成员

枚 举 成 员	说　　明
Cascade	所有 MDI 子窗体均层叠在 MDI 父窗体的工作区间
TileHorizontal	所有 MDI 子窗体均水平平铺在 MDI 父窗体的工作区间
TileVertical	所有 MDI 子窗体均垂直平铺在 MDI 父窗体的工作区间
ArrangeIcons	所有 MDI 子窗体按图标排列在 MDI 父窗体的工作区间

下面通过一个实例演示如何使用带有 MdiLayout 枚举的 LayoutMdi 方法来排列 MDI 父窗体中的子窗体。

【例 10-2】　创建一个 Windows 应用程序，向项目中添加 4 个窗体，然后使用 LayoutMdi 方法以及 MdiLayout 枚举设置窗体的排列。

实现步骤如下：

（1）新建一个 Windows 应用程序，默认窗体为 Form1.cs。

（2）将窗体 Form1 的 IsMdiContainer 属性设置为 true，用作 MDI 父窗体，然后添加 3 个 Windows 窗体，用作 MDI 子窗体。

（3）在 Form1 窗体中添加一个 MenuStrip 控件，用作该父窗体的菜单项。然后通过 MenuStrip 控件建立 5 个菜单项，分别为"加载子窗体"、"水平平铺"、"垂直平铺"、"层叠排列"和"关闭子窗体"。

运行程序时，单击"加载子窗体"菜单项后在父窗体中可以加载所有的子窗体，代码如下：

```
private void 加载子窗体 toolStripMenuItem_Click(object sender, EventArgs e)
{
    Form2 frm2 = new Form2();
    frm2.MdiParent = this;
    frm2.Show();
    Form3 frm3 = new Form3();
    frm3.MdiParent = this;
    frm3.Show();
    Form4 frm4 = new Form4();
    frm4.MdiParent = this;
    frm4.Show();
}
```

程序的运行结果如图 10-1 所示。

加载所有的子窗体之后，单击"水平平铺"菜单项，使父窗体中所有的子窗体水平排列，代码如下：

```
private void 水平平铺 toolStripMenuItem_Click(object sender, EventArgs e)
```

```
{
    LayoutMdi(MdiLayout.TileHorizontal);
}
```

程序的运行结果如图 10-2 所示。

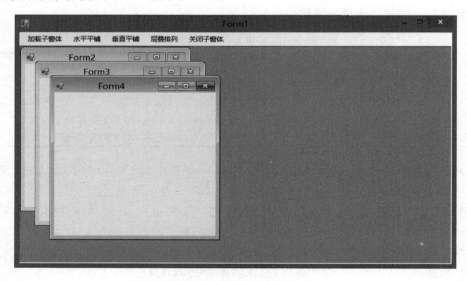

图 10-1　加载所有子窗体

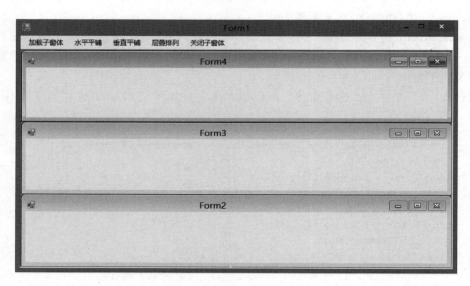

图 10-2　水平平铺子窗体

单击"垂直平铺"菜单项，使父窗体中所有的子窗体垂直排列，代码如下：

```
private void 垂直平铺 toolStripMenuItem_Click(object sender, EventArgs e)
{
    LayoutMdi(MdiLayout.TileVertical);
}
```

程序的运行结果如图 10-3 所示。

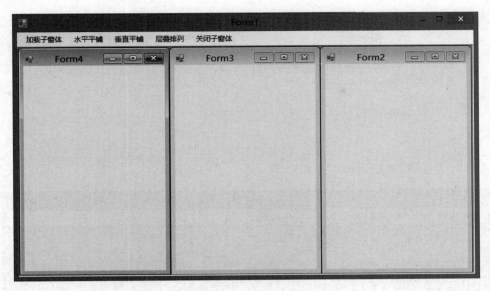

图 10-3　垂直平铺子窗体

单击"层叠排列"菜单项,使父窗体中所有的子窗体层叠排列,代码如下:

```
private void 层叠排列 toolStripMenuItem_Click(object sender, EventArgs e)
{
    LayoutMdi(MdiLayout.Cascade);
}
```

程序的运行结果如图 10-4 所示。

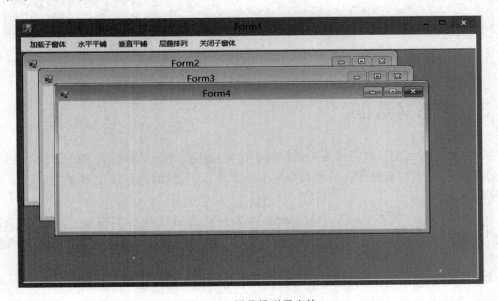

图 10-4　层叠排列子窗体

单击"关闭子窗体"菜单项，使父窗体中所有的子窗体全部关闭，代码如下：

```
private void 关闭子窗体 toolStripMenuItem_Click(object sender, EventArgs e)
{
    //通过 MdiChildren 遍历所有子窗体,并依次关闭
    Form[] frmList = this.MdiChildren;
    foreach (Form frm in frmList)
    {
        frm.Close();
    }
}
```

程序的运行结果如图 10-5 所示。

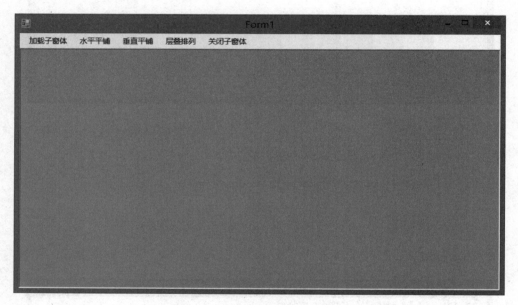

图 10-5　关闭子窗体

10.3　模态对话框

所谓"模态对话框"，就是指当对话框弹出的时候用户必须在对话框中做出相应的操作，在退出对话框之前对话框所在的应用程序不能继续执行，此时鼠标不能够单击对话框以外的区域。

在一般情况下，模态对话框会有"确定"（Ok）和"取消"（Cancel）按钮。单击"确定"按钮，系统认定用户在对话框中的选择或输入有效，对话框退出；单击"取消"按钮，对话框中的选择或输入无效，对话框退出，程序恢复原有的状态。

模态对话框的应用范围比较广，大家平常见到的大多数对话框都是模态对话框。模态对话框通常不会总是出现在屏幕上，往往是在用户进行了某些操作以后才出现的。图 10-6 就是一个模态对话框的例子，这是 Microsoft Word 中的"字数统计"对话框。

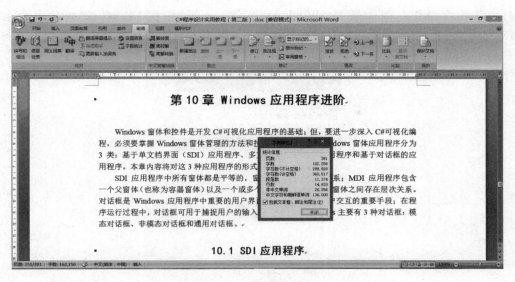

图 10-6 模态对话框

本节将通过一个模态对话框的例子来介绍模态对话框的实现方法，为此首先建立一个 ModalDialog 的 Windows 项目。本节通过模态对话框来设置主窗体的标题、颜色等属性。

10.3.1 添加对话框

对话框实际上是一种特殊的窗体。在 C♯ 中，对话框也是一个类，这个类是从窗体类继承而来的。事实上，Windows 的所有控件（例如文本框、按钮等）都是一种特殊的窗体。

如果要添加对话框，可以选择"项目"→"添加 Windows 窗体"命令，弹出如图 10-7 所示

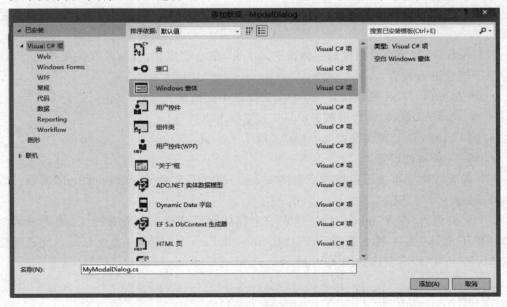

图 10-7 添加 Windows 窗体

的对话框进行操作。例如选择"Windows 窗体"选项，并在"名称"文本框中命名为 MyModalDialog. cs，然后单击"打开"按钮，这样在解决方案资源管理器中便可以生成一个和 Form1 相并列的窗体，这个窗体就是将用到的模态对话框，如图 10-8 所示。

图 10-8　解决方案资源管理器

10.3.2　编辑对话框属性

对话框的窗体之所以和普通的窗体不一样，是因为它的某些属性的值和普通窗体是不一样的。

（1）一般来说，模态对话框的窗体没有最大化、最小化按钮，有的没有关闭按钮，因此需要对以下属性进行设置。

- 将 MinimizeBox 属性设置为 false，去掉最小化按钮。
- 将 MaximizeBox 属性设置为 false，去掉最大化按钮。
- 将 ControlBox 属性设置为 false，去掉关闭按钮。
- 将 Text 属性设置为""。

（2）模态对话框不能用鼠标改变窗体的大小，因此需要把 FormBoderStyle 属性设置为 FixedDialog。

（3）一般而言，在 Windows 中每出现一个窗体就要被显示在任务栏上，然而对话框等窗体一般不希望在任务栏上被显示，因此把 ShowInTaskBar 属性设置成 false。完成属性设置的 MyModalDialog 窗体如图 10-9 所示。

10.3.3　添加控件

在设置对话框的属性以后，就需要在这个对话框上添加相应的控件了，本例中需要添加一个 Label、一个 TextBox、两个 Buttton、一个 GroupBox(其中有 3 个 RadioButton 控件)。

实现步骤如下:

(1) 添加一个 Label 控件,将其 Text 属性设置为"标题"。

(2) 添加一个 TextBox 控件,将其 Text 属性清空。

(3) 添加一个 GroupBox 控件,将其 Text 属性设置为"背景颜色"。

(4) 在新添加的 GroupBox 控件上添加 3 个 RadioButton 控件,并将其 Text 属性分别设置为"红色"、"黄色"、"蓝色"。

(5) 添加两个 Button 控件,将其中一个的 Text 属性设置为"确定",将另一个设置为"取消"。

添加控件后的窗体如图 10-10 所示。

图 10-9　完成属性设置的窗体

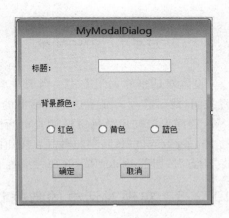

图 10-10　设计界面

10.3.4　实现对话框的自身功能

因为对话框本身就是一个窗体,其内部的多个控件也有必然的逻辑关系,因此需要在对话框窗体上给某些控件添加事件处理方法代码,以实现控件间的逻辑关系。基本上,对于任何的对话框(不论是模态和还是非模态的对话框)而言,首要的任务是要记住对于对话框的操作和选择。通常,此时的数据保存在这个对话框类的某些字段里,通过属性关联字段的方式来访问。

一般来说,在此例中需要添加两个字段,一个用于存放标题的信息,另一个用于存放对于颜色的设置信息。注意,只添加了字段还不够,还需要添加事件处理方法来设置字段。

实现步骤如下:

(1) 添加存放标题和颜色设置信息的字段。

在 MyModalDialog.cs 文件中添加以下代码:

```
private Color FieldColor;
public string FieldTitle;
```

注意:Color 是一种特殊的类,在这里作为数据类型直接使用即可。

(2) 当用户选择颜色的时候,设置颜色字段 FieldColor 的值,因此添加以下事件的代码：

```
private void radioButton1_CheckedChanged(object sender, EventArgs e)
{
    if (radioButton1.Checked)
        FieldColor = Color.Red;
}
private void radioButton2_CheckedChanged(object sender, EventArgs e)
{
    if (radioButton2.Checked)
        FieldColor = Color.Yellow;
}
private void radioButton3_CheckedChanged(object sender, EventArgs e)
{
    if (radioButton3.Checked)
        FieldColor = Color.Blue;
}
```

（3）设置对话框的关闭方式。当用户单击模式对话框中的"确定"或"取消"按钮时，对话框将关闭，此时必须向显示这个对话框的代码返回结果，反映对话框的关闭方式。C♯的Windows 程序可以使用两种方法设置对话框的关闭方式，一种是在设计对话框窗体时设置按钮的 DialogResult 属性，另一种是在按钮的单击事件方式中设置窗体的 DialogResult 属性。通常将"确定"按钮的 DialogResult 属性设置成 Ok，将"取消"按钮的属性设置成 Cancel。

10.3.5　实现对话框的数据访问

对话框主要用来获取用户输入的数据，有时也需要显示这些数据的当前值，因此对话框和父窗体的数据交换通常是双向的。在 C♯的 Windows 应用程序中，根据不同的需要实现父窗体与对话框交换数据的方法通常有下面两种。

第一种是定义一个类，其中包括需要与对话框交换的数据，并且在对话框类中声明类型为这个类的属性。

第二种是在对话框中为每个需要交换的数据声明一个属性。

为了体现程序的规范性和严谨性，此处选用第一种方法，对于第二种方法请读者自行完成。第一种方法的实现步骤如下：

（1）添加一个新类，可以选择"项目"→"添加类"命令添加。新添加的类的名称为DialogData，其对应生成的文件为 DialogData.cs。

（2）添加两个字段，一个是字符串类型的 FieldTitle，另一个是 Color 类型的FieldColor。这两个字段分别对应用户对于标题的设置和对于颜色的选择，访问修饰符都是Private。

注意：Color 在 System.Drawing 命名空间下，因此要在文件的头部导入命名空间using System.Drawing。

（3）为添加的两个字段添加属性，相应的属性名称可以设置成 DataTitle 和 DataColor。两个属性的代码如下：

```
public Color DataColor
```

```
    {
        get
        {
            return FieldColor;
        }
        set
        {
            FieldColor = value;
        }
    }

    public string DataTitle
    {
        get
        {
            return FieldTitle;
        }
        set
        {
            FieldTitle = value;
        }
    }
}
```

（4）在对话框类（MyModalDialog.cs）中为此类添加 DialogData 属性，以便对话框和父窗体之间可以通信。这个属性的名称可以为 DataDialog、类型为 DialogData，其代码如下：

```
public DialogData DataDialog
{
    //得到对话框的用户设置
    get
    {
        //创建一个 DialogData 对象，以便存放数据
        DialogData dd = new DialogData();
        //设置两个属性存放数据
        dd.DataTitle = textBox1.Text;
        dd.DataColor = FieldColor;
        //返回 dd
        return dd;
    }
    set
    {
        //设置对话框
        textBox1.Text = value.DataTitle;
        //设置 FieldColor 字段
        FieldColor = value.DataColor;
        //根据 FieldColor 字段设置 3 个 RadioButton
        radioButton1.Checked = false;
        radioButton2.Checked = false;
        radioButton3.Checked = false;
        if (FieldColor == Color.Red)
            radioButton1.Checked = true;
```

```
        if (FieldColor == Color.Yellow)
            radioButton2.Checked = true;
        if (FieldColor == Color.Blue)
            radioButton3.Checked = true;
    }
}
```

由此可知,通过对话框类中的一个属性就可以得到对话框中的数据,这个属性的类型是另外一个类,通过类的对象形式得到数据。如果不用类也是可以的,就是把这个类的结构拆开,这个类的属性直接加到对话框这个类里面。严格地说,这个表示对话框数据的类并没有完全起到类的作用,其就是一个结构化的数据类型,因为在这个类中并没有定义自己的操作。

10.3.6　显示对话框

至此,对话框的相应任务就完成了,接下来需要把这个对话框显示出来。在此可以用一个按钮被单击的事件来激活对话框,实现步骤如下:

(1) 在 Form1 的设计界面上添加一个按钮,设置其 Text 属性为"弹出模态对话框"。

(2) 编辑这个按钮的单击事件的处理方法,代码如下:

```
private void button1_Click(object sender, EventArgs e)
{
    //根据窗体的状态设置对话框
    //首先生成对话框数据的对象
    DialogData dd = new DialogData();
    //得到当前窗体的数据
    dd.DataColor = this.BackColor;
    dd.DataTitle = this.Text;
    //构造对话框
    MyModalDialog mmd = new MyModalDialog();
    //根据所得到的表示当前窗体数据的对象设置对话框
    mmd.DataDialog = dd;
    //显示对话框
    mmd.ShowDialog();
    //接下来运行的是 MyModalDialog 类的代码,等到对话框关闭的时候返回来
    //如果单击 OK,则设置窗体的属性
    if (mmd.DialogResult == DialogResult.OK)
    {
        this.Text = mmd.DataDialog.DataTitle;
        this.BackColor = mmd.DataDialog.DataColor;
    }
}
```

注意:如果把"mmd.ShowDialog();"改成"mmd.Show();"会是什么情况呢？本节所讲的都是通用的对话框。事实上,模态对话框就是通过这里的"mmd.ShowDialog();"语句实现的。

程序的运行结果如图 10-11 所示。

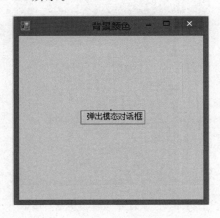

图 10-11　模态对话框的运行结果

10.4　非模态对话框

所谓"非模态对话框",就是指当前对话框被弹出后一直保留在屏幕上,用户可以继续在对话框所在的应用程序中进行其他操作,当需要使用对话框时只需要像激活一般窗口那样单击对话框所在的区域即可。

非模态对话框通常用于显示用户需要经常访问的控件和数据,并且在使用这个对话框的过程中需要访问其他窗体。很多应用程序,例如 Word 和记事本的"查找"对话框就是非模态对话框。

创建非模态对话框的过程和创建模态对话框没有什么不同,它们之间的区别在于显示它们的方法不同。模态对话框使用 ShowDialog 方法显示,而非模态对话框使用 Show 方法显示。本节要实现的非模态对话框在功能上和 10.3 节中的模态对话框类似。由于在程序实现的过程中很多操作与前一节相似,所以本节的例子是在 10.3 节的基础上修改完成的。

10.4.1　添加、设置对话框

对话框的窗体和 10.3 节的基本相似,具体实现步骤如下:

(1) 添加窗体,将其名称设置为 ModalessDialogBox。

(2) 设置窗体属性,需要去掉最大化、最小化按钮等,不过,FormBorderStyle 属性应该设置成 FixedToolWindow,ControlBox 属性应该设置成 true。

(3) 添加相应的控件,但是不再需要添加两个按钮。

设置完成的窗体如图 10-12 所示。

10.4.2　添加对话框属性

与前一节相似,在 ModalessDialogBox 窗体所对应的 ModalessDialogBox.cs 文件中添加 DataTitle 和 DataColor 两个属性,一个是字符串类型,另一个是 Color 类型,只是这里的

图 10-12　设置完成的非模态对话框

两个属性都是只写的。

这两个属性添加完成以后，其代码如下：

```
public Color DataColor
    {
        set
        {
          //RadioButton 选中标记清空
          radioButton1.Checked = false;
          radioButton2.Checked = false;
          radioButton3.Checked = false;
          if(value == Color.Red )
            radioButton1.Checked = true;
          if(value == Color.Blue)
            radioButton3.Checked = true;
          if(value == Color.Yellow )
            radioButton2.Checked = true;
        }
    }

public string DataTitle
    {
        set
        {
          textBox1.Text = value;
        }
    }
```

10.4.3　实现控件功能

由于非模态对话框经常和其他窗体进行交互操作，因此当对话框的状态发生改变时需要实时通知其他窗体，这也是模态对话框和非模态对话框的一个很大的区别。即非模态对话框不需要单击"确定"按钮,用户在对话框上进行的设置便可以立刻反映到主窗体上。

1. 文本框

当文本框中的内容发生变化时,主窗体的标题也要随之同步,因此需要使用 TextChanged 事件,该事件的处理方法如下:

```csharp
private void textBox1_TextChanged(object sender, System.EventArgs e)
{
    //得到父窗体
    Form1 fatherForm = (Form1)this.Owner;
    if(fatherForm!= null)
        fatherForm.Text = textBox1.Text;
}
```

2. RadioButton

对于 3 个 RadioButton 而言,每一个在选择发生改变时都需要判定一下,如果被选中则立刻设置主窗体的相关属性,代码如下:

```csharp
private void radioButton1_CheckedChanged(object sender, System.EventArgs e)
    {
        if(radioButton1.Checked)
        {
            //得到父窗体
            Form1 fatherForm = (Form1)this.Owner;
            //设置父窗体
          fatherForm.BackColor = Color.Red;
        }
    }

    private void radioButton2_CheckedChanged(object sender, System.EventArgs e)
    {
        //得到父窗体
        Form1 fatherForm = (Form1)this.Owner;
        //设置父窗体
      fatherForm.BackColor = Color.Yellow;
    }

    private void radioButton3_CheckedChanged(object sender, System.EventArgs e)
    {
        //得到父窗体
        Form1 fatherForm = (Form1)this.Owner;
        //设置父窗体
        fatherForm.BackColor = Color.Blue;
    }
```

10.4.4　显示、隐藏非模态对话框

读者从上一节中可知，模态对话框是在按钮被按下时才被加载的。然而，与模态对话框不同，这里的非模态对话框是在主窗体形成的时候被加载的，非模态对话框被打开和关闭都是通过 Show()和 Hide()事件来实现的，因此需要以下步骤：

（1）在 Form1 上面添加一个按钮，设置其 Text 属性为"显示非模态对话框"。

（2）在 Form1 的类上添加一个名为 MdlessDlg 的字段，类型是 ModalessDialog。

（3）在 From1 的构造函数中的 InitializeComponent()一行的后面添加代码，生成对话框。

修改后的 Form1 的构造函数如下：

```
public Form1()
{
    //
    // Windows 窗体设计器支持所必需的
    //
    InitializeComponent();

    //
    // TODO: 在 InitializeComponent 调用后添加任何构造函数代码
    //
    //在构造窗体的同时构造对话框
    MdlessDlg = new ModalessDialog();
    MdlessDlg.DataColor = this.BackColor;
    MdlessDlg.DataTitle = this.Text;
        //设置对话框和主窗体的关系
    MdlessDlg.Owner = this;
}
```

（4）编写按钮单击事件的处理方法，代码如下：

```
private void button1_Click(object sender, System.EventArgs e)
{
    //当按钮按下并且对话框还在显示时
    if(MdlessDlg.Visible)
    {
        MdlessDlg.Hide();
        button1.Text = "显示非模态对话框";
    }
    else
    {
        //当按钮按下并且对话框没有显示时
        //注意,此时是 Show,不是 ShowDialog
        MdlessDlg.Show();
        button1.Text = "隐藏非模态对话框";
    }
}
```

可以看出，此处所做的工作仅仅是显示或者隐藏对话框，结果如图10-13所示。

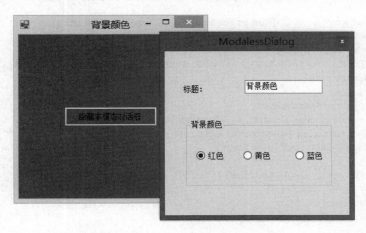

图 10-13　非模态对话框的运行结果

10.5　通用对话框

不同的 Windows 应用软件常常使用功能相同的对话框，例如"打开"、"保存"、"打印"等对话框，这类对话框称为通用对话框。Windows 系统提供了这些对话框的模板，应用程序可以直接使用这些对话框。在 C♯ 中使用这些通用对话框是非常方便的。本节将介绍在编程中经常用到的对话框，分别是消息框（MessageBox）、打开文件对话框（OpenFileDialog）、保存文件对话框（SaveFileDialog）、颜色对话框（ColorDialog）、字体对话框（FontDialog）和打印对话框（PrintDialog）。那么在 C♯ 中如何使用通用对话框呢？本节就来探讨一下这个问题。

使用通用对话框的方法有两种，一种是在设计窗体时从工具箱中向窗体上拖放一个通用对话框控件，当在程序中使用这个对话框时设置它的属性，并调用它的 ShowDialog 方法。由于这种方法会在类中声明一个成员，在程序运行的时候始终都会占用内存，因此这种方法对资源的利用率不是很高；另一种方法是在运行的时候创建通用对话框对象、设置它的属性、调用它的 ShowDialog 方法，这种方法创建的通用对话框对象是临时的，生命周期通常很短，因此比较节约资源。不过，如果在程序中有多处使用同一种通用对话框，则把它声明为类成员更节约时间，因为这样做减少了创建对象的过程。

10.5.1　消息框

不同于 VB 中可以直接使用 MsgBox 得到消息框的返回值，在 C♯ 中需要使用 DialogResult 类型的变量，用 MessageBox.Show()方法接受消息对话框的返回值。至于 MessageBox.Show()的返回值是 Yes、No、Ok 还是 Cancel，需要用户在 Show()方法中对它可以显示的选择按钮进行设置；同时，对 Show()方法的调用使用可选的 style 参数可以指定要在消息框中显示的最适合所示消息框类型的图标类型。下面的例子可以作为参考。

【例 10-3】用 MessageBox.Show()方法设计如图 10-14 所示的消息框。

程序代码如下：

```
private void button1_Click(object sender, EventArgs e)
{
    //Initializes the variables to pass to the MessageBox.show method.
    string message = "你喜欢 C# 吗?";
    string caption = "提问";
    MessageBoxButtons buttons = MessageBoxButtons.YesNo;
    DialogResult result;

    //Displays the MessageBox.
    result = MessageBox.Show(this, message, caption, buttons,
        MessageBoxIcon.Question,MessageBoxDefaultButton.Button1,
        MessageBoxOptions.RightAlign);

    if (result == DialogResult.Yes)
    {
        //Do your action here.
    }
}
```

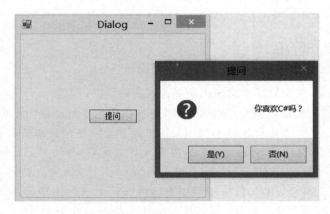

图 10-14　消息框

【例 10-4】　编写一个口令检验程序，要求按以下规定实现程序功能。

（1）口令为 8 位字符"zhongguo"，输入口令时在屏幕上不显示输入的字符，而以"*"代替，如图 10-15 所示。

图 10-15　运行结果 1

（2）若输入口令正确，显示如图 10-16 所示的消息框。

（3）若输入口令不正确，显示如图 10-17 所示的消息框。这时，若单击"重试"按钮，则清除原输入内容，焦点定位在文本框，等待用户输入；若单击"取消"按钮，则终止程序的运行。

图 10-16 运行结果 2

图 10-17 运行结果 3

根据界面显示及程序功能要求，在窗体上创建一个标签、一个文本框和两个命令按钮，它们的属性设置如表 10-2 所示。

表 10-2 控件的属性设置

默认的控件名	设置的控件名（Name）	文本（Text）	其他属性
Label1	lblPass	口令：	
TextBox1	txtPass	空白	MaxLength＝8 PasswordChar＝"＊"
Button1	btnOk	确定	
Button2	btnExit	退出	

程序代码如下：

```
private void btnOk_Click(object sender, EventArgs e)
{
    DialogResult result;
    if (this.txtPass.Text == "zhongguo")
    {
        MessageBox.Show(this, "口令输入正确", "消息框程序示例",
            MessageBoxButtons.OK, MessageBoxIcon.Question);
    }
    else
    {
        result = MessageBox.Show(this, "口令输入错误", "消息框程序示例",
            MessageBoxButtons.RetryCancel, MessageBoxIcon.Warning);
        //用户单击"重试"按钮
        if (result == DialogResult.Retry)
        {
            this.txtPass.Text = "";
            this.txtPass.Focus();
        }
        //用户单击"取消"按钮
        else
```

```
        {
            Application.Exit();
        }
    }
}

//窗体的 Load 事件
private void Form1_Load(object sender, EventArgs e)
{
    //初始化操作,将口令文本框清空
    txtPass.Text = "";
}

//"退出"按钮的 Click 事件
private void btnExit_Click(object sender, EventArgs e)
{
    Application.Exit();
}
```

10.5.2 打开文件和保存文件对话框

打开文件和保存文件对话框是常见的对话框,下面我们来探讨在 C♯ 中是如何操作打开文件和保存文件对话框的。

1. 打开文件对话框

在命名空间 System. Windows. Forms 中封装了一个名为 OpenFileDialog 的类,在 C♯ 中打开文件对话框是通过这个类实现的。下列代码用于创建一个此类的对象:

```
OpenFileDialog openFileDialog1 = new OpenFileDialog();
```

（1）打开文件对话框的常用属性如表 10-3 所示。

表 10-3　打开文件对话框的常用属性

属性名称	作　用
InitialDirectory	设置在对话框中显示的初始化目录
Filter	设定对话框中的过滤字符串
FilterIndex	设定显示的过滤字符串的索引
RestoreDirectory	bool 类型,设定是否重新回到关闭此对话框时的当前目录
FileName	设定在对话框中选择的文件名称
ShowHelp	设定在对话框中是否显示"帮助"按钮
Title	设定对话框的标题

（2）OpenFileDialog 控件有以下常用事件。

• FileOk：当用户单击"打开"或"保存"按钮时要处理的事件。

• HelpRequest：当用户单击"帮助"按钮时要处理的事件。

【例 10-5】　设计一个打开文件对话框。

实现步骤如下：

（1）建立一个项目并命名。

（2）从工具箱中拖动一个 OpenFileDialog 控件到设计界面，如图 10-18 所示。

（3）设置 OpenFileDialog 控件的属性。

- Filter 属性："Text Files(* . txt)｜ * . txt｜Word(* . doc)｜ * . doc｜All Files(* . *)
  ｜ * . * "；
- InitialDirectory 属性："D:\"；
- FilterIndex 属性："2"；
- RestoreDirectory 属性："true"。

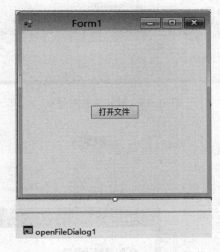

图 10-18 添加 OpenFileDialog 控件

（4）在设计界面上添加一个按钮，并设置其 Text 属性为"打开文件"。

（5）添加按钮单击事件的代码，代码如下：

```
private void btnOpenFile_Click(object sender, EventArgs e)
{
    if (openFileDialog1.ShowDialog() == DialogResult.OK)
    {
        MessageBox.Show("选择打开的文件\n" + openFileDialog1.FileName,
            "打开文件", MessageBoxButtons.OK, MessageBoxIcon.Information);
    }
}
```

运行程序，结果如图 10-19 所示。

选择一个文件，单击"打开"按钮，弹出如图 10-20 所示的消息框，其中信息是由对话框返回的。

2. 保存文件对话框

在 C♯ 中，保存文件对话框的创建是通过命名空间 System. Windows. Forms 中的 SaveFileDialog 类实现的。下列代码用于创建一个此类的对象：

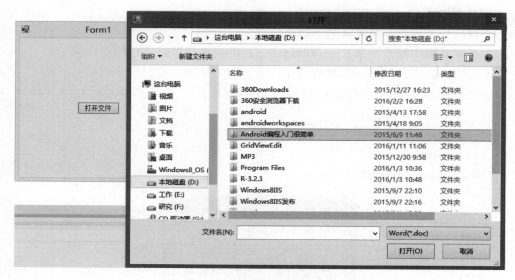

图 10-19　打开文件对话框

图 10-20　对话框返回的信息

```
SaveFileDialog saveFileDialog1 = new SaveFileDialog();
```

（1）保存文件对话框的常用属性如表 10-4 所示。

表 10-4　保存文件对话框的常用属性

属 性 名 称	作　　用
InitialDirectory	设置在对话框中显示的初始化目录
Filter	设定对话框中的过滤字符串
FilterIndex	设定显示的过滤字符串的索引
RestoreDirectory	布尔型，设定是否重新回到关闭此对话框时的当前目录
FileName	设定在对话框中选择的文件名称
ShowHelp	设定在对话框中是否显示"帮助"按钮
Title	设定对话框的标题

（2）SaveFileDialog 控件有以下常用事件。

- FileOk：当用户单击"打开"或"保存"按钮时要处理的事件。
- HelpRequest：当用户单击"帮助"按钮时要处理的事件。

10.5.3　颜色选择对话框

颜色选择对话框也是用户常见的对话框，这个对话框用来选取并且返回颜色。颜色选择对话框分为左、右两个部分，左半部分显示基本颜色和自定义颜色，右半部分用来编辑自定义颜色。下面我们来看在 C♯ 中是如何操作颜色选择对话框的。在 C♯ 中颜色选择对话框的创建是通过命名空间 System. Windows. Froms 中的 ColorDialog 来实现的。下列代码用于创建一个此类的对象：

```
ColorDialog ColorDialog1 = new ColorDialog();
```

颜色选择对话框的常用属性如表 10-5 所示。

表 10-5　颜色选择对话框的常用属性

属性名称	作　　用
AllowFullOpen	bool 类型，设定用户是否可以使用自定义颜色
FullOpen	bool 类型，指示对话框打开时是否显示右边的编辑自定义颜色部分，true 为显示，false 为不显示。当 FullOpen 为 false 时，单击"规定自定义颜色"按钮才会显示对话框的右半部分。如果 AllowFullOpen 为 false，则这个属性不起作用
Color	Color 类型，指定对话框选择的颜色
CustomColor	int 数组，指定对话框显示的自定义颜色。数组中的每个元素即为一个颜色值

【例 10-6】 设计一个颜色选择对话框。

分析：使用 ColorDialog 的方法和模态对话框一样，这里依然在按钮的单击事件中使用颜色对话框更改窗体的背景颜色，不过不使用控件，而是在方法中生成对象。

实现步骤如下：

（1）建立一个项目并命名。

（2）添加一个按钮到设计界面，并完成菜单的设置。

（3）添加按钮单击事件的代码，代码如下：

```
private void btnOpenColorDialog_Click(object sender, EventArgs e)
{
    //构造对话框对象
    System. Windows. Forms. ColorDialog cdlg = new System. Windows. Forms. ColorDialog();
    //初始化自定义颜色
    cdlg. CustomColors = new int[]
    {
        0x0000ff,0xff0000,0x00ff00,0xff00ff,0xffff00,0xffffff
    };
    //不允许自定义颜色
    cdlg. AllowFullOpen = false;
    //显示对话框
    if (cdlg. ShowDialog() == DialogResult.OK)
```

```
    {
        this.BackColor = cdlg.Color;
    }
}
```

运行程序，在设置好的几个颜色中选择窗体的颜色，结果如图 10-21 所示，此时窗体的背景颜色发生了变化。

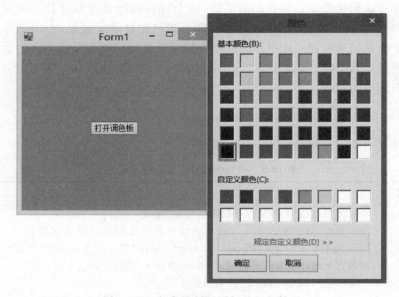

图 10-21　颜色选择对话框的运行结果

10.5.4　字体对话框

用户在文字处理中经常用到字体，下面介绍一下字体对话框。在命名空间 System. Windows. Forms 中封装了一个名为 FontDialog 的类，在 C♯ 中是通过此类创建字体对话框的。下列代码用于创建一个此类的对象：

```
FontDialog fontDialog1 = new FontDialog();
```

(1) 字体对话框的常用属性如表 10-6 所示。

表 10-6　字体对话框的常用属性

属 性 名 称	作　　用
ShowColor	是否在对话框中显示"颜色"选项
AllowScriptChange	是否允许使用者更改"字符集"选项
Font	选择后的字体

(2) 字体对话框有以下常用事件。
- Apply：当用户单击"应用"按钮时要处理的事件。
- HelpRequest：当用户单击"帮助"按钮时要处理的事件。

【例 10-7】　设计一个字体对话框，使用字体对话框更改窗体的 RichTextBox 控件的字体。

实现步骤如下：

（1）建立一个项目并命名。

（2）添加一个菜单到设计界面，并完成菜单的设置。

（3）添加菜单单击事件的代码，代码如下：

```
using System;
using System.Collections.Generic;
using System.ComponentModel;
using System.Data;
using System.Drawing;
using System.Text;
using System.Windows.Forms;
using FontDialog1 = System.Windows.Forms.FontDialog;

namespace FontDialog
{
    public partial class Form1 : Form
    {
        public Form1()
        {
            InitializeComponent();
        }

        private void menuItemFont_Click(object sender, EventArgs e)
        {
            FontDialog1 fontDialog = new FontDialog1();
            fontDialog.ShowColor = true;
            fontDialog.AllowScriptChange = true;
            fontDialog.AllowVectorFonts = true;
            fontDialog.ShowEffects = true;
            if (fontDialog.ShowDialog() == DialogResult.OK)
            {
                this.richTextBox1.Font = fontDialog.Font;
                this.richTextBox1.ForeColor = fontDialog.Color;
            }
        }
    }
}
```

注意：在 C♯ 中可以使用"别名使用指令"为命名空间或类型定义别名。这段代码中的
"using FontDialog1 = System.Windows.Forms.FontDialog;"语句就定义了一个别名
FontDialog1，此后的程序语句可以使用这个别名来代替定义的命名空间或类型。

程序的运行结果如图 10-22 和图 10-23 所示。

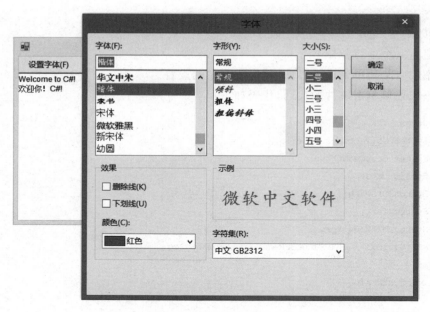

图 10-22　使用字体对话框进行字体设置

图 10-23　字体改变后的结果

10.5.5　打印组件

C#提供了支持打印的 5 种组件，即 PrintDialog、PrintSetupDialog、PrintDocument、PrintPreviewDialog 和 PrintPreviewControl。本节将向读者介绍其中几种组件的用法，用户使用这些组件可以完成打印任务。

1. PrintDocument 组件

PrintDocument 组件用于设置一些属性，这些属性说明在基于 Windows 操作系统的应用程序中打印什么内容以及打印文档的能力，可以将它和 PrintDialog 组件一起使用来控制文档打印的各个方面。

PrintDocument 组件是最重要的 Windows 打印对象,负责建立和其他打印对象的联系,该组件的常用属性如表 10-7 所示。

表 10-7 PrintDocument 组件的常用属性

属性名称	作 用
DefaultPageSettings	获取或设置页设置,这些页设置用作要打印的所有页的默认设置
DocumentName	获取或设置打印文档时要显示的文档名(例如在打印状态对话框或打印机队列中显示)
OriginAtMargins	获取或设置一个值,该值指示与页关联的图形对象的位置是位于用户指定的边距内,还是位于该页可打印区域的左上角
PrintController	获取或设置指导打印进程的打印控制器
PrinterSettings	获取或设置对文档进行打印的打印机

该组件的常见方法为 Print,其作用是开始文档的打印进程。

该组件的常见事件为 PrintPage,当需要打印输出当前页时发生。

2. PrintPreviewDialog 组件

PrintPreviewDialog 组件是预先配置的对话框,用于显示 PrintPreviewDialog 组件在打印时的外观,该组件的常用属性如表 10-8 所示。

该组件的常见方法为 ShowDialog,其作用是显示打印预览窗口。

表 10-8 PrintPreviewDialog 组件的常用属性

属 性 名 称	作 用
Document	获取或设置预览的文档
UseAntiAlias	获取或设置一个值,该值指示打印是否使用操作系统的防锯齿功能

3. PrintDialog 组件

PrintDialog 组件是预先配置的对话框,用于在 Windows 应用程序中选择打印机、选择要打印的页以及确定其他与打印相关的设置。该组件的常用属性如表 10-9 所示。

表 10-9 PrintDialog 组件的常用属性

属 性 名 称	作 用
AllowCurrentPage	获取或设置一个值,该值指示是否显示"当前页"选项按钮
AllowPrintToFile	获取或设置一个值,该值指示是否选中"打印到文件"复选框
AllowSelection	获取或设置一个值,该值指示是否启用"选择"选项按钮
AllowSomePage	获取或设置一个值,该值指示是否启用"页"选项按钮
Document	获取或设置一个值,该值指示用于获取 PrinterSettings 类的 PrintDocument 对象
PrinterSettings	获取或设置对话框所修改的打印机设置
PrintToFile	获取或设置一个值,该值指示是否选中"打印到文件"复选框

该组件的常见方法如下。

• Reset:将所有选项、最后选定的打印机和页面设置重新设置为其默认值。

- ShowDialog：显示"打印"对话框。

【例 10-8】 打印窗体中的数据。

实例步骤如下：

（1）新建一个项目并命名。

（2）设计完成的窗体如图 10-24 所示，在其中添加一个 PrintDocument 组件、一个 PrintPreviewDialog 组件和一个 PrintDialog 组件。

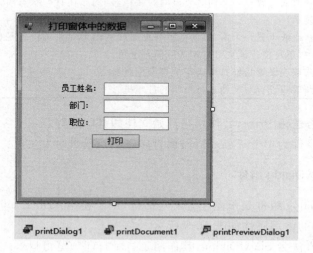

图 10-24　设计完成的窗体

其主要代码如下：

```
//在窗体中绘制要打印的数据
private void printDocument1 _ PrintPage ( object sender, System. Drawing. Printing.
PrintPageEventArgs e)
{
    e. Graphics. DrawString(label1. Text, new Font("宋体", 10, FontStyle. Regular), Brushes.
Black, 260, 400);
    e. Graphics. DrawString(textBox1. Text, new Font("宋体", 10, FontStyle. Regular), Brushes.
Black, 330, 400);
    e. Graphics. DrawString(label2. Text, new Font("宋体", 10, FontStyle. Regular), Brushes.
Black, 270,420);
    e. Graphics. DrawString(textBox2. Text, new Font("宋体", 10, FontStyle. Regular), Brushes.
Black, 330, 420);
    e. Graphics. DrawString(label3. Text, new Font("宋体", 10, FontStyle. Regular), Brushes.
Black, 270, 440);
    e. Graphics. DrawString(textBox3. Text, new Font("宋体", 10, FontStyle. Regular), Brushes.
Black, 330, 440);
}

//执行打印窗体中的数据操作
private void button1_Click(object sender, EventArgs e)
{
```

```
    printDialog1.ShowDialog();
    printPreviewDialog1.Document = this.printDocument1;
    printPreviewDialog1.ShowDialog();
}
```

注意：PrintDocument 的 PrintPage 事件在打印当前页之前被触发，此段代码将要打印的文本输出到 PrintDocument。

程序的运行结果如图 10-25 所示。

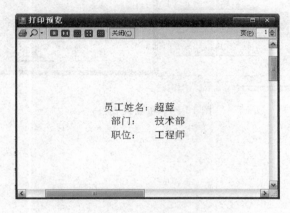

图 10-25   打印预览窗口

10.6   本章小结

本章简要介绍了 Windows 窗体管理的方法和技术。SDI 应用程序中的所有窗体都是平等的，而 MDI 应用程序中的窗体之间存在层次关系；对话框是实现交互的重要手段，对于对话框的操作就是对窗体的操作，无论是模态还是非模态的对话框。

事实上，对于 Windows 的界面编程用户只要掌握两点就可以了，一个是控件的使用，另一个是对于窗体的操控管理。

习题

10-1   比较模态对话框和非模态对话框的区别。

10-2   简述使用通用对话框的两种方式。

10-3   编写一个使用模态对话框的项目，完成如图 10-26 所示的功能。要求：通过单击主窗体上的"调查"按钮弹出一个"市场调查"模态对话框，然后在模态对话框上选择相应的选项，把调查的结果反馈到主窗体上。

10-4   编写一个使用非模态对话框的项目。

10-5   创建两个窗体，并创建菜单、工具栏以及动态菜单，然后实现两个窗体之间信息的互通。

10-6   编写一个使用文件对话框的项目。

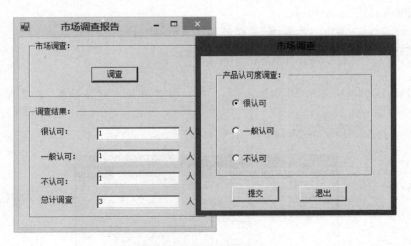

图 10-26　市场调查报告

第 11 章

C#的文件操作

文件管理是操作系统的一个重要的组成部分,文件操作是用户在应用程序中进行文件管理的一种手段。一个完整的应用程序肯定要涉及对系统和用户的信息进行存储、读取、修改等的操作,因此有效地实现文件操作是一个完善的应用程序所必须具备的内容。C# 为用户提供了文件操作的强大功能,通过编写 C♯ 程序,可以实现文件的存储管理、对文件的读写等各种操作。

11.1 C♯的文件处理系统

在编写应用程序时经常需要以文件的形式来保存和读取一些信息,这时就不可避免地要进行各种文件操作,用户还可能需要设计自己的文件格式。文件是计算机管理数据的基本单位,同时也是应用程序保存和读取数据的一个重要场所。本节将简单介绍 C♯ 中提供的文件处理系统以及文件和流的概念。

11.1.1 认识 C♯ 的文件处理系统

目前,计算机系统中存在许多不同的文件系统。例如,在大家非常熟悉的 DOS、Windows 2000、Windows XP、Windows 7 等操作系统中使用到了 FAT、FAT32、NTFS 等文件系统,这些文件系统在操作系统内部实现时有不同的方式,但是它们提供给用户的接口是一致的。因此,在编写关于文件操作的程序时,用户不需要考虑文件的具体实现方式,只需要利用语言环境提供的外部接口就可以顺利地进行各种有关操作。

同样,在 C♯ 中进行文件操作时,用户也不需要关心文件的具体存储格式,只要利用 Framework 所封装的对文件操作的统一外部接口就可以保证程序在不同的文件系统上能够良好地移植。

.NET Framework 在 System. IO 命名空间中提供了许多类可以用来访问服务器端和文件夹与文件,允许用户对数据流和文件进行同步/异步(synchronous/asynchronous)读取和写入,其重要的类如表 11-1 所示。

表 11-1　System.IO 命名空间中的类及说明

类	说　　明
Directory	用来创建、移动或访问文件夹，由于此类提供的是共享方法，故无须创建对象实例就可以使用其方法
DirectoryInfo	用来创建、移动或访问文件夹，与 Directory 类提供的功能相似，但必须创建对象实例才可以使用其属性与方法
File	用来创建、打开、复制或删除文件，由于此类提供的是共享方法，故无须创建对象实例就可以使用其方法
FileInfo	用来创建、打开、复制或删除文件，与 File 类提供的功能相似，但必须创建对象实例才可以使用其属性与方法
FileStream	用来读取文本文件内容或将文本数据写入文本文件
Path	用来操作路径，由于此类提供的是共享方法，故无须创建对象实例就可以使用其方法
BinaryReader	以二进制方式读取文本文件
BinaryWriter	以二进制方式将数据写入文本文件
StreamReader	用来读取文本文件
StreamWriter	用来将数据写入文本文件

11.1.2　文件和流

文件(File)和流(Stream)是既有区别又有联系的两个概念。文件是指在各种存储介质上(例如可移动磁盘、硬盘、CD 等)永久存储的数据的有序集合，它是进行数据读写操作的基本对象。通常情况下，文件按照树状目录进行组织，每个文件都有文件名、文件所在路径、创建时间、访问权限等属性。

流是字节序列的抽象概念，例如文件、输入/输出设备、内部进程通信管道或者 TCP/IP 套接字。流提供了一种向后备存储器写入字节和后备存储器读取字节的方式。除了和磁盘文件直接相关的文件流以外，流还有多种类型，流可以分布在网络中、内存中或者磁带中，分别称为网络流、内存流和磁带流等。所有表示流的类都是从抽象基类 Stream 继承而来的。

11.2　文件处理

基于 C♯ 的程序可以很方便地实现文件的存储管理以及对文件的读写等各种操作，本节将从目录管理和文件操作两个方面介绍相关内容。

11.2.1　目录管理

.NET Framework 在命名空间 System.IO 中提供了 Directory 类进行目录管理。利用 Directory 类可以完成创建、移动、浏览目录(或子目录)等操作，甚至可以定义隐藏目录和只读目录。

Directory 类是一个密封类，它的所有方法都是静态的，因而不必创建类的实例就可以直接调用。

Directory 类的构造函数形式如下：

```
public Directory(string path);
```

其中的参数 path 表示目录所在的路径。

下面介绍 Directory 类的常用方法。

1. CreateDirectory 方法

CreateDirectory 方法用于创建目录。其原型定义如下：

```
public static DirectoryInfo CreateDirectory(string path);
```

其中的参数 path 表示目录所在的路径，返回值是 path 指定的所有 DirectoryInfo 对象，包括子目录。

2. Delete 方法

Delete 方法用于删除目录及其内容。其原型定义如下：

```
public static void Delete(string);
```

3. GetCurrentDirectory 方法

GetCurrentDirectory 方法用于获取目录及其内容。其原型定义如下：

```
public static string GetCurrentDirectory();
```

下面通过一个具体实例来演示目录操作编程。

【例 11-1】　目录的创建和删除。

实现步骤如下：

(1) 创建一个项目，默认窗体为 Form1。

(2) 在 Form1 窗体中主要添加两个 Button 控件，分别用于创建目录和删除目录；然后添加一个 TextBox 控件，用于输入创建目录的路径。

主要程序代码如下：

```
private void btnCreateDirectory_Click(object sender, EventArgs e)
{
    if (DialogResult.Yes == MessageBox.Show("是否要创建目录" + txtPath.Text.ToString(), "提
示", MessageBoxButtons.YesNo))
    {
        Directory.CreateDirectory(txtPath.Text);        //创建目录
    }
}

private void btnDeleteDirectory_Click(object sender, EventArgs e)
{
    if (DialogResult.Yes == MessageBox.Show("是否删除目录" + txtPath.Text.ToString(),"提
示", MessageBoxButtons.YesNo))
    {
        try
        {
```

```
                Directory.Delete(txtPath.Text);                    //删除目录
        }
        //如果产生异常,则输出异常提示信息
        catch (IOException e1)
        {
            MessageBox.Show("删除目录失败!\n" + e1.ToString(), "提示");
            return;
        }
    }
}
```

注意：因为使用了 Directory 类,所以要添加对 System. IO 命名空间的引用。
程序的运行结果如图 11-1 所示。

图 11-1　创建和删除目录

11.2.2　文件管理

在 System. IO 命名空间中提供了多种类,用于进行文件和数据流的读写操作。其中,
File 类通常和 FileStream 类协作完成文件的创建、删除、复制、移动、打开等操作。下面对
File 类和 FileStream 类的常用构造函数及成员做简要介绍。

1. File 类

File 类提供的方法主要有 Create、Copy、Move、Delete 等,用户可以利用这些方法实现
基本的文件管理操作,下面介绍常用方法。

1）创建文件

Create 方法用于创建一个文件,该方法执行成功后将返回代表新建文件的 FileStream
类对象。Create 方法的原型定义如下：

```
public static FileStream Create(string path);
```

其中 path 参数表示文件的路径。

2）打开文件

在 C♯ 中打开文件的方法有多种，常用的有 Open、OpenRead、OpenText、

OpenWrite 等。

使用 Open 方法可以打开一个文件,该方法的原型定义如下:

```
public static FileStream Open(string, FileMode);
public static FileStream Open(string, FileMode, FileAccess);
public static FileStream Open(string, FileMode, FileAccess, FileShare);
```

其中,FileMode 参数用于指定对文件的操作模式,它可以是下列值之一。

- Append:向文件中追加数据。
- Create:新建文件,如果同名文件已经存在,新建文件将覆盖该文件。
- CreateNew:新建文件,如果同名文件已经存在,则引发异常。
- Open:打开文件。
- OpenOrCreate:如果文件已经存在,则打开该文件,否则新建一个文件。
- Truncate:截断文件。

FileAccess 参数用于指定程序对文件流所能进行的操作,它可以是下列值之一。

- Read:读访问,从文件中读取数据。
- ReadWrite:读访问和写访问,从文件读取数据和将数据写入文件。
- Write:写访问,可将数据写入文件。

考虑到有可能多个应用程序需要同时读取一个文件,因此在 Open 方法中设置了文件共享标志 FileShare,该参数的值可以是下列值之一。

- Inheritable:使文件句柄可以由子进程继承。
- None:不共享当前文件。
- Read:只读共享,允许随后打开文件读取。
- Write:只写共享,允许随后打开文件写入。

除了可以用 Open 文件打开文件以外,用户还可以用 OpenRead 方法打开文件,不过用 OpenRead 方法打开的文件只能进行文件读的操作,不能进行写入文件的操作。该方法的原型定义如下:

```
public static FileStream OpenRead(string path);
```

其中,path 参数表示要打开的文件的路径。

此外,用户还可以用 OpenText 方法打开文件,不过用 OpenText 方法打开的文件只能进行读取操作,不能进行文件写入操作,而且打开的文件类型只能是纯文本文件。该方法的原型定义如下:

```
public static FileStream OpenText(string path);
```

和 OpenText 方法有所不同,用 OpenWrite 方法打开的文件既可以进行读取操作,也可以进行写入操作。该方法的原型定义如下:

```
public static FileStream OpenWrite(string path);
```

3）复制文件

在 C♯ 中可以用 Copy 方法实现以文件为单位的数据复制操作,Copy 方法能够将源文件中的所有内容复制到目的文件中。该方法的原型定义如下:

```
public static void Copy(string sourceFileName, string destFileName);
public static void Copy(string sourceFileName, string destFileName, bool overwrite);
```

其中，sourceFileName 参数表示源文件的路径，destFileName 参数表示目的文件的路径，overwrite 参数表示是否覆盖目的文件。

4）删除文件

在 C♯ 中可以用 Delete 方法从磁盘上删除一个文件。该方法的原型定义如下：

```
public static void Delete(string path);
```

其中，path 参数表示要删除的文件的路径。

5）移动文件

在 C♯ 中可以用 Move 方法将指定文件移到新位置，并提供指定新文件名的选项。该方法的原型定义如下：

```
public static void Move(string sourceFileName, string destFileName);
```

其中，sourceFileName 参数表示源文件的路径，destFileName 参数表示文件的新路径。

2．FileStream 类

FileStream 类用于以文件流的方式操纵文件，下面对 FileStream 类的重要方法和主要属性做简要介绍。

1）构造函数

通过 FileStream 类的构造函数可以新建一个文件。FileStream 类的构造函数有很多，其中比较常用的构造函数的原型定义如下。

通过指定路径和创建模式初始化 FileStream 类的新实例：

```
public FileStream(string path, FileMode mode);
```

通过指定路径、创建模式和读写权限初始化 FileStream 类的新实例：

```
public FileStream(string path, FileMode mode, FileAccess access);
```

通过指定路径、创建模式、读写权限和共享权限初始化 FileStream 类的新实例：

```
public FileStream(string path, FileMode mode, FileAccess access, FileShare share);
```

其中，mode 参数、access 参数的取值和 File 类的 Open 方法的相应参数的取值是相同的。如果用户需要通过文件流的构造函数新建一个文件，则可以设定 mode 参数为 Create，同时设定 access 参数为 Write。例如：

```
FileStream fs = new FileStream("test.txt", FileMode.Create, FileAccess.Write);
```

如果需要打开一个已经存在的文件，则指定 FileStream 方法的 mode 参数为 Open 即可。

2）属性

FileStream 类的主要属性如下。

• CanRead：决定当前文件流是否支持文件读取操作。

- CanSeek：决定当前文件流是否支持文件查找操作。
- CanWrite：决定当前文件流是否支持文件写入操作。
- Length：用字节表示文件流的长度。
- Position：获取或设置文件流的当前位置。

3）主要方法

（1）Close 方法：Close 方法用于关闭文件流。

该方法的原型定义如下：

```
public override void Close();
```

（2）Read 方法：Read 方法可以实现文件流的读取。

该方法的原型定义如下：

```
public override int Read(byte[] array, int offset, int count);
```

其中，array 参数是保存读取数据的字节数组，offset 参数表示开始读取的文件偏移值，count 参数表示读取的数据量。

（3）ReadByte 方法：ReadByte 方法可以用于从文件流中读取一个字节的数据。

该方法的原型定义如下：

```
public override int ReadByte();
```

（4）Write 方法：Write 方法和 Read 方法相对应，该方法负责将数据写入到文件中。

该方法的原型定义如下：

```
public override int Write(byte[] array, int offset, int count);
```

其中，array 参数是保存写入数据的字节数组，offset 参数表示开始写入的文件偏移值，count 参数表示写入的数据量。

（5）Flush 方法：在向文件中写入数据后，一般还需要调用 Flush 方法来刷新该文件，Flush 方法负责将保存在缓冲区中的所有数据真正地写入到文件中。

该方法的原型定义如下：

```
public override int Flush();
```

此外，Seek 方法用于将文件流的当前位置设置为给定值；Lock 方法用于在多任务操作系统中锁定文件或文件的某一部分，此时其他应用程序对该文件或者对其中锁定部分的访问将被拒绝；UnLock 方法执行与 Lock 方法相反的操作，它用于解除对文件或者文件的某一部分的锁定。

下面通过一个具体实例演示应用 FileStream 类的操作编程。

【例 11-2】　用 FileStream 类编写一个保存和显示文件的程序，程序的运行界面如图 11-2 所示。程序运行时在文本框中输入文本，然后单击"保存"按钮将把输入的文本保存到 D 盘的 Example1.txt 文件中；单击"清空"按钮将把文本框中输入的文本清除；单击"打开"按钮将把 D 盘的 Example1.txt 文件打开，并把文件中的内容显示在文本框中；单击"退出"按钮将退出应用程序。

该例的设计思路是利用 FileStream 类的实例来进行文件的读写操作，由于只支持字节的读写，因此在保存文件时需要把字符转换成字节再写入到文件中；读取文件时需要把读取的数据转换成字符才能在文本框中显示。读取文件需要考虑文件的结尾，即读取出来的数据为－1（仅对于文本文件）。

设计步骤如下：

（1）创建新项目，在窗体上添加 4 个按钮控件和一个文本框控件（其 MultiLine 属性为 true），按图 11-2 设置控件对象的属性，并适当调整控件在窗体中的位置和大小。

图 11-2　程序的运行界面

（2）编写代码。

导入命名空间：

```
using System.IO;                                    //导入命名空间
```

实现按钮的单击事件代码如下：

```
private void btnSave_Click(object sender, EventArgs e)
{
    //以只能写的方式创建文件 MyFs
    FileStream MyFs = new FileStream("D:\\Example1.txt",
        FileMode.OpenOrCreate, FileAccess.Write);
    byte b;
    char ch;
    int i;
    for (i = 0; i < this.txtInput.Text.Length; i++)     //遍历所有的字符
    {
        ch = this.txtInput.Text[i];                     //读取一个字符
        b = (byte)ch;                                   //把该字符转换成字节
        MyFs.WriteByte(b);                              //把该字节写入到文件中
    }
    MyFs.Flush();                                       //刷新文件
    MyFs.Close();                                       //关闭文件
}

private void btnClear_Click(object sender, EventArgs e)
{
    this.txtInput.Clear();
```

```
}

private void btnOpen_Click(object sender, EventArgs e)
{
        string MyText = "";                    //MyText 中存放要显示的文件内容,称之为结果字符串
        string ch;
        int a = 0;
        //以只读的方式创建文件流 MyFs
        FileStream MyFs = new FileStream("D:\\Example1.txt",
            FileMode.Open, FileAccess.Read);
        a = MyFs.ReadByte();                   //从文件中读取一个字节
        while (a != -1)                        //如果不是文件的结尾
        {
            ch = ((char)a).ToString();         //把读取的字节转换为字符串型
            MyText = MyText + ch;              //把该字符串连接到结果字符串的末尾
            a = MyFs.ReadByte();               //再读一个字节
        }
        this.txtInput.Text = MyText;           //把结果字符串在文本框中显示出来
        MyFs.Close();                          //关闭文件
}

private void btnExit_Click(object sender, EventArgs e)
{
        Application.Exit();
}
```

11.3 文件的读和写

在前面介绍了一些有关文件读写的内容。在 C# 中,除了前面提到的使用 FileStream 类实现文件读写之外,还提供了两个专门负责文件读取和写入操作的类,即 StremReader 类和 StreamWriter 类。

StreamReader 类和 StreamWriter 类为用户提供了按文本模式读写数据的方法。与 FileStream 类中的 Read 和 Write 方法相比,这两个类的应用更为广泛。其中,StreamReader 类负责从文件中读取数据;StreamWriter 类主要负责向文件中写入数据。下面简要介绍它们的常用构造函数及方法。

11.3.1 StreamReader 类

下面介绍 StreamReader 类的常用构造函数和方法。
为指定的流初始化 StreamReader 类的新实例的构造函数原型如下:

```
public StreamReader(Stream stream);
```

为指定的文件名初始化 StreamReader 类的新实例的构造函数原型如下:

```
public StreamReader(string path);
```

StreamReader 类的常用方法有 Read 方法和 ReadLine 方法。

（1）Read 方法：Read 方法用于读取输入流中的下一个字符，并使当前流的位置提升一个字符。

该方法的原型定义如下：

```
public override int Read();
```

（2）ReadLine 方法：ReadLine 方法用于从当前流中读取一行并将数据作为字符串返回。

该方法的原型定义如下：

```
public override string ReadLine();
```

（3）ReadToEnd 方法：ReadToEnd 方法用于从当前流的当前位置到末尾读取数据。

该方法的原型定义如下：

```
public override string ReadToEnd();
```

11.3.2 写文件

下面介绍 StreamWriter 类的常用构造函数。

为指定的流初始化 StreamWriter 类的新实例的构造函数原型如下：

```
public StreamWriter(Stream stream);
```

为指定的文件名初始化 StreamWriter 类的新实例的构造函数原型如下：

```
public StreamWriter(string path);
```

StreamWriter 类的常用方法有 Write 方法和 WriteLine 方法。

（1）Write 方法：Write 方法用于将字符、字符数组、字符串等写入文本流。

该方法的原型定义如下：

```
public override void Write(char);
public override void Write(char[]);
public override void Write(string);
```

（2）WriteLine 方法：WriteLine 方法用于将后面各行结束符的字符、字符数组、字符串等写入文本流。

该方法的原型定义如下：

```
public override void WriteLine(char value);
public override void WriteLine(char[] buffer);
public override void WriteLine(string value);
```

下面通过一个具体实例来演示应用 StreamWriter 类和 StreamReader 类的操作编程。

【例 11-3】 用 StreamWriter 类创建一个文件，然后通过 StreamReader 类读取文件并显示在文本框中，程序的运行界面如图 11-3 所示。程序运行时，单击"保存"按钮将把想保存的文本保存到 MyText.txt 文件中；单击"读取"按钮将把 MyText.txt 文件打开，并把文件中的内容显示在文本框中;单击"退出"按钮将退出应用程序。

设计步骤如下:

(1)创建新项目,在窗体上添加3个按钮控件和一个文本框控件(其 MultiLine 属性为 true),按图 11-3 设置控件对象的属性,并适当调整控件在窗体中的位置和大小。

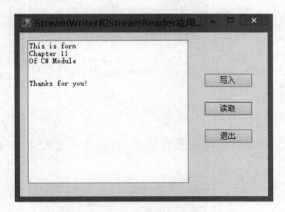

图 11-3 程序的运行界面

(2)编写代码。

导入命名空间:

```
using System.IO;                        //导入命名空间
```

实现按钮的单击事件代码如下:

```
private void btnWrite_Click(object sender, EventArgs e)
{
    //在当前目录上建立文件
    FileStream fs = File.Create("MyText.txt");
    //初始化 StreamWriter 类的实例
    StreamWriter sw = new StreamWriter((System.IO.Stream)fs);
    //写入数据
    sw.WriteLine("This is form");
    sw.WriteLine("Chapter 11");
    sw.WriteLine("Of C# Module");
    sw.WriteLine(sw.NewLine);
    sw.WriteLine("Thanks for you!");
    sw.Close();
}

private void btnRead_Click(object sender, EventArgs e)
{
    try
    {
        //以相对路径方式构造新的 StreamReader 对象
        StreamReader sr = File.OpenText("MyText.txt");
        //用 ReadToEnd 方法将文件中的数据全部读入字符串 read
        string read = sr.ReadToEnd();
        this.txtDisplay.Text = read;
```

```
            sr.Close();
        }
        catch(IOException e1)
        {
            MessageBox.Show(e1.ToString(), "提示");
            return;
        }
    }

    private void btnExit_Click(object sender, EventArgs e)
    {
        Application.Exit();
    }
```

注意：用 ReadToEnd 方法读取小文件较好，如果读取大文件，则会导致内存不足。

11.4 本章小结

本章主要介绍了 C# 文件操作的基本知识和方法。通过本章的学习，读者不难发现在.NET 框架下进行 I/O 操作的方便性。在学习本章之后，如果读者要进行一些基本的文件操作，那么对 System.IO 命名空间中的 Directory 类、File 类、SteamReader 类以及 StreamWriter 类等一定要有深入的了解，并在实际应用中灵活运用。

习题

11-1　什么是流？流与文件的关系是什么？

11-2　编写程序实现在 D 盘下新建一个文本文件，并对文件进行复制、移动、写入、读出等操作。

11-3　编写程序将学生成绩存储到一个文本文件中，此文件必须保存每个学生的学号、姓名、课程及成绩信息，并要求用户读取该文件在一个只读文本框中显示其内容。

第12章

数据库操作技术

数据库技术是计算机应用技术中重要的组成部分,几乎所有的应用程序都离不开数据的存取操作,而这种存取操作往往是通过数据库实现的。Microsoft 通过 ADO．NET 向编程人员提供了功能强大的数据访问能力,既可以直接在编程模式下通过输入程序代码设计数据访问程序,也可以利用系统提供的数据访问向导直接进行可视化程序设计。本章主要介绍 SQL 语言和常用的 SQL 命令、客户机/服务器模式编程、ADO．NET 的概念及其对象、连接数据库、与数据库交互、管理内存数据库和数据绑定等有关数据库操作技术的内容。

12.1 数据库访问基础

12.1.1 数据库的基本概念

简单地说,数据库即信息的仓库,是存储在计算机内的有组织、可共享的数据的集合。数据库中的数据按照一定的数据模型组织、描述和存储,其特点是具有较小的冗余度、较高的独立性和可扩展性,并且数据库中的数据可以供合法用户使用。

在实际应用中,人们面对的是数据库管理系统(Database Management System,DBMS),它是一个软件系统,主要用来定义和管理数据库,处理应用程序的数据库之间的关系。数据库管理系统是数据库系统的核心部分,它建立在操作系统之上,对数据库进行统一管理和控制。说得简单些,DBMS 就是帮助用户建立、管理和维护数据库的软件系统。Microsoft Access、Microsoft SQL Server、Oracle、FoxPro 等都属于 DBMS 软件。通过这些软件,用户可以对数据进行定义、创建和运算,其中"定义"是指明数据的类型、结构及其相关限制,"创建"是输入并保存数据,而"运算"包括查询、更新、插入、删除、产生报表等操作。

通常,数据库的组织方式和传统信息管理方式相似,以二维表的方式存储数据。例如,人事管理数据库中的员工信息如表 12-1 所示。

表 12-1 人事管理数据库中的员工信息

员工编号	员工姓名	基本工资	工作评价
P1001	小宝	5000	优秀
P1002	小明	1000	还可以
P1003	琳琳	2000	还可以

数据库最基本的术语有字段（Field）、记录（Record）和表（Table），它们的含义如下。

- 字段（Field）：在表 12-1 中，员工信息包含了员工编号、员工姓名、基本工资、工作评价等内容，在数据库中把这每一项内容都定义了一个字段，相当于表 12-1 中的列。
- 记录（Record）：在人事管理数据库中详细地记录了每个员工的员工编号、员工姓名、基本工资、工作评价信息，将其称为一个记录，相当于表 12-1 中的行。
- 表（Table）：一个表就是一个用行和列组织起来的相关信息的集合，类似于电子表格。
- 主键（Primary Key）：键就是表中的某个字段（或多个字段）。键可以是唯一的，也可以是不唯一的，这取决于它们的值是否允许重复。唯一键可以指定为主键，用来唯一地标识表中的每一行。

12.1.2　关系数据库

目前大多数数据库管理系统都是基于关系模型的关系数据库，例如 Microsoft Access、Microsoft SQL Server、Oracle、FoxPro 等。由于关系数据库建立在严格的数学基础之上，并且结构简单、使用方便，因此得到了广泛的应用。关系数据库中数据的基本结构是表，即数据按行、列有规则地排列、组织，其要求如下：

- 表格中的每一列里面的所有数据属于同一类型。
- 表格中的每一列的名字不同。
- 表格中的一行称为一个记录，表格中不允许有重复的记录。
- 表格中的行和列的顺序可以是任意的，对它们的信息内容没有影响。
- 两个表之间的关系通过公共字段实现。

12.1.3　结构化查询语言

结构化查询语言（Structure Query Language，SQL）是一种专门为关系数据库设计的通用型数据存取语言。使用 SQL 语言可以完成复杂的数据库操作，而不用考虑如何操作物理数据库的底层细节。SQL 语言用专门的数据库技术和数学算法来提高对数据库访问的速度，因此使用 SQL 语言通常比用户自己编写过程来访问和操作数据要快得多。同时，SQL 语言是一种非过程语言，易学易用，语句由近似自然语言的英语单词组成，使用者可以通过简洁的 SQL 指令来建立、查询、修改或控制关系数据库。

现在 SQL 语言已经成为关系数据库普遍使用的标准，使用这种标准数据库语言对程序设计和数据库的维护都带来了极大的方便，广泛地应用于对各种数据的查询，同时也提供了创建数据库的方法。Microsoft Access、Microsoft SQL Server、Oracle、FoxPro 等都支持 SQL 语言。

SQL 语言的常用操作有建立数据库数据表（CREATE TABLE）；从数据库中筛选一个记录集（SELECT），这是最常用的一个语句，其功能强大，能有效地对数据库中一个或多个数据表中的数据进行访问，并兼有排序、分组等功能；在数据表中添加一个记录（INSERT）；删除符合条件的记录（DELETE）；更改符合条件的记录（UPDATE）；数据库安全控制；数据库的完整性及数据保护控制。

下面介绍常用的 SQL 命令。为了后面说明方便,假设有一个名为 db_Class 的数据库,其中有一个名为 tb_Student 的表,这个数据表的结构及其内容如表 12-2 所示。

表 12-2 tb_Student 表的结构及其内容

SNo	SName	Sex	Age	Major
2007001	李民	男	20	计算机网络
2007002	王山	男	21	计算机应用
2007003	赵小雅	女	19	计算机软件
……	……	……	……	……

1. 创建表

关系数据库的主要特点之一是用表的方式来组织数据。表是 SQL 语言存放数据、查找数据以及更新数据的基本数据结构。

数据定义最基本的命令是创建一个新关系(新表)的命令。CREATE TABLE 命令的语法如下:

```
CREATE TABLE table_name(name_of_attr_1 type_of_attr_1
                    [,name_of_attr_2 type_of_attr_2[, … ]]);
```

注意:创建表的前提是数据库必须已经存在。

【例 12-1】 创建 tb_Student 表。

```
CREATE TABLE tb_Student(SNo INTEGER, SName VARCHAR(50), Sex VARCHAR(10), Age INTEGER, Major
VARCHAR (50));
```

下面对 SQL 语言中的一些数据类型进行说明。

- INTEGER:有符号全长二进制整数(31 位精度)。
- SMALLINT:有符号半长二进制整数(15 位精度)。
- DECIMAL($p[,q]$):有符号的封装了的十进制小数,最多有 p 位数,假设有 q 位在小数点的右边。如果省略 q,则认为是 0。
- FLOAT:有符号双字节浮点数。
- CHAR(n):长度为 n 的定长字符串。
- VARCHAR(n):最大长度为 n 的变长字符串。

2. 删除表

删除表(包括表存储的所有记录)使用 DROP TABLE 命令。

```
DROP TABLE table_name;
```

【例 12-2】 删除 tb_Student 表。

```
DROP TABLE tb_Student;
```

3. 插入数据

一旦数据表创建完成,就可以用 INSERT INTO 命令向表中插入数据了,其语法如下:

```
INSERT INTO table_name(name_of_attr_1[, name_of_attr_2[, …]])
                        VALUES(val_attr_1[, val_attr_2[,..]]);
```

【例 12-3】　向 tb_Student 表中插入一个 SNo 为 2007004、SName 为李娜、Sex 为女、Age 为 18、Major 为计算机软件的新记录。

```
INSERT INTO tb_Student(SNo,SName,Sex,Age,Major)VALUES(2007004,'李娜','女', 18,'计算机软件');
```

或者：

```
INSERT INTO tb_Student VALUES(2007004,'李娜','女', 18, '计算机软件');
```

【例 12-4】　向 tb_Student 表中插入一个 SNo 为 2007005、SName 为张同、Sex 为男的新记录。

```
INSERT INTO tb_Student(SNo,SName,Sex)VALUES(2007005,'张同','男');
```

说明：在新插入的记录项中，Age 属性的值为 0、Major 属性的值为空串。

4. 删除数据

从一个表中删除一条记录使用 DELETE FROM 命令，其语法如下：

```
DELETE FROM table_name WHERE condition;
```

【例 12-5】　删除 tb_Student 表中 SName 为'李娜'的记录。

```
DELETE FROM tb_Student WHERE SName = '李娜';
```

【例 12-6】　删除 tb_Student 表中 SName 为'张同'、Major 为'计算机软件'的记录。

```
DELETE FROM tb_Student WHERE SName = '张同' and Major = '计算机软件';
```

5. 更新数据

修改数据表中的一个或者多个属性的值使用 UPDATE 命令，其语法如下：

```
UPDATE table_name SET name_of_attr_1 = value_1[, … [, name_of_attr_k = value_k]] WHERE
condition;
```

【例 12-7】　将 tb_Student 表中所有学生的年龄（Age）加 1。

```
UPDATE tb_Student Set Age = Age + 1;
```

【例 12-8】　将 tb_Student 表中李民同学的年龄设定为 23，将专业修改为计算机科学。

```
UPDATE tb_Student Set Age = 23,Major = '计算机科学' WHERE SName = '李民';
```

6. 数据查询

SQL 中最常用的命令是 SELECT 语句，用于检索数据，其语法如下：

```
SELECT[ ALL | DISTINCT | DISTINCTROW | TOP]
{ * | talbe. * | [table. ]field1[AS alias1][,[table. ]field2[AS alias2][, …]]}
```

```
FROM tableexpression[,…][IN externaldatabase]
[WHERE condition]
[GROUP BY expression [,…]]
[HAVING expression [,…]]
[ORDER BY expression [ASC | DESC | USING operator] [,…]]
[WITH OWNERACCESS OPTION]
```

SQL 语句由若干个子句构成。其中，SELECT 子句用于指定检索数据表中的列，FROM 子句用于指定从哪一个表或视图中检索数据。

WHERE 子句中的条件可以是一个包含等号或不等号的条件表达式，也可以是一个含有 IN、NOT IN、BETWEEN、LIKE、IS NOT NULL 等比较运算符的条件式，还可以是由单一的条件表达式通过逻辑运算符组合而成的复合条件。

WHERE 子句用于指定查询条件，在此需要注意以下问题。

（1）比较运算符：＝（等于）、＞（大于）、＜（小于）、＞＝（大于等于）、＜＝（小于等于）、＜＞（不等于）、！＞（不大于）、！＜（不小于）。

（2）范围（BETWEEN 和 NOT BETWEEN）：BETWEEN …AND…运算符指定了要搜索的一个闭区间。

（3）列表（IN、NOT IN）：IN 运算符用来匹配列表中的任何一个值。IN 子句可以代替用 OR 子句连接的一连串的条件。

例如查询姓名为'王山'、'赵小雅'和'李民'的学生的详细信息。

```
SELECT * FROM tb_Student WHERE SName IN('王山','赵小雅','李民');
```

（4）模糊查询：指使用 SELECT 语句与指定条件匹配的数据。使用模糊查询要在 SELECT 语句中使用关键字 LIKE，其中在 SQL Server 2008 中常用的通配符有 4 个，分别为"％"、"_"、"[]"和"[^]"，通配符的含义如下。

- "％"：表示可以包含零个或多个任意字符。
- "_"：表示任意一个字符。
- "[ ]"：代表指定范围或者集合中的任意一个字符。例如，[a－m]表示从 a 到 m 的所有字符，[2-8]表示从 2 到 8 的所有数字。

例如在 tb_Student 表中查询年龄在 20～29 范围内的学生的详细信息。

```
SELECT * FROM tb_Student WHERE Age LIKE '2[0－9]';
```

- "[^]"：代表不属于指定范围或者集合中的任意一个字符。例如[^a]表示不包括"a"的所有字符，[^8]表示不包括数字 8 的所有数字。

例如在 tb_Student 表中查询年龄不在 20～29 范围内的学生的详细信息。

```
SELECT * FROM tb_Student WHERE Age LIKE '[^2]' + '[0－9]';
```

ORDER BY 子句使得 SQL 在显示查询结果时将各返回行按顺序排列，返回列的排列顺序由 ORDER BY 子句指定的表达式的值确定。

【例 12-9】 将 tb_Student 表中的信息进行查询。

（1）查询年龄为 22 的学生的姓名：

```
SELECT SName AS 姓名 FROM tb_Student WHERE Age = 22;
```

（2）查询年龄为 18 到 23 岁的学生的姓名、专业；

```
SELECT SName AS 姓名,Major AS 专业
FROM tb_Student
WHERE (Age BETWEEN 18 AND 23);
```

（3）查询年龄不在 18 到 23 岁的学生的姓名、专业；

```
SELECT SName AS 姓名,Major AS 专业
FROM tb_Student
WHERE (Age NOT BETWEEN 18 AND 23);
```

（4）查询姓名以'李'开头的所有学生：

```
SELECT SName AS 姓名
FROM tb_Student
WHERE (SName LIKE '李 % ');
```

请读者自行完成下列操作：

- 查询姓名包含'李'字的所有学生。
- 用一条 SELECT 语句实现查询所有姓名为'李世民'、'李民'的学生记录。

（5）将所有学生按学号顺序升序排列。

```
SELECT  *
FROM tb_Student
ORDER BY SNO ASC;
```

12.1.4 SQL Server 数据库

SQL Server 是基于 Windows 平台的数据库管理系统，如果用户开发 Windows 应用程序，SQL Server 是首选的数据库产品。在功能上，SQL Server 可以和 Oracle、DB2 等大型数据库相媲美，所以经常被用在大型的企业数据库系统上。

为了便于读者理解，在此以 SQL Server 2008 R2 为例做简单的介绍。在 SQL Server 2008 中，用户可以通过使用查询分析器编写 SQL 语句来操作数据库，SQL Server 2008 的查询分析器如图 12-1 所示。

在工具栏的下拉列表框中显示了当前连接的数据库，用户可以通过在列表框中选择数据库来改变当前的连接。查询分析器中的空白区域是代码区，用户可以在代码区中输入 SQL 语句。

在查询分析器的代码区中输入 SQL 语句后，为了查看代码是否有语法错误，用户需要对 SQL 语句进行测试。单击工具栏中的 ✔ 按钮或直接按 Ctrl＋F5 组合键，可以对当前的 SQL 语句进行测试，如果 SQL 语句有错误，会在代码区下方出现错误提示信息。

在代码区中输入 SQL 语句以后，需要执行 SQL 语句才能实现各种操作。单击工具栏中的 ▶ 按钮或直接按 F5 键可以执行 SQL 语句。如果 SQL 语句执行失败，会出现错误提示信息。

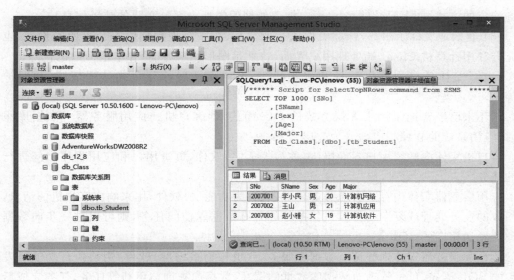

图 12-1　SQL 查询分析器

12.2　客户机/服务器模式编程

在网络应用中应用模式不断发展变化,可以按出现的时间次序分为以下几种类型。

(1) 文件服务器模式和域模式。

(2) 客户机/服务器(Client/Server)模式,简称为 C/S 模式。

(3) 以 Internet/Intranet 为网络环境的浏览器/服务器模式(Browser/Server),简称为 B/S 模式。

(4) 电子商务的 B2B 模式和 B2C 模式。

其中,文件服务器模式和域模式主要是从对用户和资源管理角度来考虑的,数据计算发生在每个用户的工作站上,而 B/S 模式是 C/S 模式在 Internet 环境下的新的体现方式,电子商务则是从网络应用领域这一角度来说的。在本书中重点讨论 C/S 模式。

自 20 世纪 90 年代以来,C/S 模式十分流行。它主要是针对一次数据计算的完成过程而言的,客户机提交数据请求,请求传到服务器,服务器负责完成数据计算或数据库操作,将最终结果返回到客户机。几乎每个新的网络操作系统和每个新的多用户数据库系统都支持 C/S 模式。实现 C/S 模式允许有多种不同的策略。

从最典型的数据库管理系统的应用来看,在 LAN(Local Area Network,局域区域网络)上采取的 C/S 模式是指在 LAN 中至少有一台数据库服务器(DBMS Server)可以作为存取公共数据库的各台工作站的后援支持。通常把应用任务中的程序执行内容划分成两个部分,与数据库存取有关的部分由 DBMS Server 承担,与应用的人机界面处理、输入/输出或一部分应用的逻辑功能等有关的内容由 Client 端工作站承担。

这样做有以下几点好处:

(1) 充分调动 LAN 中 Server 和 Client 两个方面的处理能力。

(2) 极大地减少网络上的信息流通量(可以不再以整个"文件"为传送单位,采用请求一服务响应的方式，网上仅传输经 Server 加工处理后的那一部分必要的结果信息）。

（3）有效地发挥了服务器软/硬件执行效率高、集中管理数据库安全方便的长处，也可以充分利用计算机 Client 端处理用户界面（特别是图形用户界面）和本地 I/O 的优点。

（4）C/S 体系结构提供一种开放式的、易于伸缩扩展的分布式计算环境，并保护硬件等。

近年来已经普遍采用了 3 层方式的 C/S 模式，即客户机－应用服务器－数据库服务器，把应用系统的软件相应地分为 3 层。

客户机实体内驻留用户界面层（也称为表示层）软件，负责用户和应用程序之间进行对话的任务。

应用服务器实体内存放有业务逻辑层（也称为功能层）软件，用来响应客户机的请求，完成相应的业务处理或复杂的计算机任务。如果有数据库访问任务，则可以进一步向数据库服务器发送相应的 SQL 语句。

数据库服务器实体内驻留有数据库服务层（也称为数据层）软件，用来执行功能层发送过来的 SQL 语句，负责管理对数据库数据的读写、数据库查询与更新等任务，任务完成后逐层返回给客户机上的用户。

采用 3 层 C/S 模式的好处如下：

（1）可以更方便、更清晰地对应用软件的设计任务进行分工。

（2）可以降低对客户机的要求，使客户机只需要处理人机界面为主的工作，适应日益扩展的应用需要。

（3）防止客户机上有权连接数据库的用户绕过系统中的客户端应用系统，利用自行安装在客户机上的数据库访问工具非法访问某些未授权的数据，从而保证了安全性（由应用服务器把关）。

（4）避免了客户机上分发应用程序与版本控制上的困难。

C/S 模式也有不足之处，例如：

（1）在集中的 C/S 环境下，如果应用逻辑的主要部分转移到服务器上，服务器就会像传统的主机那样成为系统的瓶颈，随着用户数的增加，资源有限的服务器可能不堪重负。

（2）多服务器应用系统的设计和实现比集中式系统复杂得多。无论是应用开发、运行环境维护，还是管理这些多服务器环境的工具都是如此。

总之，C/S 模式有助于减少软件的维护费用，提高软件的可移植性和可伸缩性，提高网络性能，甚至有助于提高软件开发人员的生产力和缩短开发周期。但是，这种模式仍然存在某些问题和缺陷，还需要进一步研究和解决。

12.3 ADO .NET 概述

12.3.1 .NET 数据库应用的体系结构

数据库操作是应用开发中非常重要的部分。在数据库应用系统中，对于系统前端的用户界面（例如窗体、Web 浏览器、控制台等）和后台的数据库，.NET 使用 ADO .NET 将二者联系起来，用户和系统的一次典型的交互过程如图 12-2 所示。

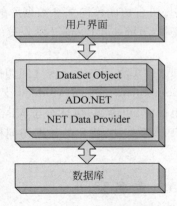

图 12-2　.NET 数据库应用的体系结构

从图 12-2 中可以看出,用户和系统的交互过程是用户首先通过用户界面向系统发出操作数据的请求,用户界面接收请求后传送到 ADO.NET;然后 ADO.NET 分析用户请求,通过数据库访问接口与数据源交互向数据源发送 SQL 指令,并从数据源获取数据;最后,ADO.NET 将数据访问结果传回用户界面,显示给用户。

.NET 使用 ADO.NET 可以完成对 Microsoft SQL Server 等数据库以及 OLE DB 和 XML 公开数据源的访问。下面的章节将详细讨论使用 ADO.NET 进行数据操作的技术。简单来说,ADO.NET 就是一系列提供数据访问服务的类。

12.3.2　数据访问技术

在此简单地回顾一下 Microsoft 公司的数据访问技术所经历的几个阶段,如图 12-3 所示。

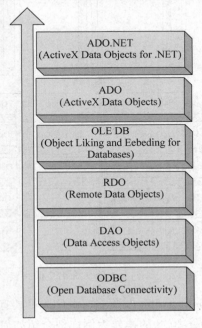

图 12-3　Microsoft 公司的数据访问技术的发展轨迹

- ODBC：第一个使用 SQL 语言访问不同关系数据库的数据访问技术。
- DAO：Microsoft 公司提供给 Visual Basic 开发人员的一种简单的数据访问方法，用于操作 Access 数据库。
- RDO：解决了 DAO 需要在 ODBC 和 Access 之间切换导致的性能下降问题。
- OLE DB：基于 COM(Component Object Model)，支持非关系数据的访问。
- ADO：基于 OLE DB，更简单、更高级、更适合于 Visual Basic 开发人员。
- ADO.NET：基于.NET 体系架构，优化的数据访问模型和基于 COM 的 ADO 是完全不同的数据访问方式。

12.3.3 System.Data 命名空间

ADO.NET 结构的类包含在 System.Data 命名空间中。如图 12-4 所示。根据功能划分，System.Data 空间又包含了多个空间，各个子空间的功能的简要介绍如表 12-3 所示。

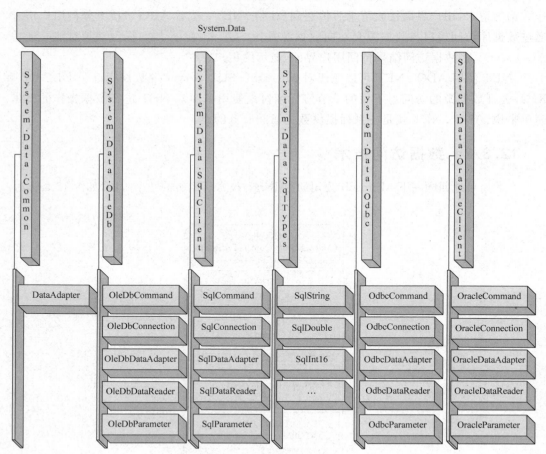

图 12-4　System.Data 命名空间一览

其中，空间 OleDb、SqlClient、Odbc 以及 OracleClient 具有非常相似的结果，本章主要以 SqlClient 对 MS SQL Server 2008 的操作为例详细介绍如何使用其中的各个类来完成对数据的连接、读取、修改等操作。

表 12-3 System.Data 子命名空间

空 间	说 明
System.Data.Common	包含 ADO.NET 共享的类
System.Data.OleDb	包含访问 OLE DB 共享的类
System.Data.SqlClient	包含访问 SQL Server 数据库的类
System.Data.SqlTypes	包含在 SQL Server 内部用于本机数据类型的类,这些类对其他数据类型提供了一种更加安全、快捷的选择
System.Data.Odbc	包含访问 ODBC 数据源的类
System.Data.OracleClient	包含访问 Oracle 数据库的类

12.3.4 数据库访问步骤

ADO.NET 提供了两种模式访问数据库,即有连接与无连接模式。在有连接模式下访问数据库,在取得数据库连接之后保持数据库连接,通过向数据库服务器发送 SQL 命令等方式实时更新数据库。在有连接模式下的数据库访问通常包括以下步骤:

(1) 通过数据库连接类(Connection)连接到数据库,例如 SQL Server 服务器、Access 数据库文件等。

(2) 通过数据库命令类(Command)在数据库上执行 SQL 语句,可以是任何 SQL 语句,包括更新(UPDATE)、插入(INSERT INTO)、删除(DELETE)、查询(SELECT)等。

(3) 如果是查询语句,还可以通过数据读取器类(DataReader)以只读向前的方式读取数据记录。

(4) 数据库操作完成后通过连接类(Connection)关闭数据库连接。

在有连接模式下进行数据库访问尽量不要长时间操作,因为这样会导致数据库服务器被长期占用,影响其他客户端连接到数据库服务器,所以在使用之前打开数据库连接,在使用之后马上关闭数据库连接。

在需要对数据进行长时间处理时,通常采用无连接模式进行数据访问。在无连接模式下,需要处理的数据库服务器中的数据在本地有一个副本,通常保存在 DataSet 或 DataTable 中,ADO.NET 通过数据适配器(DataAdapter)将本地数据和数据库服务器关联起来。在从数据库服务器得到数据之后,数据适配器断开与服务器的连接。对数据的修改都通过修改本地 DataSet 完成,然后再通过数据适配器更新服务器。在 ADO.NET 中,无连接模式的数据库访问通常需要以下步骤:

(1) 通过数据库连接类(Connection)连接到数据库。

(2) 创建基于该数据库连接的数据适配器,并指定更新数据库的语句,包括更新(UPDATE)、插入(INSERT INTO)、删除(DELETE)、查询(SELECT)4 个命令。DataAdapter 通过这 4 个命令从数据库获取数据,并将本地的数据更改更新到数据库服务器。

(3) 通过数据适配器从数据库服务器获取数据到本地的 DataSet 或 DataTable 中。

(4) 使用或更改本地的 DataSet 或 DataTable 中的数据。

（5）通过 DataAdapter 将本地数据的更改更新到数据库服务器，并关闭数据库连接。

基于无连接的数据库访问具有执行效率高、数据库连接占用时间短、修改记录易更改和回滚等优点，但是也在一定程度上导致了数据更新的不及时。

12.4　连接数据库

若要访问数据库，必须连接到数据库。本节首先以连接 SQL Server 数据库为例进行数据库连接技术的介绍。使用 ADO．NET 对数据库进行操作有两种方法，一种方法是在设计模式下利用向导进行操作，另一种方法是用户自己编写代码。

12.4.1　利用数据源配置向导连接数据库

Visual Studio．NET 是一款非常优秀的可视化程序开发工具，利用它可以方便地建立数据源的连接。创建连接的过程其实就是利用工具完成字符串连接的过程。

【例 12-10】　利用向导连接 SQL Server 2008 中的数据库 db_Class，要求使用 Windows 集成验证方式登录，并创建此连接。

实现步骤如下：

（1）创建一个新的项目，命名为 ADO_SqlConnectionByWizard。在开发环境的菜单栏中选择"工具"→"连接到数据库"命令，如图 12-5 所示，打开"选择数据源"对话框，如图 12-6 所示。

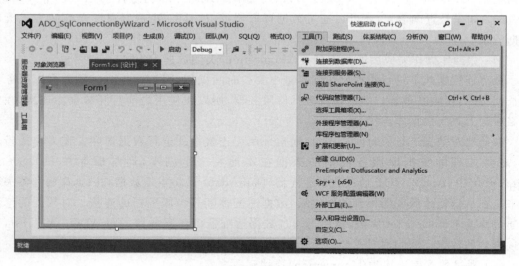

图 12-5　选择"连接到数据库"选项

（2）在"选择数据源"对话框中选择"Microsoft SQL Server"选项，如图 12-7 所示。然后单击"继续"按钮，打开"添加连接"对话框，如图 12-8 所示。

（3）在"添加连接"对话框的"服务器名"下拉列表框中进行选择，选择可选的服务器名"LENOVO—PC"，此时使用"使用 Windows 身份验证"，然后在"选择或输入数据库名称"下拉列表框中进行选择，选择"db_Class"，如图 12-9 所示。然后单击"测试连接"按钮，可以看

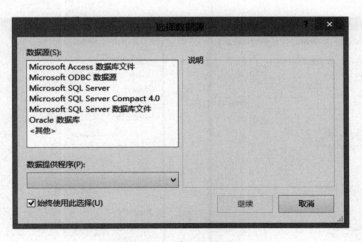

图 12-6 "选择数据源"对话框

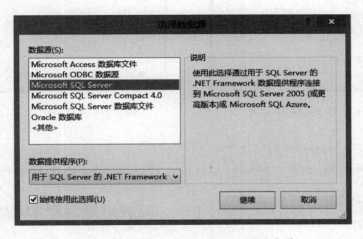

图 12-7 选择"Microsoft SQL Server"选项

到测试连接的结果,如图 12-10 所示,此时出现的结果是"测试连接成功",表明已经成功连接数据库。

(4) 在图 12-10 中单击"确定"按钮,关闭"测试连接成功"对话框,返回"添加连接"对话框。

(5) 在"添加连接"对话框中单击"高级"按钮,出现"高级属性"对话框,如图 12-11 所示,可以看到最下面文本框中的文字为连接字符串,该连接字符串如图 12-12 所示,该连接字符串的含义将在后面进行介绍。通常情况下,开发人员需要复制该字符串,以备后用。

至于数据源配置向导的其他应用,请读者自行学习,在此不再赘述。

12.4.2 SqlConnection 类

System.Data.SqlClient.SqlConnection 类提供了对 SQL Server 数据库的连接,其常用属性和方法如表 12-4 所示。

图 12-8　"添加连接"对话框　　　　　图 12-9　进行"添加连接"配置

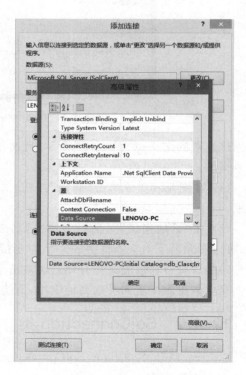

图 12-10　测试连接成功　　　　　图 12-11　"高级属性"对话框

图 12-12 查看连接字符串

表 12-4 SqlConnection 类的常用属性和方法

属性/方法	说　明
ConnectionString	属性，获取或设置用于打开 SQL Server 数据库的字符串
Database	属性，获取当前数据库连接打开后要使用的数据库的名称
DataSource	属性，获取要连接的 SQL Server 实例的名称
State	属性，获取连接的当前状态
WorkstationId	属性，获取标识数据库客户端的一个字符串
Open	方法，使用 ConnectionString 所指定的属性设置打开数据库连接
ChangeDatabase	方法，从 ArrayList 中移除所有元素
Close	方法，关闭与数据库的连接
CreateCommand	方法，创建并返回一个与 SqlConnection 关联的 SqlCommand 对象
BeginTransaction	方法，开始数据库事务

12.4.3　设置连接参数

SqlConnection 的 ConnectionString 属性指定了所要打开 SQL Server 数据库的参数，包含源数据库名称和建立初始连接所需的其他参数，因此在连接数据库之前首先要构造一个合理的连接字符串。

为了给读者一个直观的印象，下面首先给出两个典型的连接字符串的例子：

```
Persist Security Info = False;User id = sa;pwd = sa;database = db_Class;server = (local)
```

和

```
Data Source = LENOVO - PC;Initial Catalog = db_Class;Integrated Security = true
```

可以看出，连接字符串的基本格式包括一系列由分号分隔的关键字/值对，并用等号（＝）连接各个关键字及其值（"keyword＝value"）。

注意：这里的关键字不区分大小写。

下面介绍常用的关键字的含义。

（1）Data Source/Server：要连接的 SQL Server 实例的名称或网络地址，若要连接到本地机器，可以将服务器指定为"（local）"。

（2）Initial Catalog/Database：数据库的名称。

（3）Integrated Security/ Persist Security Info：当为 false 时，将在连接中指定用户 ID 和密码；当为 true 时，将使用当前的 Windows 账户凭据进行身份验证。默认为 false。

（4）Password/Pwd：SQL Server 账户的登录密码。

（5）User ID：SQL Server 登录账户。

12.4.4　创建 SQL Server 连接

在构造完成 SqlConnection 对象的 ConnectionString 属性以后，就可以使用其 Open 方法连接 SQL Server 数据库了，其形式如下：

```
public virtual void Open();
```

【例 12-11】　有 SQL Server 2008 数据源，服务器名为 LENOVO－PC、数据库名为 db_Class，采用集成身份验证，要求实现数据库连接。

实现步骤如下：

（1）设计如图 12-13 所示的窗体，在该窗体上添加一个 StatusStrip 控件，并在 StatusStrip 上添加一个 toolStripStatusLabel，将 toolStripStatusLabel 命名为 ttsSqlConnectionState，用于显示连接数据库的状态。

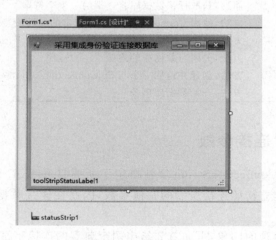

图 12-13　设计界面

（2）导入命名空间。

```
using System.Data.SqlClient;
```

（3）编写相应的代码。

代码如下：

```
private void Form1_Load(object sender, EventArgs e)
{
    CreateSqlConnection();
}


/// < summary >
/// 连接 SQL Server 数据库示例
/// </summary >
public void CreateSqlConnection()
{
    //得到一个 SqlConnection
    SqlConnection myCon = new SqlConnection();
    //构造连接字符串
    myCon.ConnectionString = "Data Source = LENOVO - PC;Initial Catalog = db_Class;"
                                    + "Integrated Security = true";

    //建立连接
    myCon.Open();
    //输出连接状态
    this.ttsSqlConnectionState.Text = "连接数据库状态为：" + myCon.State.ToString();
}
```

程序的运行结果如图 12-14 所示。

图 12-14　程序的运行结果

另外，用户也可以直接使用 SqlConnection 的构造函数，并把连接字符串作为参数来建立连接。下面的代码同样完成数据库的连接。

```
//得到一个 SqlConnection
SqlConnection myCon = new SqlConnection("Data Source = LENOVO - PC;
    Initial Catalog = db_Class;Integrated Security = true ");
//建立连接
myCon.Open();
```

【例 12-12】　有 SQL Server 2008 数据源，服务器名为 LENOVO－PC、数据库名为 db_

Class、用户名为 sa、密码为 sa，要求实现数据库连接。

此时的连接字符串如下：

```
Data Source = LENOVO - PC; Initial Catalog = db_Class; User ID = sa; Password = sa
```

说明：

（1）以上两例用了两种登录方式来连接 SQL Server 数据库，一种是以集成方式登录，另一种是以 SQL Server 方式登录。这两种登录方式的区别在于前者是一种信任登录，即 SQL Server 数据库服务器信任 Windows 系统，如果 Windows 系统通过了身份验证，SQL Server 将不再验证，因为此种验证方式认为 Windows 验证是可信的，所以在登录 SQL Server 时不再需要提供用户名和密码。而后者不同，它不管 Windows 是否通过了身份验证，都需要提供 SQL Server 的用户名和密码。

（2）"db_Class"是在前面创建的数据库，以上两例使用了 Northwind 作为数据库。

12.4.5　断开 SQL Server 连接

断开 SQL Server 连接非常简单，使用 SqlConnection 的 Close 方法即可：

```
public virtual void Close();
```

下面的例子关闭了上一小节建立的 Northwind 数据库连接。

【例 12-13】　关闭 SQL Server 2008 的数据库连接。

```
//断开连接
myCon.Close();
```

12.4.6　管理其他数据源连接

和连接 SQL Server 数据库类似，用户可以使用 System.Data 中的其他类创建其他数据源的连接，具体包括以下 3 个类。

（1）OleDbConnection：可以管理通过 OLE DB 访问的任何数据源连接。

（2）OdbcConnection：可以管理通过使用连接字符串或 ODBC 数据源名称（DSN）创建的数据源连接。

（3）OracleConnection：可以管理通过 Oracle 创建的数据源连接。

这 3 个类的使用和 SqlConnection 非常相似，在此不再赘述。

12.5　与数据库交互

前面介绍了如何使用 ADO.NET 中的 Connection 类创建数据库连接，下面介绍进一步的数据库查询操作。

查询数据操作可以通过多种方式实现。其中，DBCommand 对象常用来表示一个 SQL 查询或者一个存储过程，而 DataAdpater 对象常用来把一个 DBCommand 提交给数据库。

12.5.1 使用 SqlCommand 提交增删命令

DBCommand 是一个统称,实际上具体包括以下 4 个类。

(1) OleDbCommand:用于任何 OLE DB 提供程序。

(2) SqlCommand:用于 SQL Server 7.0 或更高版本。

(3) OdbcCommand:用于 ODBC 数据源。

(4) OracleCommand:用于 Oracle 数据库。

本节仍以 SqlCommand 为例进行介绍。简单地说,SqlCommand 表示要对 SQL Server 数据库执行的一个 Transact—SQL 语句或存储过程,常用的属性和方法如表 12-5 所示。

表 12-5 **SqlCommand 类的常用属性和方法**

属性/方法	说 明
CommandText	属性,获取或设置要对数据源执行的 Transact—SQL 语句或存储过程
CommandType	属性,获取或设置一个值,该值指示如何解释 CommandText 属性
Connection	属性,获取或设置 SqlCommand 的实例使用的 SqlConnection
CommandTimeout	属性,获取或设置终止执行命令的尝试并生成错误之间的等待时间
Cancel	方法,试图取消 SqlCommand 的执行
ExecuteNonQuery	方法,对连接执行非查询的 Transact—SQL 语句并返回受影响的行数
ExecuteReader	方法,将 CommandText 发送到 Connection 并生成一个 SqlDataReader 对象
ExecuteXmlReader	方法,将 CommandText 发送到 Connection 并生成一个 XmlReader 对象

除了表示一条 SQL 语句或者一个存储过程以外,SqlCommand 还可以执行一个非查询的 SQL,即非 SELECT 的 SQL 语句,这通过 ExecuteNonQuery 方法实现。在下面的例子中,使用 ExecuteNonQuery 方法修改一行数据。

【例 12-14】 使用 SqlCommand 对象修改数据。

实现步骤如下:

(1) 设计如图 12-15 所示的窗体,在该窗体上添加一个 Button 控件(btnUpdate)和一个 Label 控件(lblHint)。

图 12-15 设计界面

（2）导入命名空间。

using System.Data.SqlClient;

（3）编写相应的代码。

代码如下：

```
/// < summary >
/// 使用 SqlCommand 实现一个 SQL 语句
/// </summary>
private void btnUpdate_Click(object sender, EventArgs e)
{
    //连接数据库
    SqlConnection myCon = new SqlConnection();
    myCon.ConnectionString = "Data Source = LENOVO - PC;Initial Catalog = db_Class;"
                            + "Integrated Security = true";

    myCon.Open();


    //通过修改一行数据完成非查询的 SQL 操作
    SqlCommand selectCMD = new SqlCommand();
    selectCMD.Connection = myCon;
    selectCMD.CommandText = "UPDATE tb_Student SET SName = '李小民' WHERE" +
        " SNo = '2007001'";
    int i = selectCMD.ExecuteNonQuery();
    this.lblHint.Text = Convert.ToString(i) + "行被修改。";        //输出：1 行被修改

    //断开连接
    myCon.Close();
}
```

程序的运行结果如图 12-16 所示。

图 12-16 程序的运行结果

说明：该段代码非常简单，首先连接数据库，然后实例化一个 SqlCommand 对象，使用 Connection 属性设置其数据库信息，通过 CommandText 属性设置所要提交的 SQL 命令，

最后调用 SqlCommand 对象的 ExecuteNonQuery 方法,并输出被修改的记录数目。

程序运行后,用户观察一下数据库,会发现 SNo 为"2007001"的 SName 已经被修改为"李小民"。

12.5.2　使用 SqlCommand 获取查询命令

前面介绍了使用 SqlCommand 执行非查询的数据操作,除此之外,SqlCommand 也可以执行数据查询操作。SqlCommand 有两种方式来执行查询操作。

(1) 使用自身的 ExecuteReader 和 ExecuteXmlReader 方法,获取只读的数据,并分别放入 DataReader 对象或 XmlDataReader 对象中。

(2) 本身只作为一条 SQL 语句或者一个存储过程,结合后面所介绍的 DataAdapter、DataSet 实现数据查询。

本节只讨论第 2 种方法,对于第 1 种方法,将在后面的章节进行介绍。

下面的代码创建一个 SqlCommand 对象,该对象仅代表了一个 SQL 命令。

【例 12-15】　使用 SqlCommand 对象查询数据。

实现步骤如下:

(1) 设计如图 12-17 所示的窗体,在该窗体上添加一个 Button 控件(btnQuery)。

图 12-17　设计界面

(2) 导入命名空间。

```
using System.Data.SqlClient;
```

(3) 编写相应的代码。

```
private void btnQuery_Click(object sender, EventArgs e)
{
    //连接数据库
    SqlConnection myCon = new SqlConnection();
    myCon.ConnectionString = "Data Source = LENOVO - PC;Initial Catalog = db_Class;"
                                     + "Integrated Security = true";

    myCon.Open();

    //使用 SqlCommand
```

```
        SqlCommand selectCMD = new SqlCommand();
        selectCMD.Connection = myCon;
        selectCMD.CommandText = "SELECT top 10 SNo, SName FROM tb_Student";
            //断开连接
            myCon.Close();
    }
```

说明：在该段代码中首先连接了数据库 db_Class，然后实例化一个 SqlCommand 对象，分别使用 Connection 属性和 CommandText 属性设置其数据库信息和 SQL 语句，最后断开数据库连接。

到目前为止，仅生成了一个能够代表 SQL 语句的 SQL Command 对象。

```
SELECT top 10 SNo, SName FROM tb_Student
```

那么怎样把这个命令提交给数据库呢？需要使用下面介绍的 DataAdapter 对象完成。

12.5.3　使用 DataAdapter 提交查询命令

DataAdapter 表示一组数据命令和一个数据库连接，可以向数据库提交 DBCommand 对象所代表的 SQL 查询命令，同时获取返回的数据结果集。

对于不同的数据源，ADO.NET 同样提供了多个不同的 DataAdapter 子类。本节仍以处理 SQL Server 数据库的 SqlDataAdapter 类为例进行说明，最常用的成员有SelectCommand、InsertCommand、DeleteCommand 和 Fill。

其中，SelectCommand 属性用于指定 SqlDataAdapter 所要提交的 SQL 语句，是最常用的属性。InsertCommand 和 DeleteCommand 分别表示向 SqlDataAdapter 插入或删除一条SQL 命令。

Fill 方法用于完成向数据库提交 SQL 以及将查询结果数据集放入 ADO.NET 数据集对象中的任务，是 DataAdapter 最重要的方法，其形式如下：

```
public abstract int Fill(DataSet dataSet);
```

dataSet 参数表示查询结果所要填充的 DataSet。

在下面的例子中，SqlDataAdapter 对象将结合 SqlCommand 对象，向 db_Class 数据库提交数据查询命令。

【例 12-16】　使用 SqlDatAdapter 对象查询数据。

实现步骤如下：

（1）设计如图 12-18 所示的窗体，在该窗体上添加一个 Button 控件（btnQuery）。

（2）导入命名空间。

```
using System.Data.SqlClient;
```

（3）编写相应的代码。

```
private void btnQuery_Click(object sender, EventArgs e)
{
    //连接数据库
    SqlConnection myCon = new SqlConnection("Data Source = LENOVO - PC;" +
```

图 12-18　设计界面

```
                        "Initial Catalog = db_Class;Integrated Security = true");
    myCon.Open();

    //使用 SqlCommand
    SqlCommand selectCMD = new SqlCommand();
    selectCMD.Connection = myCon;
    selectCMD.CommandText = " SELECT top 10 SNo, SName FROM tb_Student ";

    //获取数据适配器
    SqlDataAdapter custDA = new SqlDataAdapter();
    custDA.SelectCommand = selectCMD;

    //提交查询,获取结果数据集
    DataSet custDS = new DataSet();
    custDA.Fill(custDS);

    //断开连接
    myCon.Close();
}
```

　　说明：在该段代码中首先连接数据库 db_Class,接着实例化一个 SqlCommand 对象,并通过构造函数设置其代表的 SQL 语句。

　　在后面,实例化一个 SqlDataAdapter 对象 custDA,利用其 SelectCommand 属性获取 SQL 语句,然后使用 Fill 方法提交查询,并将查询结果放入 DataSet 中。

　　这里的 DataSet 是什么? 数据到底在哪儿呢? 对于这些问题将在下一节进行介绍。

12.6　管理内存数据

12.6.1　了解数据集

　　在完成对数据库的查询以后,需要把所获取的数据保留下来,ADO．NET 使用数据集对象在内存中缓存结果数据。

数据集对象的结构类似于关系数据库的表,包括表示表、行和列等数据对象模型的类,还包括为数据集定义的约束和关系。在 ADO．NET 中,可以作为数据集对象的类如图 12-19 所示。

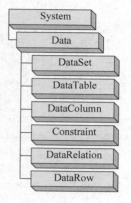

图 12-19　ADO．NET 中的数据集

下面详细讨论使用数据集管理查询结果数据的技术。

12.6.2　使用 DataTable 实现内存表

ADO．NET 试图模拟所有的数据库对象,下面首先来看对于数据表的实现。数据表包括列、行、约束、关系等,这些对象与 ADO．NET 中对象的对应关系如下:

- 数据表←—→DataTable;
- 数据列←—→DataColumn;
- 数据行←—→DataRow;
- 约束←—→Constraint;
- 关系←—→DataRelation。

本节将通过编程的方式在内存中建立一个数据表。和在数据库中建立表的过程一样,首先将需要生成的一系列的列放入到数据表中,以建立表的结构;然后向表中添加数据行。下面来看数据列的实现。

1. DataColumn

DataColumn 类的常用属性如表 12-6 所示。

表 12-6　DataColumn 类的常用属性

属　　性	说　　明
AllowDBNull	获取或设置一个值,指示对于属于该表的行此列中是否允许空值
AutoIncrement	获取或设置一个值,指示对于添加到该表中的新行,列是否将列的值自动递增
AutoIncrementSeed	获取或设置 AutoIncrement 属性为 true 的列的起始值
AutoIncrementStep	获取或设置 AutoIncrement 属性为 true 的列的增量
Caption	获取或设置列的标题
ColumnName	获取或设置列的名称

属 性	说 明
DataType	获取或设置存储在列中的数据的类型
DefaultValue	在创建新行时获取或设置列的默认值
MaxLength	获取或设置文本列的最大长度
Ordinal	获取列在 DataColumnCollection 集合中的位置
ReadOnly	获取或设置一个值,指示一旦向表中添加了行,列是否还允许更改
Table	获取列所属的 DataTable

【例 12-17】 生成一个数据列 myDataColumn1,并通过属性对其进行格式化。

```
//生成一个列,并设置其各个属性
DataColumn myDataColumn1 = new DataColumn();
myDataColumn1.DataType = System.Type.GetType("System.Int32");   //该列的数据类型
myDataColumn1.ColumnName = "学号";                              //该列的名称
myDataColumn1.AllowDBNull = false;                             //该列是否为空
myDataColumn1.Caption = "ID";                                 //该列的标题
myDataColumn1.Unique = true;                                  //该列是否有唯一性
```

2. DataTable

在生成数据列以后,就可以将其放入一个内存表 DataTable 中,这样不断向一个 DataTable 添加列便创建了一个内存表,这个过程和在数据库中创建表的过程类似。

DataTable 的常用属性和方法如表 12-7 所示。

表 12-7 DataTable 类的常用属性和方法

属性/方法	说 明
Columns	属性,获取属于该表的列的集合
DataSet	属性,获取该表所属的 DataSet
PrimaryKey	属性,获取或设置充当数据表主键的列的数组
Rows	属性,获取属于该表的行的集合
TablesName	属性,获取或设置 DataTable 的名称
AcceptChanges	方法,提交自加载 DataSet 或调用 AcceptChanges 以来对 DataSet 进行的所有更改
Clear	方法,通过移除所有表中的所有行来清除任何数据的 DataSet
GetChanges	方法,获取 DataSet 的副本,包含自上次加载以来或调用 AcceptChanges 以来对该数据集进行的所有更改

【例 12-18】 通过构造 DataTable 来加深读者对 DataTable 对象的了解,这里构造了一个内存表 myDataTable,包含"学号"和"姓名"两列。

```
//声明一个 DataTable
DataTable myDataTable = new DataTable("ParentTable");

//生成一个列,并放入 DataTable 中
DataColumn myDataColumn1 = new DataColumn();
myDataColumn1.DataType = System.Type.GetType("System.Int32");   //该列的数据类型
myDataColumn1.ColumnName = "学号";                              //该列的名称
```

```
myDataTable.Columns.Add(myDataColumn1);

//生成第二个列,并放入 DataTable 中
DataColumn myDataColumn2 = new DataColumn();
myDataColumn2.DataType = System.Type.GetType("System.String"); //该列的数据类型
myDataColumn2.ColumnName = "姓名";                              //该列的名称
myDataTable.Columns.Add(myDataColumn2);

//将"学号"列作为 DataTable 的主键
DataColumn[] PrimaryKeyColumns = new DataColumn[1];
PrimaryKeyColumns[0] = myDataTable.Columns["学号"];
myDataTable.PrimaryKey = PrimaryKeyColumns;
```

说明：这段代码首先实例化一个 DataTable 对象 myDataTable,接着创建一个 DataColumn 对象,设置其数据类型为 Int32,列名为"学号",然后将这一列添加到 myDataTable 中;同样添加第二列——"姓名"。

最后,通过 DataTable 的 PrimaryKey 属性将"学号"列设置为内存表 myDataTable 的主键。

3. DataRow

下面来看如何向 DataTable 中添加数据,需要使用 NewRow 方法得到一个新的数据行对象 DataRow,然后将数据行插入到 DataTable 中。DataRow 的常用属性如表 12-8 所示。

表 12-8　DataRow 类的常用属性

属　　性	说　　明
Item	获取或设置存储在指定列中的数据
ItemArray	通过数组获取或设置此行的所有值
Table	获取行所属的 DataTable

【例 12-19】　向 DataTable 中插入两行数据。

```
// 向 DataTable 中插入两行数据
DataRow myDataRow1 = myDataTable.NewRow();
myDataRow1["学号"] = 1;
myDataRow1["姓名"] = "张三";
myDataTable.Rows.Add(myDataRow1);

DataRow myDataRow2 = myDataTable.NewRow();
myDataRow2["学号"] = 2;
myDataRow2["姓名"] = "李四";
myDataTable.Rows.Add(myDataRow2);
```

说明：
(1) 在该段代码中使用 DataRow 对象向 myDataTable 表添加两行数据。
(2) 在实际应用中,通常并不需要使用编程的方式创建 DataTable 对象,而是通过把查询数据库得到的数据填充在 DataSet 中得到 DataTable,一个 DataSet 就是由多个 DataTable 构成的数据集合。

（3）在.NET中还提供了一系列图形化的控件，用图形化的界面显示数据，这些控件包括 DataGridView、DataList 等。

【例12-20】　综合以上3个例子体会 DataTable 的编程，并将 DataTable 的结果显示在 DataGridView 控件中。

实现步骤如下：

（1）设计界面如图 12-20 所示，在窗体中添加一个 Button 控件和一个 DataGridView 控件。

图 12-20　设计界面

（2）导入命名空间。

using System.Data;

（3）编写相应的代码。

```
/// < summary >
/// 使用 DataTable 实现内存表
/// </ summary >
private void btnCreateAndDisplay_Click(object sender, EventArgs e)
{
    //声明一个 DataTable
    System.Data.DataTable myDataTable = new System.Data.DataTable("ParentTable");

    //生成一个列,并放入 DataTable 中
    DataColumn myDataColumn1 = new DataColumn();
    myDataColumn1.DataType = System.Type.GetType("System.Int32");   //该列的数据类型
    myDataColumn1.ColumnName = "学号";                              //该列的名称
    myDataTable.Columns.Add(myDataColumn1);

    //生成第二列,并放入 DataTable 中
    DataColumn myDataColumn2 = new DataColumn();
    myDataColumn2.DataType = System.Type.GetType("System.String");  //该列的数据类型
    myDataColumn2.ColumnName = "姓名";                              //该列的名称
```

```
myDataTable.Columns.Add(myDataColumn2);

//将"学号"列作为 DataTable 的主键
DataColumn[] PrimaryKeyColumns = new DataColumn[1];
PrimaryKeyColumns[0] = myDataTable.Columns["学号"];
myDataTable.PrimaryKey = PrimaryKeyColumns;

//向 DataTable 中插入几行数据
DataRow myDataRow1 = myDataTable.NewRow();
myDataRow1["学号"] = 1;
myDataRow1["姓名"] = "张三";
myDataTable.Rows.Add(myDataRow1);

DataRow myDataRow2 = myDataTable.NewRow();
myDataRow2["学号"] = 2;
myDataRow2["姓名"] = "李四";
myDataTable.Rows.Add(myDataRow2);

//输出 DataTable 中的数据
this.dataGridView1.DataSource = myDataTable;
}
```

程序的运行结果如图 12-21 所示。

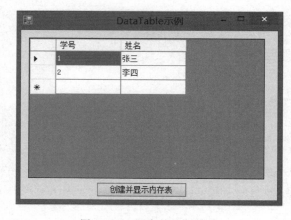

图 12-21　程序的运行结果

12.6.3　使用 DataSet 管理数据

如果把上一部分介绍的内存表 DataTable 对应为数据库的表，那么 DataSet 对象对应于整个数据库。

DataSet 是 ADO.NET 结构的主要组件，是从数据源中检索到的数据在内存中的缓存，可以包括多个 DataTable 对象。其常用的属性和方法如表 12-9 所示。

表 12-9 DataSet 类的常用属性和方法

属性/方法	说　明
DataSetName	属性,获取或设置当前 DataSet 的名称
NameSpace	属性,获取或设置 DataSet 的命名空间
Tables	属性,获取包含在 DataSet 中的表的集合
AcceptChanges	属性,提交自加载 DataSet 或调用 AcceptChanges 以来对 DataSet 进行的所有更改
Clear	方法,通过移除所有表中的所有行来清除任何数据的 DataSet
GetChanges	方法,获取 DataSet 的副本,包含自上次加载以来或调用 AcceptChanges 以来对该数据集进行的所有更改
GetXml	方法,返回存储在 DataSet 中的数据的 XML 表示形式
Merge	方法,指定的 DataSet、DataTable 或 DataRow 对象的数组合并到当前的 DataSet 或 DataTable 中

　　下面来看如何将数据填充到 DataSet 中,常用的方式是使用 DataAdapter 的 Fill 方法将数据填充到数据集 DataSet 中。

　　【例 12-21】 使用 DataSet 管理内存数据。

　　实现步骤如下:

　　(1) 设计界面如图 12-22 所示,在窗体中添加一个 Button 控件和一个 DataGridView 控件。

图 12-22 设计界面

　　(2) 导入命名空间。

```
using System.Data.SqlClient;
```

　　(3) 编写相应的代码。

```
/// < summary >
/// 使用 DataAdpapter 填充 DataSet
/// </summary >
private void btnQuery_Click(object sender, EventArgs e)
{
    //连接数据库
    SqlConnection myCon = new SqlConnection();
    myCon.ConnectionString = "Data Source = LENOVO - PC;" +
```

```
                              "Initial Catalog = db_Class;Integrated Security = True";
     myCon.Open();

     //使用 SqlCommand 提交查询命令
     SqlCommand selectCMD = new SqlCommand("SELECT top 10 SNo," +
                    " SName FROM tb_Student", myCon);

     //获取数据适配器
     SqlDataAdapter custDA = new SqlDataAdapter();
     custDA.SelectCommand = selectCMD;

     //填充 DataSet
     DataSet custDS = new DataSet();
     custDA.Fill(custDS, "StudentInfo");

     //显示其中的 DataTable 对象中的数据
     this.dataGridView1.DataSource = custDS.Tables[0];

     //断开连接
     myCon.Close();
}
```

程序的运行结果如图 12-23 所示。

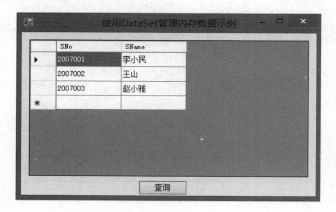

图 12-23　程序的运行结果

说明：这段代码首先连接 db_Class 数据库，接着创建了一个 SqlCommand 对象，用于提交 SQL 命令，随后获取了数据适配器，并把查询得到的数据填充到 DataSet 中，最后在 DataGridView 控件中输出了查询结果。

12.6.4　使用 DataReader 获取只读数据

除了 DataSet 以外，用户还可以使用 DataReader 获取数据。例如前面章节所介绍的，可以使用 DBCommand 的 ExecuteReader 方法获得一个只读的结果数据集，并且在读取的过程中数据游标只能向前移动，不能返回。在此同样使用 SqlDataReader 类进行介绍。

SqlDataReader 类的常用属性和方法如表 12-10 所示。

表 12-10 SqlDataReader 类的常用属性和方法

属性/方法	说　明
FieldCount	属性,获取当前行中的列数
HasRows	属性,获取一个值,该值指示 SqlDataReader 是否包含一行或多行
Item	属性,获取以本机格式表示的列的值
Close	方法,关闭 SqlDataReader 对象
GetBoolean	方法,获取指定列的布尔值(以及其他)形式的值
GetFieldType	方法,获取对象的数据类型的 Type
GetName	方法,获取指定列的名称
GetOrdinal	方法,在给定列名称的情况下获取列序号
NextResult	方法,当读取批处理 Transact一SQL 语句的结果时使数据读取器前进到下一个结果
Read	方法,使 SqlDataReader 前进到下一条记录

若要创建 SqlDataReader,必须调用 SqlCommand 对象的 ExecuteReader 方法,而不应该直接使用构造函数。下面的例子实现与 12.6.3 节使用 DataSet 实现的同样的功能,即输出 db_Class 数据库中的一部分数据。

【例 12-22】 使用 DataReader 管理内存数据。

实现步骤如下:

(1) 设计界面如图 12-24 所示,在窗体中添加两个 Label 控件和两个 TextBox 控件。

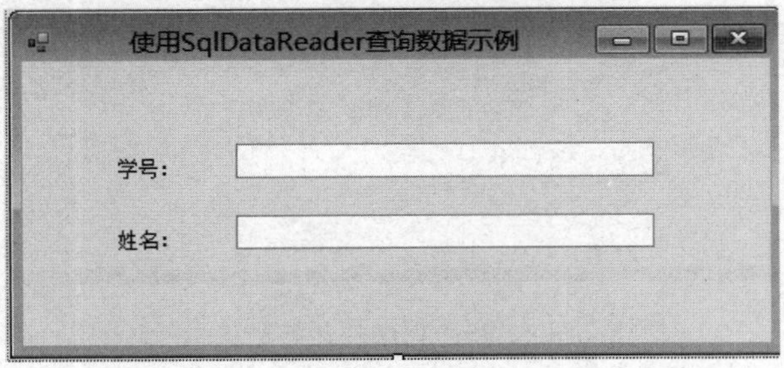

图 12-24 设计界面

(2) 导入命名空间。

```
using System.Data.SqlClient;
```

(3) 编写相应的代码。

```
private void Form1_Load(object sender, EventArgs e)
{
    //窗体第一次出现时显示 Customers 表的第一条记录
    Display();
}

/// < summary >
/// 使用 SqlCommand 获取 DataReader
/// </summary>
private void Display()
{
```

```
//连接数据库
SqlConnection myCon = new SqlConnection("Data Source = LENOVO - PC;" +
                "Initial Catalog = db_Class;Integrated Security = true");
myCon.Open();

//使用 SqlCommand
SqlCommand selectCMD = new SqlCommand("SELECT top 10 SNo," +
        " SName FROM tb_Student ", myCon);

//创建 SqlDataReader
SqlDataReader custDR = selectCMD.ExecuteReader();

//输出查询的数据
custDR.Read();
this.txtSNo.Text = custDR.GetInt32(custDR.GetOrdinal("SNo")).ToString();
this.txtSName.Text = custDR.GetString(custDR.GetOrdinal("SName"));
//断开连接
myCon.Close();
}
```

程序的运行结果如图 12-25 所示。

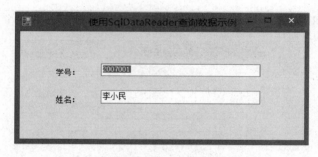

图 12-25　程序的运行结果

说明：该段代码首先连接数据库 db_Class，然后实例化一个 SqlCommand 对象，并通过其构造函数设置了所代表的 SQL 语句。

通过使用 SqlCommand 对象的 ExecuteReader 获取一个 SqlDataReader 对象，然后输出了其中的第一条数据。该段代码输出了表中的两列，使用 SqlDataReader 的 GetOrdinal 方法得到各个列的序号，可以增加程序的可读性。

12.6.5　比较 DataSet 和 DataReader

DataSet 和 DataReader 都可以获取查询数据，那么应该如何在两者之间进行选择呢？通常来说，在下列情况下适合使用 DataSet。

- 操作结果中含有多个分离的表。
- 操作来自多个源（例如来自多个数据库、XML 文件的混合数据）的数据。
- 在系统的各个层之间交换数据，或使用 XML Web 服务。
- 通过缓冲重复使用相同的行集合以提高性能（例如排序、搜索或过滤数据）。

- 每行执行大量的处理。
- 使用 XML 操作维护数据。

在应用程序需要以下功能时可以使用 DataReader。

- 不需要缓冲数据。
- 正在处理的结果集太大，不能全部存入内存中。
- 需要迅速地一次性访问数据，采用只向前的只读方式。

12.7 数据绑定技术

在前面的介绍中，许多控件中的数据都是手动赋予的；在实际的开发中，用户却经常需要把数据库中的数据自动绑定到控件上。例如列表框控件（ListBox），其选项集合 Items 就常来自数据库中预定义的数据，这称为数据的绑定。

12.7.1 数据绑定概述

数据绑定是指系统在运行时自动将数据赋予控件的技术。根据绑定数据的数量，.NET 数据绑定技术包含下面两种方式。

（1）绑定数据到单值控件：将一个数据绑定到控件。

单值控件可以一次显示一个数据值，包括 TextBox、Label 等控件。实际上，所有的控件都允许把数据赋予其某个属性，以完成单值绑定。例如，在程序运行时利用 ADO.NET 从数据库中获取某条数据，然后将其赋予 TextBox 的 Text 属性或 ListBox 的 BackColor 属性等，就完成了单值绑定。单值绑定非常简单，本节主要介绍多值数据绑定控件。

（2）绑定数据到多值控件：将一组数据绑定到控件。

多值控件可以同时显示一个或多个数据记录，在此又将多值控件划分为列表控件和复合绑定控件，列表控件包括 ListBox、CheckBoxList、ComboBox 等控件，复合绑定控件包括 DataGridView、ListView 等控件。

另外，根据绑定数据的时间，.NET 的数据绑定技术主要包括下面两种方式。

（1）在设计时绑定：在设计系统时指定绑定控件的数据源。

（2）在运行时绑定：用编程的方式在系统运行时指定绑定控件的数据源。

12.7.2 列表控件

列表控件是常用的多值数据绑定控件，包括 ListBox、CheckBoxList、ComboBox 等控件，它们的共同特征是具有 Items 属性。

Items 属性是列表控件中的选项集合对象 ListItemCollection，其包含多个 ListItem 对象，而 ListItem 的 Text 和 Value 属性分别是选项所显示的内容以及引用该项时用到的值。通过数据绑定技术可以把数据源中的两列数据对应地绑定到 Text 和 Value 属性上。

各列表控件具有相似的属性，其中与数据绑定相关的属性有以下几个。

- DataSource：此属性获取或设置填充到列表中的数据源，可以是任意内存中的数据表模型，例如 DataTable、DataSet、DataReader 等。

- DisplayMember：此属性获取或设置要为列表控件显示的属性。
- ValueMember：此属性获取或设置要为列表控件显示的选项的实际值。

下面通过两个例子以 SQL Server 数据库为环境具体介绍如何用编程的方式采用不同的方法实现列表控件的数据绑定。

【例 12-23】 绑定 DataSet 到 ComboxBox，实现把 SQL Server 自带的示例数据库 db_Class 的表 tb_Student 中的数据用编程的方法绑定到组合框 ComboBox 中。

实现步骤如下：

（1）新建项目 DataBind_ComboBox，在窗体上添加一个"空"的组合框，并不初始化任何选项。

（2）引入 System.Data.SqlClient 命名空间。

（3）编程实现一个私有方法 InitData()。该方法的功能是查询数据库，得到数据 DataSet，并将其绑定到组合框中。

实现代码如下：

```
private void Form1_Load(object sender, EventArgs e)
{
    //绑定数据
    InitData();
}

/// < summary >
/// 把 SQL Server 数据库 db_Class 的表 tb_Student 中的数据绑定到 ComboBox 中
/// </summary>
private void InitData()
{
    //连接数据库
    SqlConnection myCon = new SqlConnection();
    myCon.ConnectionString = "Data Source = LENOVO - PC;" +
                    "Initial Catalog = db_Class;Integrated Security = true";
    myCon.Open();

    //使用 SqlCommand 提交查询命令
    SqlCommand selectCMD = new SqlCommand("SELECT * FROM tb_Student", myCon);

    //获取数据适配器
    SqlDataAdapter da = new SqlDataAdapter();
    da.SelectCommand = selectCMD;

    //填充 DataSet
    DataSet ds = new DataSet();
    da.Fill(ds);

    //将 DataSet 中的数据绑定到 ComboBox1
    comboBox1.DisplayMember = "SName";
    comboBox1.ValueMember = "SNo";
    comboBox1.DataSource = ds.Tables[0].DefaultView;
```

```
    //断开连接
    myCon.Close();
}
```

程序的运行结果如图 12-26 所示。

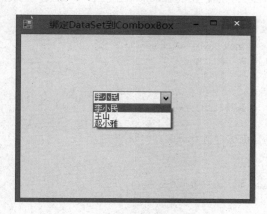

图 12-26 将数据绑定到 ComboBox

说明：本例所采用的方法对于除了 ComboBox 之外的其他列表控件（ListBox、CheckBoxList）均适用。

【例 12-24】 绑定 DataReader 到 ListBox，实现把 SQL Server 的数据库 db_Class 的表 tb_Student 中的数据用编程的方法绑定列表框 ListBox 中。在本例中，数据绑定的数据源使用 DataReader 对象，而非 DataSet 对象。

实现步骤如下：

（1）新建项目 DataBind_ListBox，在窗体上添加一个"空"的列表框，并不初始化任何选项。

（2）引入 System.Data.SqlClient 命名空间。

（3）编程实现一个私有方法 InitData()，该方法的功能是查询数据库，得到数据绑定到下拉列表框中。

实现代码如下：

```
private void Form1_Load(object sender, EventArgs e)
{
    InitData();
}


/// < summary >
/// 利用 DataReader 对象把 SQL Server 数据库 db_Class 的
///表 tb_Student 中的数据绑定到下拉列表框 ListBox1 中
/// </ summary >
private void InitData()
{
    //连接数据库
    SqlConnection myCon = new SqlConnection();
    myCon.ConnectionString = "Data Source = LENOVO - PC;" +
```

```
                            "Initial Catalog = db_Class;Integrated Security = true";
        myCon.Open();

        //使用 SqlCommand 提交查询命令
        SqlCommand selectCMD = new SqlCommand("SELECT * FROM tb_Student", myCon);

        //获取数据适配器
        SqlDataAdapter da = new SqlDataAdapter();
        da.SelectCommand = selectCMD;

        //创建 SqlDataReader
        SqlDataReader dr = selectCMD.ExecuteReader();

        //将 DataSet 中的数据绑定到 ListBox1
        while (dr.Read())
        {
            listBox1.Items.Add(dr[1].ToString());
        }
        dr.Close();

        //断开连接
        myCon.Close();
    }
```

程序的运行结果如图 12-27 所示。

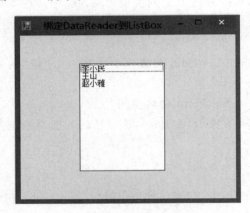

图 12-27　将数据绑定到 ListBox

12.7.3　ListView 控件

在.NET 类库中，DataGridView 和 ListView 控件提供了一种强大且灵活的以表格形式显示数据的方式，在此以 ListView 控件为例将数据表中的数据添加到 ListView 控件中。

【例 12-25】　将数据库中的数据添加到 ListView 控件。

在实现本实例时主要用到了 ListViewItem 类中的 SubItems 集合的 Add()方法、ListView 控件的 View 和 FullRowSelect 属性。FullRowSelect 属性用来获取或设置一个值，该值指示单击某项是否选择其所有子项。注意，除非将 ListView 控件的 View 属性设置为 Details，否则 FullRowSelect 属性无效。在 ListView 控件显示带有许多子项的项时通常使用 FullRowSelect 属性，并且，在由于控件内容的水平滚动而无法看到项文本时能够查看选定项是非常重要的。

实现步骤如下：

（1）新建一个 Windows 应用程序，命名为 DataBind_ListView，其默认窗体为 Form1。

（2）在 Form1 窗体中添加一个 ListView 控件，将其 View 属性设置为 Details，并添加两个 Button 控件。在此要对 ListView 控件的 Columns 属性进行设置，一般要将该属性的 Text 和 Width 分别进行设置，如图 12-28 所示。

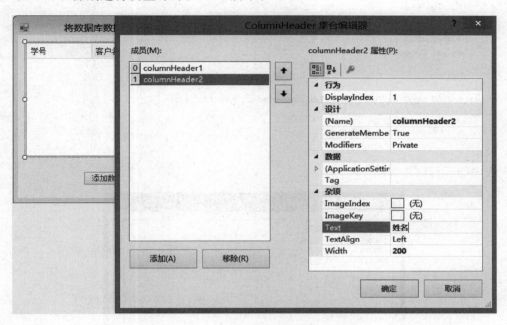

图 12-28　对控件的 Columns 进行设置

（3）引入 System.Data.SqlClient 命名空间。

（4）编写程序代码。

```
private void btnBindData_Click(object sender, EventArgs e)
{
    //连接数据库
    SqlConnection myCon = new SqlConnection();
    myCon.ConnectionString = "Data Source = LENOVO - PC;" +
            "Initial Catalog = db_Class;Integrated Security = true";
    myCon.Open();

    //使用 SqlCommand 提交查询命令
    SqlCommand selectCMD = new SqlCommand("SELECT top 10 SNo," +
        "SName FROM tb_Student",myCon);

    //创建 SqlDataReader
    SqlDataReader dr = selectCMD.ExecuteReader();
```

```
    listView1.View = View.Details;                              //设置显示模式
    listView1.FullRowSelect = true;

    //将 DataReader 中的数据绑定到 ListView1
    while (dr.Read())
    {
        ListViewItem lv = new ListViewItem(dr[0].ToString());
        lv.SubItems.Add(dr[1].ToString());
        listView1.Items.Add(lv);                                //添加项
    }
    dr.Close();

    //断开连接
    myCon.Close();
}

private void btnClearData_Click(object sender, EventArgs e)
{
    listView1.Items.Clear();                                    //清除所有项
}
```

程序的运行结果如图 12-29 所示。

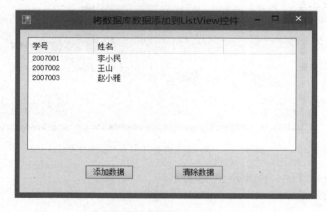

图 12-29　将数据库中的数据添加到 ListView 控件

12.7.4　DataGridView 控件

DataGridView 控件在前面已经应用，下面探讨两个问题，以帮助读者掌握对该控件的使用。

1. 在 DataGridView 控件中显示数据

通过 DataGridView 控件显示数据表中的数据，首先需要使用 DataAdapter 对象查询指定的数据，然后通过该对象的 Fill 方法填充 DataSet，最后设置 DataGrirdView 控件的 DataSource 属性为 DataSet 的表格数据。DataSource 属性用于获取或设置 DataGridView 控件所显示数据的数据源。

【**例12-26**】 在 DataGridView 控件中显示数据。

在例 12-21 中,对于如何在 DataGridView 控件中显示数据已经给出相应的代码,该例的运行结果如图 12-30 所示。

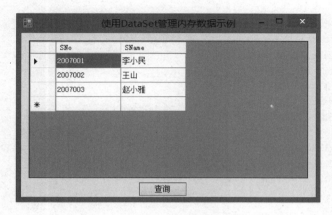

图 12-30 例 12-21 的运行结果

这里对例 12-21 中的相应代码修改如下:

```
//使用 SqlCommand 提交查询命令
SqlCommand selectCMD = new SqlCommand("SELECT top 10 SNo AS 学号," +
    " SName AS 姓名 FROM tb_Student", myCon);
```

然后运行程序,程序的运行结果如图 12-31 所示。读者会发现 DataGridView 控件中显示的结果不同,该 DataGridView 控件的列名(Columns)已经发生变化。

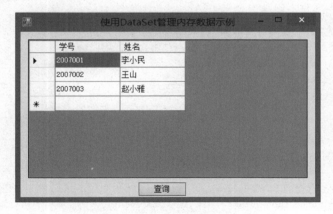

图 12-31 程序的运行结果

2. 获取 DataGridView 控件中的当前单元格

若要与 DataGridView 进行交互,通常要通过编程方式发现哪个单元格处于活动状态。如果需要更改当前单元格,可以通过 DataGridView 控件的 CurrentCell 属性获取当前单元格信息。

【**例12-27**】 创建一个 Windows 应用程序,向窗体中添加一个 DataGridView 控件、一个 Button 控件和一个 Label 控件,主要用于显示数据、获取指定单元格信息以及显示单元格信息。在单击 Button 控件之后会通过 DataGridView 的 CurrentCell 属性获取当前单元格信息。

程序代码如下:

```csharp
using System;
using System.Collections.Generic;
using System.ComponentModel;
using System.Data;
using System.Drawing;
using System.Linq;
using System.Text;
using System.Threading.Tasks;
using System.Windows.Forms;
using System.Data.SqlClient;

namespace DataSet_Fill
{
    public partial class Form1 : Form
    {
        public Form1()
        {
            InitializeComponent();
        }

        private void btnQuery_Click(object sender, EventArgs e)
        {
            //使用 CurrentCell.RowIndex 和 CurrentCell.ColumnIndex
            //获取数据的行坐标和列坐标
            string strMsg = String.Format("第{0}行,第{1}列",
                dataGridView1.CurrentCell.RowIndex,dataGridView1.
                CurrentCell.ColumnIndex);
            label1.Text = "选择的单元格为: " + strMsg;

        }

        private void Form1_Load(object sender, EventArgs e)
        {
            //连接数据库
            SqlConnection myCon = new SqlConnection();
            myCon.ConnectionString = "Data Source = LENOVO - PC;" +
                "Initial Catalog = db_Class;Integrated Security = true";
            myCon.Open();

            //使用 SqlCommand 提交查询命令
            SqlCommand selectCMD = new SqlCommand("SELECT top 10 SNo as" +
                " SName AS 姓名 FROM tb_Student ", myCon);

            //获取数据适配器
            SqlDataAdapter custDA = new SqlDataAdapter();
```

```
            custDA.SelectCommand = selectCMD;

            //填充 DataSet
            DataSet custDS = new DataSet();
            custDA.Fill(custDS, "StudentInfo");

            //显示其中的 DataTable 对象中的数据
            this.dataGridView1.DataSource = custDS.Tables[0];

            //断开连接
            myCon.Close();
        }
    }
}
```

程序的运行结果如图 12-32 所示。

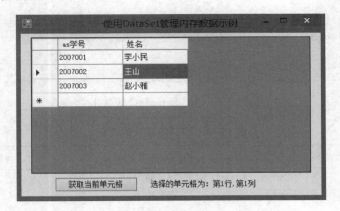

图 12-32 获取单元格的信息

12.8 运用实例

下面做一个综合案例,实现简单的员工管理系统。

【例 12-28】 简单的员工管理系统。

要求:

- 实现记录的添加(相同记录不能添加);
- 实现记录的修改;
- 实现记录的删除。

实现步骤如下:

(1) 在 SQL Server 2008 中建立数据库 db_Staff,在该数据库中建立数据表 tb_Personnel,该表的设计如图 12-33 所示。

(2) 新建一个 Windows 应用工程项目,设计窗体如图 12-34 所示。根据界面显示及程序功能要求,在窗体上创建 4 个标签、4 个文本框、5 个命令按钮和一个 DataGridView,它们的属性设置如表 12-11 所示。

图 12-33   tb_ Personnel 的设计

表 12-11   控件的属性的设置

默认的控件名	设置的控件名（Name）	文本（Text）	其他属性
Label1	lblNo	员工编号：	
Label2	lblName	员工姓名：	
Label3	lblSalary	基本工资：	
Label4	lblEvaluation	工作评价：	
TextBox1	txtNO	空白	
TextBox2	txtName	空白	
TextBox3	txtSalary	空白	
TextBox4	txtEvaluation	空白	
Button1	btnAdd	添加（&N）	
Button2	btnUpdate	修改（&U）	
Button3	btnDelete	删除（&D）	
Button4	btnClear	清除（&C）	
Button5	btnExit	退出（&E）	
dataGridView1	dgvStaffInfo		将 SelectionMode 属性设置为 FullRowSelect
Form1		实现记录的添加、修改、删除	

（3）编写主要代码。

```
using System;
using System.Collections.Generic;
```

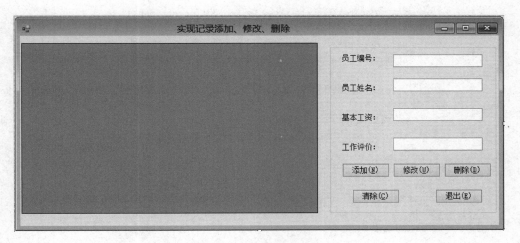

图 12-34 员工管理界面

```csharp
using System.ComponentModel;
using System.Data;
using System.Drawing;
using System.Linq;
using System.Text;
using System.Threading.Tasks;
using System.Windows.Forms;
using System.Data.SqlClient;

namespace StaffManagement
{
    public partial class Form1 : Form
    {
        //公有字段
        public static string str = "";
        public static string strConn = "Data Source = LENOVO - PC;" +
                "Initial Catalog = db_Staff;Integrated Security = true";


        public Form1()
        {
            InitializeComponent();
        }

        private void Form1_Load(object sender, EventArgs e)
        {
            showinf();
        }

        /// < summary >
        /// 在 DataGridView 控件上显示记录
        /// </summary >
        private void showinf()
        {
```

```
        using (SqlConnection con = new SqlConnection(strConn))
        {
            DataTable dt = new DataTable();
            SqlDataAdapter da = new SqlDataAdapter("SELECT No AS 员工编号,Name AS 员工
姓名,
                Salary AS 基本工资,Evaluation AS 工作评价 FROM tb_Personnel ORDER by No",
con);
            da.Fill(dt);
            this.dgvStaffInfo.DataSource = dt.DefaultView;
        }
    }

    private void dgvStaffInfo_CellClick(object sender, DataGridViewCellEventArgs e)
    {
        FillControls();
    }

    /// <summary>
    /// 在控件中填充选中的 DataGridView 控件的数据
    /// </summary>
    private void FillControls()
    {
        try
        {
        this.txtNO.Text = this.dgvStaffInfo[0, this.dgvStaffInfo.CurrentCell.
RowIndex].Value.ToString();
            this.txtName.Text = this.dgvStaffInfo[1, this.dgvStaffInfo.CurrentCell.
RowIndex].Value.ToString();
            this.txtSalary.Text = this.dgvStaffInfo[2, this.dgvStaffInfo.CurrentCell.
RowIndex].Value.ToString();
            this.txtEvaluation.Text = this.dgvStaffInfo[3, this.dgvStaffInfo.CurrentCell.
RowIndex].Value.ToString();
        }
        catch { }
    }

    private void dgvStaffInfo_Click(object sender, EventArgs e)
    {
        str = this.dgvStaffInfo.SelectedCells[0].Value.ToString();
    }

    /// <summary>
    /// 添加记录
    /// </summary>
    /// <param name = "sender"></param>
    /// <param name = "e"></param>
    private void btnAdd_Click(object sender, EventArgs e)
    {
        if (this.txtNO.Text == "")
        {
            MessageBox.Show("添加信息不完整!");
```

```
                    return;
                }
        if (this.txtName.Text == "")
        {
                MessageBox.Show("添加信息不完整!");
                return;
        }
        if (this.txtSalary.Text == "")
        {
                MessageBox.Show("添加信息不完整!");
                return;
        }
        if (this.txtEvaluation.Text == "")
        {
                MessageBox.Show("添加信息不完整!");
                return;
        }
        if (IsNumeric(this.txtSalary.Text.Trim()) == false)
        {
                MessageBox.Show("添加的基本工资信息不准确!");
                return;
        }
        if (IsSameRecord() == true)
        {
                return;
        }
        using (SqlConnection con = new SqlConnection(strConn))
        {
                if (con.State == ConnectionState.Closed)
                {
                        con.Open();
                };
                try
                {
                        StringBuilder strSQL = new StringBuilder();
                        strSQL.Append("INSERT INTO tb_Personnel(No, Name,Salary,Evaluation)");
                        strSQL.Append(" values('" + this.txtNO.Text.Trim().ToString() + "',
'" + this.txtName.Text.Trim().ToString() + "',");
                        strSQL.Append("'" + Convert.ToSingle(this.txtSalary.Text.Trim().
ToString()) + "','" + this.txtEvaluation.Text.Trim().ToString() + "')");

                        using (SqlCommand cmd = new SqlCommand(strSQL.ToString(), con))
                        {
                                cmd.ExecuteNonQuery();
                                MessageBox.Show("信息增加成功!");
                        }

                        strSQL.Remove(0, strSQL.Length);
                }
                catch (Exception ex)
                {
```

```
            MessageBox.Show("错误: " + ex.Message, "错误提示",
                    MessageBoxButtons.OKCancel, MessageBoxIcon.Error);
            }
            finally
            {
                if (con.State == ConnectionState.Open)
                {
                    con.Close();
                    con.Dispose();
                }
            }
            showinf();
        }
    }


    /// <summary>
    /// 修改记录
    /// </summary>
    /// <param name = "sender"></param>
    /// <param name = "e"></param>
    private void btnUpdate_Click(object sender, EventArgs e)
    {
        using (SqlConnection con = new SqlConnection(strConn))
        {
            if (this.txtNO.Text.ToString() != "")
            {
                string Str_condition = "";
                string Str_cmdtxt = "";
                Str_condition = this.dgvStaffInfo[0, this.dgvStaffInfo.CurrentCell.
RowIndex].Value.ToString();
                Str_cmdtxt = "UPDATE tb_Personnel SET Name = '" + this.txtName.Text.
Trim() + "',Salary = " + Convert.ToSingle(this.txtSalary.Text.Trim()) + "";
                Str_cmdtxt += ",Evaluation = '" + this.txtEvaluation.Text.Trim() + "'";
                Str_cmdtxt += " WHERE No = '" + Str_condition + "'";
                try
                {
                    if (con.State == ConnectionState.Closed)
                    {
                        con.Open();
                    }
                    using (SqlCommand cmd = new SqlCommand(Str_cmdtxt, con))
                    {
                        cmd.ExecuteNonQuery();
                        MessageBox.Show("数据修改成功!");
                    }
                }

                catch (Exception ex)
                {
                MessageBox.Show("错误: " + ex.Message, "错误提示",
                        MessageBoxButtons.OKCancel, MessageBoxIcon.Error);
```

```
            }
            finally
            {
                if (con.State == ConnectionState.Open)
                {
                    con.Close();
                    con.Dispose();
                }
            }
            showinf();
        }
        else
        {
        MessageBox.Show("请选择员工编号!", "提示对话框",
            MessageBoxButtons.OK, MessageBoxIcon.Information);
        }
    }
}


/// <summary>
/// 删除记录
/// </summary>
/// <param name = "sender"></param>
/// <param name = "e"></param>
private void btnDelete_Click(object sender, EventArgs e)
{
    if (MessageBox.Show("您确定要删除本条信息吗?", "提示",
        MessageBoxButtons.YesNo, MessageBoxIcon.Warning) == DialogResult.Yes)
    {
        if (str != "")
        {
            using (SqlConnection con = new SqlConnection(strConn))
            {
                con.Open();
                SqlCommand cmd = new SqlCommand("DELETE FROM tb_Personnel WHERE No
= '" + str + "'", con);
                cmd.Connection = con;
                cmd.ExecuteNonQuery();
                con.Close();
                showinf();
                MessageBox.Show("删除成功");
            }
        }
    }
}


private void btnClear_Click(object sender, EventArgs e)
{
    this.txtNO.Text = "";
    this.txtName.Text = "";
    this.txtSalary.Text = "";
```

```
        this.txtEvaluation.Text = "";
    }

    private void btnExit_Click(object sender, EventArgs e)
    {
        //退出系统
        Application.Exit();
    }

    #region 判断是否为数字
    /// <summary>
    /// 判断数据字符是否为数字
    /// </summary>
    /// <param name = "strCode">需要判断的字符串</param>
    /// <returns></returns>
    public bool IsNumeric(string strCode)
    {

        if (strCode == null || strCode.Length == 0)
        {
            return false;
        }
        ASCIIEncoding ascii = new ASCIIEncoding();
        byte[] byteStr = ascii.GetBytes(strCode);
        foreach (byte code in byteStr)
        {

            if (code < 48 || code > 57)

                return false;
        }
        return true;
    }

    #endregion

    ///判断是否已有相同的记录
    private bool IsSameRecord()
    {
        using (SqlConnection con = new SqlConnection(strConn))
        {
            if (con.State == ConnectionState.Closed)
            {
                con.Open();
            };

            string Str_condition = "";
```

```
string Str_cmdtxt = "";
Str_condition = this.txtNO.Text.Trim();
Str_cmdtxt = "SELECT * FROM tb_Personnel ";
Str_cmdtxt += " WHERE No = '" + Str_condition + "'";

using (SqlCommand cmd = new SqlCommand(Str_cmdtxt, con))
{
    //
    SqlDataAdapter myDa = new SqlDataAdapter();
    myDa.SelectCommand = cmd;
    DataSet myDs = new DataSet();
    myDa.Fill(myDs, "Info");
    if (myDs.Tables["Info"].Rows.Count > 0)
    {
        MessageBox.Show("已存在相同的员工信息!");
        return true;
    }
    else
    {
        return false;
    }
    con.Close();
    con.Dispose();
}
        }
    }
}
```

系统的运行结果如图 12-35 和图 12-36 所示。

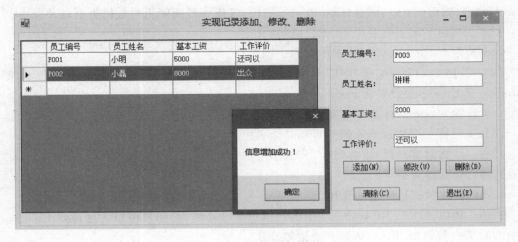

图 12-35 添加员工信息

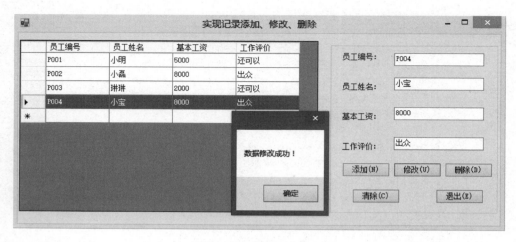

图 12-36　修改员工信息

12.9　本章小结

　　本章主要讲述了数据库的基本原理，并以 SQL Server 2008 数据库为例讲述了如何运用结构化查询语句。C♯程序访问数据库主要通过 ADO．NET 对象实现，因此我们主要讲述了如何利用 ADO．NET 对象访问 SQL Server 2008 数据库，主要包括连接方式、数据存取和数据绑定等内容。

习题

　　12-1　在 SQL Server 2008 中建立一个 Customers 表记录客户信息，包括邮编（PostCode）、城市（City）、国家（Country）等字段，考虑字段所使用的数据类型以及大小。

　　12-2　写出实现下列要求的 SQL 语句：

　　（1）检索 Customers 表，挑出所有的中国客户。

　　（2）对于 Customers 表中 City 字段为 London 的记录，将其 Country 字段设置为 China，将其 City 字段设置为 Beijing。

　　（3）删除 Customers 表中所有 City 字段为 Japan 的记录。

　　（4）实现将一行记录插入到 Customers 表中。

　　12-3　什么是客户机/服务器（C/S）模式？

　　12-4　什么是数据集？

　　12-5　简述数据适配器的作用。

　　12-6　利用 ADO．NET 建立一个客户信息管理系统，使用户可以方便地对 Customers 表中的数据进行增加、修改、删除和查询等操作。

第13章 员工信息管理系统

在本章中将对一个简单的员工信息管理系统进行介绍,以便于读者对基于 C/S 模式的系统开发有一个初步的认识和实践。

员工信息管理系统具有以下特点:

- 可以对员工的个人信息、所属部门、月收入进行全方面的管理;
- 实现各工种的浏览、添加、删除、修改等操作;
- 界面设计简单、操作方便。

本系统后台数据库采用 SQL Server 2008,前台采用 C♯ 作为开发工具。

通过对本章内容的学习,读者能够熟悉.NET 开发环境的使用,并且掌握 C♯ 语言在面向对象的可视化编程中的应用,深入了解.NET 所提供的数据组件的功能和原理,并学会使用各类数据组件完成应用程序与数据库之间的常见操作。

13.1 系统概述

13.1.1 系统功能与应用背景

目前,公司的员工信息管理工作已经不局限于对员工基本信息数据库的维护,而是越来越多地参与到为其他相关部门提供一些必要的协调与服务。员工信息管理的现状主要为缺乏统一的管理模式,员工数据较为分散,随着员工的变化需要经常对数据进行变更,而且对于变动的数据不能做到及时统一与修正,相关部门之间很难建立一套机制来确保数据的完整性,因而需要大量的人力资源弥补这个空缺。

本系统提供了一套员工综合信息管理的平台,使得系统管理人员对公司的工种进行分类,进而确定各个工种所对应的部门信息,在已有部门信息的基础上能够对所有的员工信息进行分类管理。

本系统的主要功能包括以下几个方面:

- 工种种类设置;
- 员工个人信息管理;
- 员工所属部门信息管理;
- 员工月收入信息管理。

13.1.2 系统预览

图 13-1 为员工信息管理系统的应用程序主界面，通过该窗口所提供的主菜单用户可以分别实现对工种信息、员工信息、部门信息、月收入信息等功能的管理。

工种设置
部门设置
员工管理
收入管理
关于系统
退出系统
时间为：2016/2/13 16:01:11

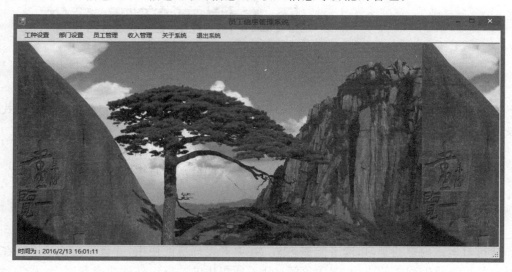

图 13-1 员工信息管理系统的主界面

图 13-2 为员工信息浏览界面，在该界面中用户可以通过选择工种类别来缩小并且筛选出部门的选择范围。在部门下拉列表框中选定满足条件的部门名称，则该部门中所有员工的详细信息就会显示在窗口中。该窗口还提供了对员工信息进行修改及删除的功能。

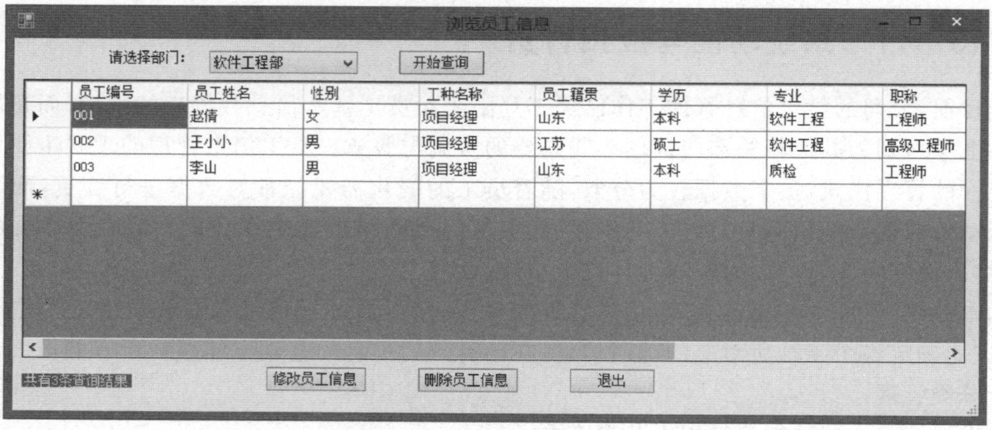

浏览员工信息
请选择部门:
软件工程部
开始查询
员工编号 员工姓名 性别 工种名称 员工籍贯 学历 专业 职称
001 赵倩 女 项目经理 山东 本科 软件工程 工程师
002 王小小 男 项目经理 江苏 硕士 软件工程 高级工程师
003 李山 男 项目经理 山东 本科 质检 工程师
共有3条查询结果
修改员工信息
删除员工信息
退出

图 13-2 员工信息浏览界面

图 13-3 为部门信息浏览界面，进入该界面后，部门的详细信息就显示在窗口中，用户可以在该界面中完成修改及删除指定部门信息的操作。

图 13-4 为员工月收入信息浏览界面，进入该界面后用户可以任意选择一个员工来查看该员工在某年某月的收入情况，同时管理人员在该界面中可以对员工的月收入信息进行修

改及删除的操作。

图 13-3　部门信息浏览界面

图 13-4　员工月收入信息浏览界面

13.2　系统设计

13.2.1　系统设计思想

本实例选用 C♯ 作为开发语言，采用结合后台 SQL Server 数据库的 C/S 结构开发模式，优化了程序代码及结构，提高了程序的运行效率。本实例在.NET 环境中进行开发，该环境提供了大量可选择的数据对象，可以很方便地建立与数据库之间的连接，并在此连接的基础上利用各种常用数据组件对数据库进行操作。

在本实例中采用 SqlConnection 对象与后台数据库创建连接，所有针对数据库的操作都需要利用这个对象作为数据库连接对象。

13.2.2　系统功能模块的划分

根据本章开始部分描述的系统功能可以得到如图 13-5 所示的系统功能图。

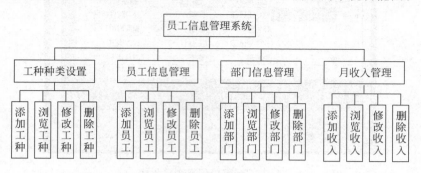

图 13-5　系统功能图

13.3　数据库设计

13.3.1　数据库需求分析

在设计数据库结构时应该尽可能满足用户所提出的各项要求，同时避免冗余数据的产生。由于在员工信息管理系统中需要采集大量的信息，包括工种信息、员工信息、部门信息、收入信息等，如果不能有效、合理地组织数据表的结构以及每张表所包含的字段，那么在后期进行数据整理及汇总时就增加了开发人员的工作难度和工作量。根据员工的基本信息及相关特点可以总结出以下规律：

- 一个工种包含一个或多个员工；
- 一个部门包含多名员工；
- 每个员工都有不同的工号；
- 每个员工都有自己对应的月收入；
- 一个角色对应一个或多个用户。

13.3.2　数据库概念结构设计

根据数据库需求分析的结果就可以确定程序中所包含的实体与实体之间的关系作为数据库逻辑结构设计的基础与指导。根据本系统的需要可以归纳出工种信息实体、部门信息实体、员工信息实体、员工月收入实体。为了更好地帮助读者理解各个实体及其含义，用 E－R 图（Entity Relationship Diagram），即实体关系图对各个实体进行描述。

工种信息实体如图 13-6 所示。

部门信息实体如图 13-7 所示。

员工信息实体如图 13-8 所示。

员工月收入实体如图 13-9 所示。

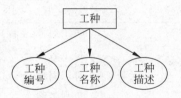

图 13-6 工种信息实体图

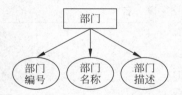

图 13-7 部门信息实体图

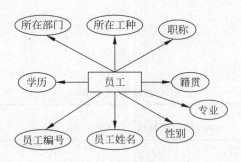

图 13-8 员工信息实体图

图 13-9 员工月收入实体图

13.3.3 数据库逻辑结构设计

系统数据库名称为 db_Person，数据库中包括工种信息表（tb_JobInfo）、部门信息表（tb_DepartInfo）、员工信息表（tb_PersonInfo）和员工收入表（tb_Income）。

各个信息表的数据结构如表 13-1～表 13-4 所示。

表 13-1 工种信息表（tb_JobInfo）的数据结构

字 段 名	类 型	描 述
JobID	int	工种编号（自动编号）
JobName	varchar	工种名称（主键）
Remark	varchar	描述

表 13-2 部门信息表（tb_DepartInfo）的数据结构

字 段 名	类 型	描 述
DID	int	部门编号（主键，自动编号）
Dname	varchar	部门名称
Dleader	varchar	部门领导
Remark	varchar	描述

表 13-3　员工信息表（tb_PersonInfo）的数据结构

字　段　名	类　型	描　述
PID	varchar	员工编号（主键）
Pname	varchar	员工名称
DID	int	部门编号
JobName	varchar	工种名称
Psex	char	性别
Pplace	varchar	员工籍贯
Plevel	varchar	学历
Pspecial	varchar	专业
Pbusi	varchar	职称
Remark	varchar	备注
LoginDate	datetime	录入日期

表 13-4　员工收入表（tb_Income）的数据结构

字　段　名	类　型	描　述
IID	int	收入编号（主键，自动编号）
Imonth	varchar	月份
PID	varchar	员工编号
Income	varchar	月收入
Remark	varchar	备注
LoginDate	datetime	录入日期

13.3.4　设置表与表之间的关系

一般情况下，数据库中所包含的表都不是独立存在的，而是表与表之间有一定的关系，称为关联。例如，员工信息表中的"部门"来源于部门信息表中现有的部门，部门信息表中的"工种"来源于工种信息表中现有的工种。如果数据库中的信息不能满足正常的依赖关系就会破坏数据的完整性和一致性。

接下来将根据实例的需要介绍如何在员工信息数据库中设置表之间的依赖关系。首先根据 E-R 模型进行分析，从而确定哪些表之间的字段需要进行关联，分析如下：

- 员工信息表中的"工种"字段来源于工种信息表；
- 员工信息表中的"部门"字段来源于部门信息表；
- 员工月收入表中的"员工"字段来源于员工信息表。

根据本实例的特点，需要依次设置员工信息表与工种信息表、员工信息表与部门信息表以及员工收入表与员工信息表之间的关系，如图 13-10 所示。

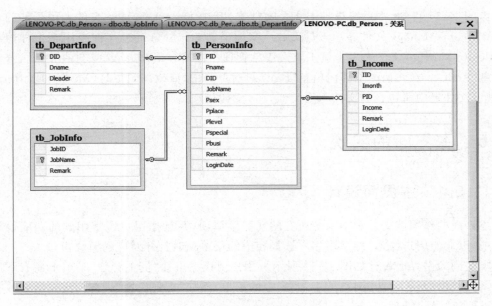

图 13-10　各表之间的关系总图

13.4　文件及文件夹设计

在开发员工信息管理系统之前,我们设计了如图 13-11 所示的文件夹架构图,在开发时只需要将相应文件保存到对应文件夹下即可。

图 13-11　文件夹架构图

由图 13-11 可知,本系统设计了 4 个文件夹,其中 DepartManage 文件夹用于部门信息管理;IncomeManage 文件夹用于员工收入信息管理;JobManage 文件夹用于工种信息管理;PersonManage 文件夹用于员工个人信息管理。在 DepartManage 文件夹中包含添加部门信息(AddDepart.cs)、浏览部门信息(BrowseDepart.cs)、修改部门信息(ModifyDepart.cs)文件,其余文件夹中所包含的文件与之类似,在此不做赘述。

13.5　主界面的实现

13.5.1　主界面设计

主界面的作用就是显示本系统所有的功能菜单项,并且把用户经常用到的功能设计成菜单项,以方便用户操作,然后当用户选择相应的菜单项时打开对应的模块窗口。

本实例的主界面设计如图 13-12 所示。用户由该图可知"员工管理"菜单下面有下属菜单项,包括"添加员工"和"浏览员工"。其余的菜单,例如"工种设置"、"部门设置"和"收入管理",类似于"员工管理"菜单。

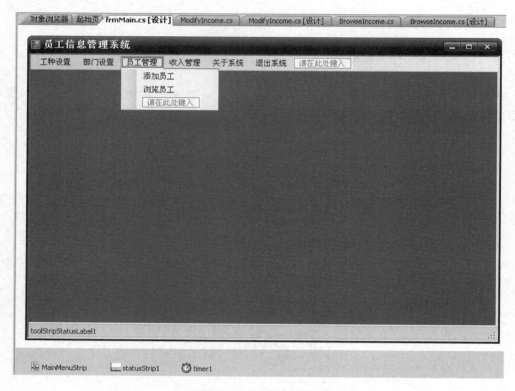

图 13-12　主界面设计

在主界面中包括 3 个控件,分别是 MainMenuStrip 控件、statusStrip1 控件、timer1 控件。MainMenuStrip 控件用于设计系统的菜单项;statusStrip1 控件中添加了一个 StatusLabel 控件,命名为 ttsTime;将 timer1 控件的 Enable 属性设置为 true。

对于主窗体,将 StartPosition 属性设置为 CenterScreen;将 IsMdiContainer 属性设置为 true;将 Text 属性设置为"员工信息管理系统",此外通过 BackgroundImage 属性设置主窗体的背景图。

MainMenuStrip 控件的菜单结构及菜单项的属性设置如表 13-5 所示。

表 13-5　MainMenuStrip 控件的菜单结构及菜单项的属性设置

菜单标题	菜单项	Name 属性	Text 属性	作　　用
工种设置	添加工种	menuAddJob	添加工种	加载添加工种的窗体
	浏览工种	menuBrowseJob	浏览工种	加载浏览工种的窗体
部门设置	添加部门	menuAddDepart	添加部门	加载添加部门的窗体
	浏览部门	menuBrowseDepart	浏览部门	加载浏览部门的窗体
员工管理	添加员工	menuAddPerson	添加员工	加载添加员工的窗体
	浏览员工	menuBrowsePerson	浏览员工	加载浏览员工的窗体
收入管理	添加收入	menuAddIncome	添加收入	加载添加收入的窗体
	浏览收入	menuBrowseIncome	浏览收入	加载浏览收入的窗体
关于系统	关于系统	menuAbout	关于系统	加载关于系统的窗体
退出系统	退出系统	menuExitSystem	退出系统	结束程序的运行

13.5.2　主界面编码

主界面的全部代码见例 13-1。

【例 13-1】　主界面 frmMain.cs 的代码。

```
using System;
using System.Collections.Generic;
using System.ComponentModel;
using System.Data;
using System.Drawing;
using System.Linq;
using System.Text;
using System.Threading.Tasks;
using System.Windows.Forms;
using PersonMIS.JobManage;          //导入用于工种设置的命名空间
using PersonMIS.DepartManage;       //导入用于部门设置的命名空间
using PersonMIS.IncomeManage;       //导入用于员工收入的命名空间
using PersonMIS.PersonManage;       //导入用于员工个人信息的命名空间

namespace PersonMIS
{
    public partial class frmMain : Form
    {
        public frmMain()
        {
            InitializeComponent();
        }

        //加载添加工种的窗体
```

```csharp
private void menuAddJob_Click(object sender, EventArgs e)
{
    AddJob frmAddJob = new AddJob();
    frmAddJob.Owner = this;
    //设置窗体运行时起始位置
    frmAddJob.StartPosition = FormStartPosition.CenterParent;
    frmAddJob.ShowDialog();
}

//加载添加部门的窗体
private void menuAddDepart_Click(object sender, EventArgs e)
{
    AddDepart frmAddDepart = new AddDepart();
    frmAddDepart.Owner = this;
    //设置窗体运行时起始位置
    frmAddDepart.StartPosition = FormStartPosition.CenterParent;
    frmAddDepart.ShowDialog();
}

//加载添加员工的窗体
private void menuAddPerson_Click(object sender, EventArgs e)
{
    AddPerson frmAddPerson = new AddPerson();
    frmAddPerson.Owner = this;
    //设置窗体运行时起始位置
    frmAddPerson.StartPosition = FormStartPosition.CenterParent;
    frmAddPerson.ShowDialog();
}

//加载添加收入的窗体
private void menuAddIncome_Click(object sender, EventArgs e)
{
    AddIncome frmAddIncome = new AddIncome();
    frmAddIncome.Owner = this;
    //设置窗体运行时起始位置
    frmAddIncome.StartPosition = FormStartPosition.CenterParent;
    frmAddIncome.ShowDialog();
}

//加载浏览工种的窗体
private void menuBrowseJob_Click(object sender, EventArgs e)
{
    BrowseJob frmBrowseJob = new BrowseJob();
    frmBrowseJob.Owner = this;
    //设置窗体运行时起始位置
    frmBrowseJob.StartPosition = FormStartPosition.CenterParent;
    frmBrowseJob.ShowDialog();
}

//加载浏览部门的窗体
private void menuBrowseDepart_Click(object sender, EventArgs e)
```

```
    {
        BrowseDepart frmBrowseDepart = new BrowseDepart();
        frmBrowseDepart.Owner = this;
        //设置窗体运行时起始位置
        frmBrowseDepart.StartPosition = FormStartPosition.CenterParent;
        frmBrowseDepart.ShowDialog();
    }

    //加载浏览员工的窗体
    private void menuBrowsePerson_Click(object sender, EventArgs e)
    {
        BrowsePerson frmBrowsePerson = new BrowsePerson();
        frmBrowsePerson.Owner = this;
        //设置窗体运行时起始位置
        frmBrowsePerson.StartPosition = FormStartPosition.CenterParent;
        frmBrowsePerson.ShowDialog();
    }


    //加载浏览收入的窗体
    private void menuBrowseIncome_Click(object sender, EventArgs e)
    {
        BrowseIncome frmBrowseIncome = new BrowseIncome();
        frmBrowseIncome.Owner = this;
        //设置窗体运行时起始位置
        frmBrowseIncome.StartPosition = FormStartPosition.CenterParent;
        frmBrowseIncome.ShowDialog();
    }

    //结束程序的运行
    private void menuExitSystem_Click(object sender, EventArgs e)
    {
        Application.Exit();
    }

    //加载关于系统的窗体
    private void menuAbout_Click(object sender, EventArgs e)
    {
      About frmAbout = new About();
        frmAbout.Owner = this;
        //设置窗体运行时起始位置
        frmAbout.StartPosition = FormStartPosition.CenterParent;
        frmAbout.ShowDialog();
    }
    //获取当前的时间信息
    private void timer1_Tick(object sender, EventArgs e)
    {
        this.ttsTime.Text = "时间为: " + DateTime.Now.ToString();
    }
  }
}
```

13.6　工种种类的设置

13.6.1　添加工种种类

添加工种种类的界面功能较为简单，仅仅包含工种名称以及工种描述的输入，添加工种种类的界面如图 13-13 所示。在此界面中，主要控件有两个文本框（txtJobName、txtJobRemark）和两个按钮（btnOk、btnExit）。

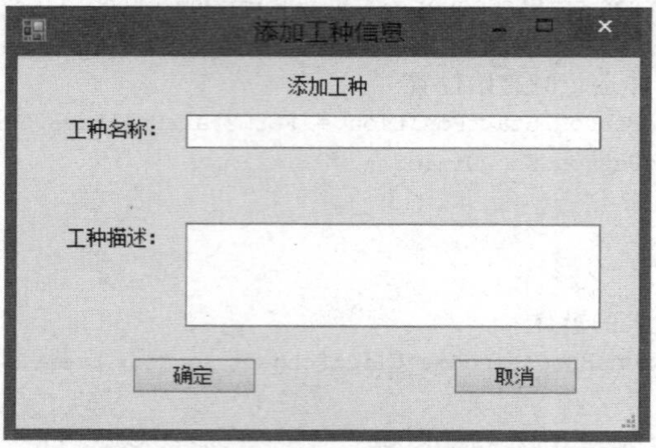

图 13-13　添加工种种类的界面

在输入工种种类的过程中需要注意的问题有工种名称不能为空字符串、新添加的工种名称不能与已有的工种名称重复。

在添加新工种前判定是否已有同名的工种时，程序中使用了 SqlCommand 对象的 ExecuteScalar（）方法，该方法用于取得指定 SQL 语句的查询结果，当查询结果为集合时仅返回第一条记录。如果查询结果为空，返回结果为 null。

例 13-2 为此模块的完整代码。

【例 13-2】 添加工种种类程序 AddJob.cs 的完整代码。

```
using System;
using System.Collections.Generic;
using System.ComponentModel;
using System.Data;
using System.Drawing;
using System.Linq;
using System.Text;
using System.Threading.Tasks;
using System.Windows.Forms;
using System.Data.SqlClient;

namespace PersonMIS.JobManage
{
    public partial class AddJob : Form
    {
        //公有字段
```

```
        public static string strConn = "Data Source = LENOVO - PC; Initial Catalog = db_Person;
Integrated Security = true";

        public AddJob()
        {
            InitializeComponent();
        }

        //"确定"按钮的 Click 事件
        private void btnOk_Click(object sender, EventArgs e)
        {
            if (txtJobName.Text.Trim() == "" || txtJobRemark.Text.Trim() == "")
                MessageBox.Show("请输入工种名称和描述!", "提示", 0);
            else
            {
                using (SqlConnection con = new SqlConnection(strConn))
                {
                    if (con.State == ConnectionState.Closed)
                    {
                        //打开数据库连接
                        con.Open();
                    };
                    try
                    {
                        //查询工种名称是否重复
                        SqlCommand cmd = new SqlCommand("SELECT * FROM tb_JobInfo WHERE
JobName = '" + txtJobName.Text.Trim() + "'", con);
                        if (cmd.ExecuteScalar() != null)
                            MessageBox.Show("工种名称重复,请重新输入!", "提示", 0);
                        else
                        {
                            //插入数据到数据表 tb_JobInfo 中
                            string sql = "INSERT INTO tb_JobInfo (JobName, Remark) values
('" + txtJobName.Text.Trim() + "','" + txtJobRemark.Text.Trim() + "')";
                            cmd.CommandText = sql;
                            cmd.ExecuteNonQuery();
                            MessageBox.Show("添加工种信息成功!", "提示", 0);
                            txtJobName.Clear();
                            txtJobRemark.Clear();
                        }
                    }
                    catch (Exception ex)
                    {
                        MessageBox.Show("错误: " + ex.Message, "错误提示",
MessageBoxButtons.OKCancel, MessageBoxIcon.Error);
                    }
                    finally
                    {
                        if (con.State == ConnectionState.Open)
                        {
                            //关闭数据库连接
```

```
                                    con.Close();
                                    //释放数据库连接
                                    con.Dispose();
                                }
                            }
                        }
                    }
                }

                //"退出"按钮的 Click 事件
                private void btnExit_Click(object sender, EventArgs e)
                {
                    this.Close();
                }
            }
        }
```

13.6.2　浏览工种种类

在浏览工种种类界面中，用户可以按照列表的方式快速查看公司所有的工种，并可以在该界面中完成工种信息的修改和删除操作。在该界面中采用了 DataGridView 控件，该控件所提供的数据绑定功能可用于显示程序中所检索出的数据集，在该界面中显示的是工种种类信息，工种种类浏览界面如图 13-14 所示。在此界面中主要包括一个 DataGridView 控件（dgvJobInfo）和 3 个按钮（btnUpdate、btnDelete、btnExit）。

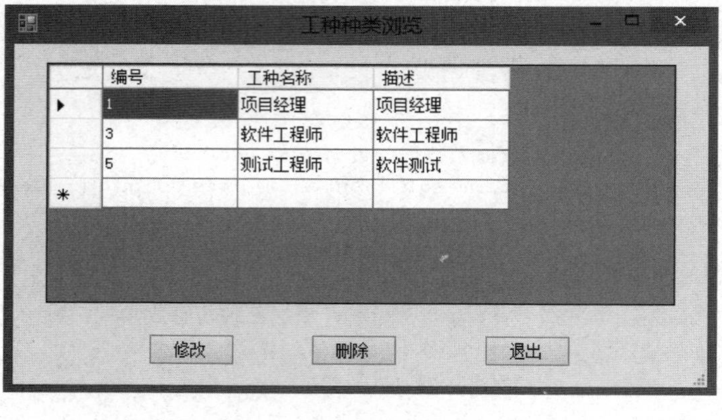

图 13-14　工种种类浏览界面

在对 DataGridView 控件进行数据绑定之前首先需要定义 SqlDataAdapter，即数据适配器对象，使用该对象执行针对工种种类的查询语句，然后将查询结果用 Fill() 方法填充到 DataSet 数据对象中，最后将 DataGridView 与该数据集进行绑定，从而实现工种种类的显示。

例 13-3 为实现数据绑定的代码。

【例 13-3】　浏览工种种类程序 BrowseJob.cs 的部分代码。

//公有字段

```
public static string strConn = "Data Source = LENOVO – PC; Initial Catalog = db _ Person;
Integrated Security = true";

 //在窗口初始化过程中对 dgvJobInfo 进行绑定
private void BrowseJob_Load(object sender, EventArgs e)
{
    showinf();
}

/// < summary >
/// 在 DataGridView 控件上显示记录
/// </summary>
private void showinf()
{
    using (SqlConnection con = new SqlConnection(strConn))
    {
        if (con.State == ConnectionState.Closed)
        {
            con.Open();
        };
        try
        {
            string sql = "SELECT JobID AS 编号,JobName AS 工种名称,Remark AS 描述 FROM tb_
JobInfo ORDER BY JobID";
            SqlDataAdapter adp = new SqlDataAdapter(sql, con);
            DataSet ds = new DataSet();
            ds.Clear();
            adp.Fill(ds, "Job");
            this.dgvJobInfo.DataSource = ds.Tables[0].DefaultView;
        }
        catch (Exception ex)
        {
            MessageBox.Show("错误: " + ex.Message, "错误提示", MessageBoxButtons.
OKCancel, MessageBoxIcon.Error);
        }
        finally
        {
            if (con.State == ConnectionState.Open)
            {
                con.Close();
                con.Dispose();
            }
        }
    }
}
```

13.6.3　修改工种种类

　　在对用户选中的工种种类信息进行修改时,需要从浏览工种种类界面中将选中的工种
种类的参数传递到修改工种种类界面中作为修改工种种类界面的初始化数据,修改工种种

类界面如图 13-15 所示。在此界面中主要包括一个标签控件（lblJobID）、两个文本框
（txtJobName、txtJobRemark）和两个按钮（tnOk、btnExit）。

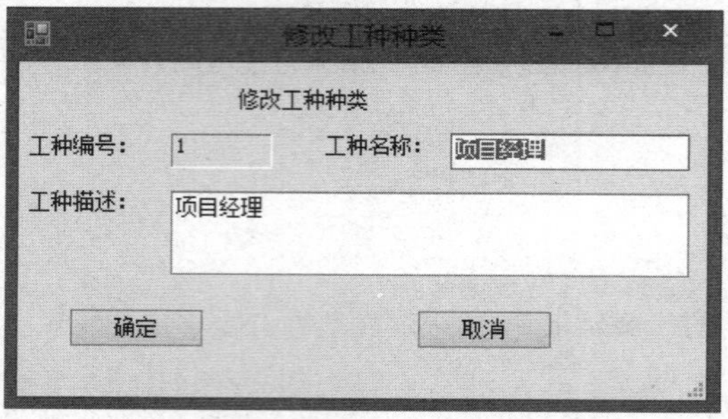

图 13-15   修改工种种类界面

在工种种类浏览界面中可以对修改工种种类界面中的文本框控件进行赋值，然后以模
态窗口的方式打开。例 13-4 为图 13-14 中"修改"按钮的单击事件的主要代码。在该事件
中分别对修改工种种类界面的公有字段进行了初始化，公有字段传递了工种的编号、工种名
称、工种描述。

【例 13-4】   修改工种种类的 btnUpdate_Click 事件。

```csharp
//修改工种种类
ModifyJob frmModifyJob;
//"修改"按钮的 Click 事件
private void btnUpdate_Click(object sender, EventArgs e)
{
    if (this.dgvJobInfo.CurrentCell != null)
    {
        //传递信息到 frmModifyJob 的公有字段上
        frmModifyJob = new ModifyJob();
        frmModifyJob.strJobID = this.dgvJobInfo[0, this.dgvJobInfo.CurrentCell.RowIndex].
Value.ToString().Trim();
        frmModifyJob.strJobName = this.dgvJobInfo[1, this.dgvJobInfo.CurrentCell.
RowIndex].
Value.ToString().Trim();
        frmModifyJob.strRemark = this.dgvJobInfo[2, this.dgvJobInfo.CurrentCell.RowIndex].
Value.ToString().Trim();
        frmModifyJob.StartPosition = FormStartPosition.CenterParent;
        frmModifyJob.ShowDialog();
        if (frmModifyJob.DialogResult == DialogResult.OK)
        {
            //所修改的信息在 BrowseJob 窗体的 DataGridView 控件中重新加载
            showinf();
        }
    }
}
```

进入修改工种种类信息窗口后可以对现有工种进行修改，请读者参考例 13-5。同样，
在对工种信息进行修改时也需要考虑工种名称是否重复。

【例 13-5】 修改工种种类程序 ModifyJob.cs 的完整代码。

```csharp
using System;
using System.Collections.Generic;
using System.ComponentModel;
using System.Data;
using System.Drawing;
using System.Linq;
using System.Text;
using System.Threading.Tasks;
using System.Windows.Forms;
using System.Data.SqlClient;

namespace PersonMIS.JobManage
{
    public partial class ModifyJob : Form
    {
        public ModifyJob()
        {
            InitializeComponent();
        }

        public static string strConn = "Data Source = LENOVO - PC; Initial Catalog = db_Person;
Integrated Security = true";

        //公有字段,用于传递要修改的信息
        public string strJobID = "";
        public string strJobName = "";
        public string strRemark = "";

        private void ModifyJob_Load(object sender, EventArgs e)
        {
            //设置窗体的初始位置
            this.StartPosition = FormStartPosition.CenterParent;
            this.lblJobID.Text = this.strJobID;
            this.txtJobName.Text = this.strJobName;
            this.txtJobRemark.Text = this.strRemark;
        }

        // "退出"按钮的 Click 事件
        private void btnExit_Click(object sender, EventArgs e)
        {
            this.Close();
        }

        //"确定"按钮的 Click 事件
        private void btnOk_Click(object sender, EventArgs e)
        {
            if (this.txtJobName.Text.Trim() == "" || this.txtJobRemark.Text.Trim() == "")
                MessageBox.Show("请输入完整信息!", "提示", 0);
            else
```

```
            {
                using (SqlConnection con = new SqlConnection(strConn))
                {
                    if (con.State == ConnectionState.Closed)
                    {
                        //打开数据库连接
                        con.Open();
                    };
                    try
                    {
                        //查询工种名称是否重复
                        SqlCommand cmd = new SqlCommand("SELECT * FROM tb_JobInfo where
JobName = '" + txtJobName.Text.Trim() + "' AND JobID <>" + this.strJobID, con);
                        if (cmd.ExecuteScalar() != null)
                            MessageBox.Show("工种名称发生重复,请重新输入!", "提示", 0);
                        else
                        {
                            //修改数据到数据表 tb_JobInfo 中
                            string sql = "UPDATE tb_JobInfo SET JobName = '" + txtJobName.
Text.Trim() + "', Remark = '" + txtJobRemark.Text.Trim() + "' WHERE JobID = " + this.
strJobID;

                            cmd.CommandText = sql;
                            cmd.ExecuteNonQuery();
                            MessageBox.Show("工种信息修改成功!", "提示", 0);
                        }
                    }
                    catch (Exception ex)
                    {
                        MessageBox.Show("错误:" + ex.Message, "错误提示",
MessageBoxButtons.OKCancel, MessageBoxIcon.Error);
                    }
                    finally
                    {
                        if (con.State == ConnectionState.Open)
                        {
                            con.Close();
                            con.Dispose();
                        }
                    }
                }
            }
        }
    }
}
```

13.6.4 删除工种种类

在删除某一工种记录时需要考虑当前是否有与该工种相关的员工存在,如果没有,可以删除此工种记录,否则,为了保证数据的完整性,不允许直接删除工种信息。对于删除工种信息读者可参考例 13-6。在该例中首先判定用户是否选择了某一个工种,如果非空则表示用户选择有效。接下来定义了一条查询语句,该语句采用嵌套方式,用于判定此工种是否有相关联的员工,并将查询结果保存到 dr 对象中。

【例 13-6】 删除工种种类的 btnDelete_Click 事件。

```csharp
//删除工种种类
//"删除"按钮的 Click 事件
private void btnDelete_Click(object sender, EventArgs e)
{
    using (SqlConnection con = new SqlConnection(strConn))
    {
        if (con.State == ConnectionState.Closed)
        {
            con.Open();
        };
        try
        {
            if (this.dgvJobInfo.CurrentCell != null)
            {
                string sql = "SELECT JobName FROM tb_JobInfo WHERE JobID = " + this.dgvJobInfo[0, this.dgvJobInfo.CurrentCell.RowIndex].Value.ToString().Trim() + " AND JobID NOT IN (SELECT distinct tb_JobInfo.JobID FROM tb_PersonInfo INNER JOIN tb_JobInfo ON tb_PersonInfo.JobName = tb_JobInfo.JobName)";
                SqlCommand cmd = new SqlCommand(sql, con);
                SqlDataReader dr;
                dr = cmd.ExecuteReader();
                //校验要删除工种是否有相关联的员工
                if (!dr.Read())
                {
                    MessageBox.Show("删除工种'" + this.dgvJobInfo[0, this.dgvJobInfo.CurrentCell.RowIndex].Value.ToString().Trim() + "'失败,请先删除与此工种相关的员工!", "提示");
                    dr.Close();
                }
                else
                {
                    dr.Close();
                    sql = "DELETE FROM tb_JobInfo WHERE JobID = " + this.dgvJobInfo[0, this.dgvJobInfo.CurrentCell.RowIndex].Value.ToString().Trim() + " AND JobName NOT IN (SELECT distinct JobName FROM tb_PersonInfo)";

                    cmd.CommandText = sql;
                    cmd.ExecuteNonQuery();
                    MessageBox.Show("删除工种'" + this.dgvJobInfo[0, this.dgvJobInfo.CurrentCell.RowIndex].Value.ToString().Trim() + "'成功", "提示");
                }
            }
        }
        catch (Exception ex)
        {
```

```
                    MessageBox.Show("错误: " + ex.Message, "错误提示", MessageBoxButtons.
        OKCancel, MessageBoxIcon.Error);
                }
                finally
                {
                    if (con.State == ConnectionState.Open)
                    {
                        con.Close();
                        con.Dispose();
                    }
                }
            }
            //所修改的信息在 BrowseJob 窗体的 DataGridView 控件中重新加载
            showinf();
        }
```

13.7 员工所属部门信息管理

13.7.1 添加部门信息

添加部门信息界面用于部门基本信息的输入,包括部门名称、部门领导和备注。该界面如图 13-16 所示,在此界面中主要包括两个文本框(txtDepName、txtJobRemark)和两个按钮(tnOk、btnExit)以及一个下拉列表框(cmbPersonName)。

图 13-16　添加部门信息界面

对于此部分的功能读者可参考例 13-7。

【例 13-7】　添加部门信息程序 AddDepart.cs 的完整代码。

```
using System;
using System.Collections.Generic;
using System.ComponentModel;
using System.Data;
using System.Drawing;
using System.Linq;
using System.Text;
```

```
using System.Threading.Tasks;
using System.Windows.Forms;
using System.Data.SqlClient;

namespace PersonMIS.DepartManage
{
    public partial class AddDepart : Form
    {
        public AddDepart()
        {
            InitializeComponent();
        }

        private void AddDepart_Load(object sender, EventArgs e)
        {
            //加载数据表 tb_PersonInfo 中的人员信息到 cmbPersonName
            using (SqlConnection con = new SqlConnection(strConn))
            {
                if (con.State == ConnectionState.Closed)
                {
                    con.Open();
                };
                try
                {
                    SqlDataAdapter adp = new SqlDataAdapter("SELECT PID,Pname FROM tb_
PersonInfo", con);
                    DataSet ds = new DataSet();
                    adp.Fill(ds, "Person");
                    this.cmbPersonName.DisplayMember = "Pname";
                    this.cmbPersonName.ValueMember = "PID";
                    this.cmbPersonName.DataSource = ds.Tables[0].DefaultView;
                }
                catch (Exception ex)
                {
                    MessageBox.Show("错误：" + ex.Message, "错误提示", MessageBoxButtons.
OKCancel, MessageBoxIcon.Error);
                }
                finally
                {
                    if (con.State == ConnectionState.Open)
                    {
                        con.Close();
                        con.Dispose();
                    }
                }
            }
        }

        //公有字段
        public static string strConn = "Data Source = LENOVO - PC; Initial Catalog = db_Person;
Integrated Security = true";
```

```csharp
//"确定"按钮的 Click 事件
private void btnOk_Click(object sender, EventArgs e)
{
    if (this.txtDepName.Text.Trim() == "")
        MessageBox.Show("请输入完整信息!", "提示", 0);
    else
    {

        using (SqlConnection con = new SqlConnection(strConn))
        {
            if (con.State == ConnectionState.Closed)
            {
                con.Open();
            };
            try
            {
                //查询部门名称是否重复
                SqlCommand cmd = new SqlCommand("SELECT * FROM tb_DepartInfo WHERE
DName = '" + txtDepName.Text.Trim() + "'", con);
                if (cmd.ExecuteScalar() != null)
                    MessageBox.Show("部门名称重复,请重新输入!", "提示", 0);
                else
                {
                    //插入数据到数据表 tb_DepartInfo 中
                    string sql = "INSERT INTO tb_DepartInfo (DName,Dleader,Remark)
values ('" + this.txtDepName.Text.Trim() + "','" + this.cmbPersonName.Text.Trim() + "','"
 + this.txtRemark.Text.Trim() + "')";
                    cmd.CommandText = sql;
                    cmd.ExecuteNonQuery();
                    MessageBox.Show("添加部门信息成功!", "提示", 0);
                    this.txtDepName.Clear();
                    this.txtRemark.Clear();
                }
            }
            catch (Exception ex)
            {
                MessageBox.Show ( " 错 误 : " + ex.Message, " 错 误 提 示 ",
MessageBoxButtons.OKCancel, MessageBoxIcon.Error);
            }
            finally
            {
                if (con.State == ConnectionState.Open)
                {
                    con.Close();
                    con.Dispose();
                }
            }
        }
    }
}
```

```
//"取消"按钮的 Click 事件
private void btnExit_Click(object sender, EventArgs e)
{
    this.Close();
}

    }
}
```

13.7.2　浏览部门信息

在浏览部门信息界面中，用户可以按照列表的方式快速查看公司所有的部门，并可以在该界面中完成修改和删除操作。在该界面中采用了 DataGridView 控件，该控件所提供的数据绑定功能可用于显示程序中检索出的数据集，在该界面中显示的是部门信息，浏览部门信息界面如图 13-17 所示。在此界面中主要包括一个 DataGridView 控件（dgvDepartInfo）和 3 个按钮（btnUpdate、btnDelete、btnExit）。

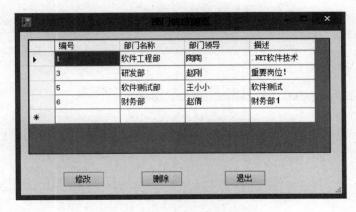

图 13-17　浏览部门信息界面

浏览部门信息的代码见例 13-8。

【例 13-8】 浏览部门信息程序 BrowseDepart.cs 的代码。

```
//公有字段
public static string strConn = "Data Source = LENOVO - PC; Initial Catalog = db _ Person;
Integrated Security = true";

//在窗口初始化过程中对 dgvJobInfo 进行绑定
private void BrowseDepart_Load(object sender, EventArgs e)
{
    showinf();
}

/// < summary >
/// 在 DataGridView 控件上显示记录
/// </ summary >
```

```
private void showinf()
{
    using (SqlConnection con = new SqlConnection(strConn))
    {
        if (con.State == ConnectionState.Closed)
        {
            con.Open();
        };
        try
        {
            string sql = "SELECT DID AS 编号,Dname AS 部门名称,Dleader AS 部门领导,Remark AS
描述 FROM tb_DepartInfo ORDER BY DID";
            SqlDataAdapter adp = new SqlDataAdapter(sql, con);
            DataSet ds = new DataSet();
            ds.Clear();
            adp.Fill(ds, "Depart");
            this.dgvDepartInfo.DataSource = ds.Tables[0].DefaultView;
        }
        catch (Exception ex)
        {
            MessageBox.Show("错误: " + ex.Message, "错误提示", MessageBoxButtons.
OKCancel, MessageBoxIcon.Error);
        }
        finally
        {
            if (con.State == ConnectionState.Open)
            {
                con.Close();
                con.Dispose();
            }
        }
    }
}
```

13.7.3　修改部门信息

修改部门信息界面与添加信息界面相似，但在实现方法上有一定的区别，并且在修改部门信息时需要避免部门名称发生重复，修改部门信息界面如图 13-18 所示。在此界面中主要包括两个文本框（txtDName、txtDReark）、两个按钮（tnOk、btnExit）和一个下拉列表框（cmbPersonName）。

在对用户选中的部门信息进行修改时，需要从浏览部门信息界面中将选中的部门的参数传递到修改部门界面中作为修改部门信息界面的初始化数据，作为 UPDATE 语句的限定条件，程序需要确保部门名称修改后不能与现有部门名称发生重复，如果发生此情况，将弹出提示对话框结束流程。

在部门信息浏览界面中可以对修改部门信息界面中的文本框控件进行赋值，然后以模态窗口的方式打开。例 13-9 为图 13-18 中"修改"按钮的单击事件的主要代码。在该事件中分别对修改部门信息界面的公有字段进行了初始化，公有字段传递了部门名称、部门领

图 13-18 修改部门信息

导、备注。

【例 13-9】 修改部门信息的 btnUpdate_Click 事件。

```csharp
ModifyDepart frmModifyDepart;
//"修改"按钮的 Click 事件
private void btnUpdate_Click(object sender, EventArgs e)
{
    if (this.dgvDepartInfo.CurrentCell != null)
    {
        //传递信息到 frmModifyDepart 的公有字段上
        frmModifyDepart = new ModifyDepart();
        frmModifyDepart.strDID = this.dgvDepartInfo[0, this.dgvDepartInfo.CurrentCell.
RowIndex].
Value.ToString().Trim();
        frmModifyDepart.strDname = this.dgvDepartInfo[1, this.dgvDepartInfo.CurrentCell.
RowIndex].Value.ToString().Trim();
        frmModifyDepart.strDleader = this.dgvDepartInfo[2, this.dgvDepartInfo.CurrentCell.
RowIndex].Value.ToString().Trim();
        frmModifyDepart.strRemark = this.dgvDepartInfo[3, this.dgvDepartInfo.CurrentCell.
RowIndex].Value.ToString().Trim();
        frmModifyDepart.StartPosition = FormStartPosition.CenterParent;
        frmModifyDepart.ShowDialog();
        if (frmModifyDepart.DialogResult == DialogResult.OK)
        {
            //所修改的信息在 BrowseDepart 窗体的 DataGridView 控件中重新加载
            showinf();
        }
    }
}
```

修改部门信息的主要代码见例 13-10。

【例 13-10】 修改部门信息程序 ModifyDepart.cs 的完整代码。

```csharp
using System;
using System.Collections.Generic;
using System.ComponentModel;
using System.Data;
```

```
using System.Drawing;
using System.Linq;
using System.Text;
using System.Threading.Tasks;
using System.Windows.Forms;
using System.Data.SqlClient;

namespace PersonMIS.DepartManage
{
    public partial class ModifyDepart: Form
    {
        public ModifyDepart()
        {
            InitializeComponent();
        }

        //公有字段
        public static string strConn = "Data Source = LENOVO - PC; Initial Catalog = db_Person;
Integrated Security = true";

        //公有字段,用于传递要修改的信息
        public string strDID = "";
        public string strDname = "";
        public string strDleader = "";
        public string strRemark = "";

        private void ModifyDepart_Load(object sender, EventArgs e)
        {
            //加载数据表 tb_PersonInfo 中的人员信息到 cmbPersonName
            using (SqlConnection con = new SqlConnection(strConn))
            {
                if (con.State == ConnectionState.Closed)
                {
                    con.Open();
                };
                try
                {
                    SqlDataAdapter adp = new SqlDataAdapter("SELECT PID, Pname FROM tb_
PersonInfo", con);
                    DataSet ds = new DataSet();
                    adp.Fill(ds, "Person");
                    this.cmbPersonName.DisplayMember = "Pname";
                    this.cmbPersonName.ValueMember = "PID";
                    this.cmbPersonName.DataSource = ds.Tables[0].DefaultView;
                }
                catch (Exception ex)
                {
                    MessageBox.Show("错误: " + ex.Message, "错误提示", MessageBoxButtons.
OKCancel, MessageBoxIcon.Error);
                }
                finally
```

```
            {
                if (con.State == ConnectionState.Open)
                {
                    con.Close();
                    con.Dispose();
                }
            }
        }
        //获取传递过来的公有字段所包括的信息
        this.txtDName.Text = this.strDname;
        this.cmbPersonName.Text = this.strDleader;
        this.txtDReark.Text = this.strRemark;
        this.StartPosition = FormStartPosition.CenterParent;
    }


    //"退出"按钮的 Click 事件
    private void btnExit_Click(object sender, EventArgs e)
    {
        this.Close();
    }


    //"修改"按钮的 Click 事件
    private void btnUpdate_Click(object sender, EventArgs e)
    {
        if (this.txtDName.Text.Trim() == "")
            MessageBox.Show("请输入完整信息!", "提示", 0);
        else
        {

            using (SqlConnection con = new SqlConnection(strConn))
            {
                if (con.State == ConnectionState.Closed)
                {
                    con.Open();
                };
                try
                {
                    //查询部门名称是否重复
                    SqlCommand cmd = new SqlCommand("SELECT * FROM tb_DepartInfo WHERE
Dname = '" + txtDName.Text.Trim() + "' AND DID<>" + this.strDID, con);
                    if (cmd.ExecuteScalar() != null)
                        MessageBox.Show("部门名称发生重复,请重新输入!", "提示");
                    else
                    {
                        //修改数据到数据表 tb_DepartInfo 中
                        string sql = "UPDATE tb_DepartInfo SET Dname = '" + txtDName.
Text.Trim() + "', Dleader = '" + this.cmbPersonName.Text.Trim() + "', Remark = '" + this.
txtDReark.Text.Trim() + "' WHERE DID = " + this.strDID;
                        cmd.CommandText = sql;
                        cmd.ExecuteNonQuery();
                        MessageBox.Show("部门信息修改成功!", "提示", 0);
```

```
                }
            }
            catch (Exception ex)
            {
                MessageBox.Show("错误: " + ex.Message, "错误提示",
MessageBoxButtons.OKCancel, MessageBoxIcon.Error);
            }
            finally
            {
                if (con.State == ConnectionState.Open)
                {
                    con.Close();
                    con.Dispose();
                }
            }
        }
    }
}

}
```

13.7.4　删除部门信息

在删除部门信息之前应该判定是否存在与当前部门相关的其他记录，如果没有，可以删除部门记录，否则给出提示信息。在本实例中存在部门信息表与员工信息表之间的依赖关系，因此不能直接删掉部门信息，需要判定员工信息表中是否有与该部门相关的信息。对于此部分功能的代码读者可以参考例 13-11。

【例 13-11】　删除部门信息的 btnDelete_Click 事件。

```
//"删除"按钮的 Click 事件
private void btnDelete_Click(object sender, EventArgs e)
{
    using (SqlConnection con = new SqlConnection(strConn))
    {
        if (con.State == ConnectionState.Closed)
        {
            con.Open();
        };
        try
        {
            if (this.dgvDepartInfo.CurrentCell != null)
            {
                //先判断是否存在与要删除部门相关联的员工信息
                string sql = "SELECT Dname FROM tb_DepartInfo WHERE DID = " + this.
dgvDepartInfo[0, this.dgvDepartInfo.CurrentCell.RowIndex].Value.ToString().Trim() + " AND
DID NOT IN (SELECT distinct tb_DepartInfo.DID FROM tb_PersonInfo INNER JOIN tb_DepartInfo ON tb
_PersonInfo.DID = tb_DepartInfo.DID)";
                SqlCommand cmd = new SqlCommand(sql, con);
```

```
                SqlDataReader dr;
                dr = cmd.ExecuteReader();
                if (!dr.Read())
                {
                        MessageBox.Show("删除部门'" + this.dgvDepartInfo[0, this.
dgvDepartInfo.CurrentCell.RowIndex].Value.ToString().Trim() + "'失败,请先删除与此工种相关
的员工!", "提示");
                        dr.Close();
                }
                else
                {
                    dr.Close();
                    //删除数据表 tb_DepartInfo 的信息
                    sql = "DELETE FROM tb_DepartInfo WHERE DID = " + this.dgvDepartInfo[0,
this.dgvDepartInfo.CurrentCell.RowIndex].Value.ToString().Trim() + " AND DID NOT IN (SELECT
distinct DID FROM tb_PersonInfo)";
                        cmd.CommandText = sql;
                        cmd.ExecuteNonQuery();
                        MessageBox.Show("删除部门'" + this.dgvDepartInfo[0, this.
dgvDepartInfo.
CurrentCell.RowIndex].Value.ToString().Trim() + "'成功", "提示");
                }
            }
        }
        catch (Exception ex)
        {
            MessageBox.Show("错误: " + ex.Message, "错误提示", MessageBoxButtons.
OKCancel, MessageBoxIcon.Error);
        }
        finally
        {
            if (con.State == ConnectionState.Open)
            {
                con.Close();
                con.Dispose();
            }
        }
    }
    //所修改的信息在 BrowseDepart 窗体的 DataGridView 控件中重新加载
    showinf();
}
```

13.8 员工个人信息管理

13.8.1 添加员工信息

添加员工信息界面主要完成对员工各项基本信息的输入。此模块需要解决的问题是工种和部门由用户在下拉列表框中选择,而不是手工输入。添加员工信息界面如图 13-19 所

示。在此界面中主要包括 7 个文本框（txtPID、txtPname、txtPspecial、txtPlevel、txtPbusi、txtPplace、txtRemark）、两个按钮（tnOk、btnExit）、3 个下拉列表框（cmbPsex、cmbJobName、cmbDID）和一个 DateTimePicker 控件（dtpLoginDate）。

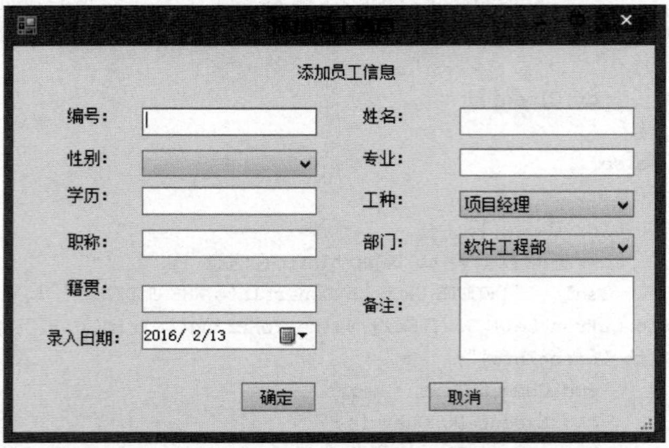

图 13-19　添加员工信息界面

　　为了在下拉列表框中显示所有的工种种类和部门信息，程序中采用了数据绑定的方法。具体操作方法为首先定义数据适配器 SqlDataAdapter，用于执行查询语句；然后定义 DataSet 数据集对象，将对工种种类表和部门信息表的查询结果填充到该数据集中；最后将工种和部门下拉列表框与该数据集进行绑定。

　　在添加员工信息时，首先要对输入的数据进行判定，判定除备注和职务字段以外其他参数是否含有空值，然后判定员工的编号是否重复。如果不能满足以上条件就不能完成添加操作。对于添加员工信息的主要代码请读者参考例 13-12。

　　【例 13-12】　添加员工信息程序 AddPerson.cs 的完整代码。

```
using System;
using System.Collections.Generic;
using System.ComponentModel;
using System.Data;
using System.Drawing;
using System.Linq;
using System.Text;
using System.Threading.Tasks;
using System.Windows.Forms;
using System.Data.SqlClient;

namespace PersonMIS.PersonManage
{
    public partial class AddPerson : Form
    {
        public AddPerson()
        {
            InitializeComponent();
        }
```

```
//公有字段
public static string strConn = "Data Source = LENOVO - PC; Initial Catalog = db_Person;
Integrated Security = true";

private void AddPerson_Load(object sender, EventArgs e)
{
    AddJobNameToCmbJobName();
    AddDepartNameToCmbDID();
    this.dtpLoginDate.Value = DateTime.Now;

}
//加载数据表 tb_JobInfo 中的人员信息到 cmbJobName
private void AddJobNameToCmbJobName()
{
    using (SqlConnection con = new SqlConnection(strConn))
    {
        if (con.State == ConnectionState.Closed)
        {
            con.Open();
        };
        try
        {
            SqlDataAdapter adp = new SqlDataAdapter("SELECT JobName FROM tb_
JobInfo", con);
            DataSet ds = new DataSet();
            adp.Fill(ds, "Job");
            this.cmbJobName.DisplayMember = "JobName";
            this.cmbJobName.ValueMember = "JobName";
            this.cmbJobName.DataSource = ds.Tables[0].DefaultView;
        }
        catch (Exception ex)
        {
            MessageBox.Show("错误:" + ex.Message, "错误提示", MessageBoxButtons.
OKCancel, MessageBoxIcon.Error);
        }
        finally
        {
            if (con.State == ConnectionState.Open)
            {
                con.Close();
                con.Dispose();
            }
        }
    }
}
//加载数据表 tb_DepartInfo 中的人员信息到 cmbDID
private void AddDepartNameToCmbDID()
{
    using (SqlConnection con = new SqlConnection(strConn))
    {
        if (con.State == ConnectionState.Closed)
```

```
                    {
                        con.Open();
                    };
                    try
                    {
                        SqlDataAdapter adp = new SqlDataAdapter("SELECT DID,Dname FROM tb_
DepartInfo", con);
                        DataSet ds = new DataSet();
                        adp.Fill(ds, "Depart");
                        this.cmbDID.DisplayMember = "Dname";
                        this.cmbDID.ValueMember = "DID";
                        this.cmbDID.DataSource = ds.Tables[0].DefaultView;
                    }
                    catch (Exception ex)
                    {
                        MessageBox.Show("错误: " + ex.Message, "错误提示", MessageBoxButtons.
OKCancel, MessageBoxIcon.Error);
                    }
                    finally
                    {
                        if (con.State == ConnectionState.Open)
                        {
                            con.Close();
                            con.Dispose();
                        }
                    }
                }
            }


        //"确定"按钮的 Click 事件
        private void btnOk_Click(object sender, EventArgs e)
        {
            if (this.txtPID.Text.Trim() == "" || this.txtPname.Text.Trim() == "" || this.
cmbPsex.Text.Trim() == "" ||
                this.txtPplace.Text.Trim() == "" || this.txtPlevel.Text.Trim() == "" ||
this.txtPspecial.Text.Trim() == "" ||
                this.cmbJobName.Text.Trim() == "" || this.cmbDID.Text.Trim() == "" ||
this.txtPbusi.Text.Trim() == "")
                MessageBox.Show("请填写完整的员工信息!", "提示", 0);
            else
            {
                DateTime dt1 = Convert.ToDateTime(this.dtpLoginDate.Value.
ToShortDateString());
                using (SqlConnection con = new SqlConnection(strConn))
                {
                    if (con.State == ConnectionState.Closed)
                    {
                        con.Open();
                    };
                    try
                    {
```

```
                        //查询员工编号是否重复
                        SqlCommand cmd = new SqlCommand("SELECT * FROM tb_PersonInfo WHERE
PID = '" + txtPID.Text.Trim() + "'", con);
                        if (cmd.ExecuteScalar() != null)
                            MessageBox.Show("员工编号重复,请重新输入!", "提示", 0);
                        else
                        {
                            //插入数据到数据表 tb_PersonInfo 中
                            string sql1, sql2, sql;
                            sql1 = "INSERT INTO tb_PersonInfo (PID,Pname,Psex,Pplace,
Plevel,JobName,Pspecial,DID,LoginDate";
                            sql2 = "values ('" + txtPID.Text.ToString() + "','" +
txtPname.Text.ToString() + "','" + cmbPsex.Text.Trim() + "','" + txtPplace.Text.ToString()
+ "','" + txtPlevel.Text.ToString() + "','" + cmbJobName.Text.Trim() + "','" +
txtPspecial.Text.ToString() + "','" + cmbDID.SelectedValue.ToString() + "','" + dt1 + "'";
                            if (this.txtRemark.Text.Trim() != "")
                            {
                                sql1 = sql1 + ",Remark";
                                sql2 = sql2 + ",'" + txtRemark.Text.Trim() + "'";
                            }
                            if (txtPbusi.Text.Trim() != "")
                            {
                                sql1 = sql1 + ",Pbusi";
                                sql2 = sql2 + ",'" + txtPbusi.Text.Trim() + "'";
                            }
                            sql = sql1 + ") " + sql2 + ")";
                            cmd.CommandText = sql;
                            cmd.ExecuteNonQuery();
                            MessageBox.Show("员工信息添加成功", "提示", 0);
                        }
                    }
                    catch (Exception ex)
                    {
                        MessageBox.Show("错误:" + ex.Message, "错误提示",
MessageBoxButtons.OKCancel, MessageBoxIcon.Error);
                    }
                    finally
                    {
                        if (con.State == ConnectionState.Open)
                        {
                            con.Close();
                            con.Dispose();
                        }
                    }
                }
            }
        }

        //"取消"按钮的 Click 事件
        private void btnExit_Click(object sender, EventArgs e)
        {
```

```
            this.Close();
        }
    }
}
```

13.8.2　浏览员工信息

浏览员工信息界面主要用到的知识点仍然是数据绑定技术。读者可以在理解本部分内容的基础上深入了解并进一步掌握数据绑定的方法和原理，灵活地使用数据绑定技术，从而优化程序结构，提高程序的执行效率。浏览员工信息界面如图 13-20 所示。在此界面中主要包括一个 DataGridView 控件（dgvPersonInfo）和 4 个按钮（btnQuery、btnUpdate、btnDelete、btnExit）。

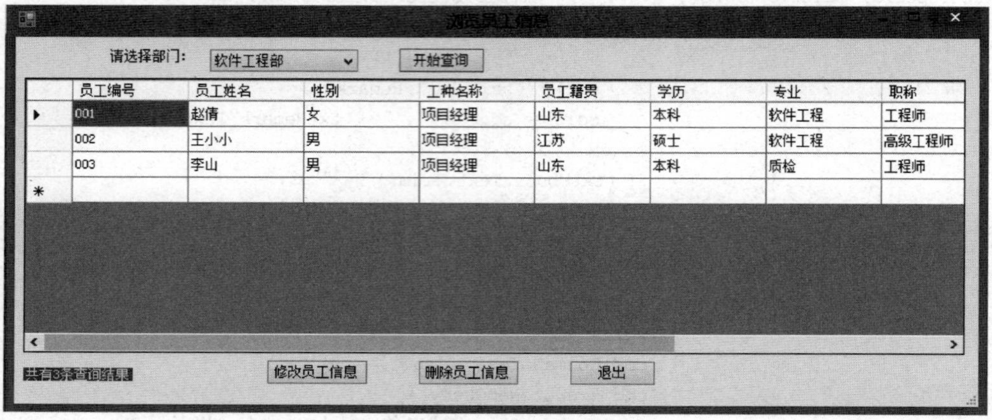

图 13-20　浏览员工信息界面

在浏览员工信息界面中，将部门信息通过数据绑定方式显示在下拉列表框 cmbDID 中。在进行数据绑定时需要确定 DataSource 属性，即数据源属性，以及显示成员 DisplayMember 属性和值成员 ValueMember 属性。在本界面中将 DisplayMember 设置为部门名称字段，将 ValueMember 设置为部门编号字段。在检索出所属部门的员工信息后，将其绑定到 DataGridView 控件中。对于其主要代码请读者参考例 13-13。

【例 13-13】　浏览员工信息程序 BrowsePerson.cs 的主要代码。

```
//公有字段
public static string strConn = "Data Source = LENOVO - PC; Initial Catalog = db _ Person;
Integrated Security = true";

private void BrowsePerson_Load(object sender, EventArgs e)
{
    AddDepartNameToCmbDID();
}
//加载数据表 tb_DepartInfo 中人员信息到 cmbDID
private void AddDepartNameToCmbDID()
{
    using (SqlConnection con = new SqlConnection(strConn))
```

```
    {
        if (con.State == ConnectionState.Closed)
        {
            con.Open();
        };
        try
        {
            SqlDataAdapter adp = new SqlDataAdapter("SELECT DID,Dname FROM tb_DepartInfo",
con);
            DataSet ds = new DataSet();
            adp.Fill(ds, "Depart");
            this.cmbDID.DisplayMember = "Dname";
            this.cmbDID.ValueMember = "DID";
            this.cmbDID.DataSource = ds.Tables[0].DefaultView;
        }
        catch (Exception ex)
        {
            MessageBox.Show("错误: " + ex.Message, "错误提示", MessageBoxButtons.
OKCancel, MessageBoxIcon.Error);
        }
        finally
        {
            if (con.State == ConnectionState.Open)
            {
                con.Close();
                con.Dispose();
            }
        }
    }
}


//"开始查询"按钮的 Click 事件
private void btnQuery_Click(object sender, EventArgs e)
{
    showinf();
}


/// <summary>
/// 在 DataGridView 控件上显示记录
/// </summary>
private void showinf()
{
    using (SqlConnection con = new SqlConnection(strConn))
    {
        if (con.State == ConnectionState.Closed)
        {
            con.Open();
        };
        try
        {
            string sql = "SELECT tb_PersonInfo.PID AS 员工编号,tb_PersonInfo.Pname AS 员工
```

姓名,tb_PersonInfo.Psex AS 性别,tb_PersonInfo.JobName AS 工种名称,tb_PersonInfo.Pplace AS 员工籍贯,tb_PersonInfo.Plevel AS 学历,tb_PersonInfo.Pspecial AS 专业,tb_PersonInfo.Pbusi AS 职称,tb_DepartInfo.DName AS 部门名称,tb_PersonInfo.LoginDate AS 登录日期,tb_PersonInfo. Remark AS 备注 FROM tb_PersonInfo INNER JOIN tb_DepartInfo ON tb_PersonInfo.DID = tb_ DepartInfo.DID WHERE tb_DepartInfo.Dname = '" + this.cmbDID.Text.ToString() + "' ORDER BY PID";

```csharp
                SqlDataAdapter adp = new SqlDataAdapter(sql, con);
                DataSet ds = new DataSet();
                ds.Clear();
                adp.Fill(ds, "person");
                if (ds.Tables[0].Rows.Count != 0)
                {
                    this.dgvPersonInfo.DataSource = ds.Tables[0].DefaultView;
                    this.lblHint.Text = "共有" + ds.Tables[0].Rows.Count + "条查询结果";
                }
                else
                {
                    this.lblHint.Text = "没有您所查找的员工信息";
                    this.dgvPersonInfo.DataSource = null;
                }
            }
            catch (Exception ex)
            {
                MessageBox.Show("错误: " + ex.Message, "错误提示", MessageBoxButtons.
OKCancel, MessageBoxIcon.Error);
            }
            finally
            {
                if (con.State == ConnectionState.Open)
                {
                    con.Close();
                    con.Dispose();
                }
            }
        }
    }
}
```

13.8.3 修改员工信息

修改员工信息界面与添加员工信息界面相似,但是在实现方法上有一定的区别,并且在修改信息时需要避免员工编号重复,修改员工信息界面如图 13-21 所示。在此界面中主要包括 7 个文本框（txtPID、txtPname、txtPspecial、txtPlevel、txtPbusi、txtPplace、txtRemark）、两个按钮（tnOk、btnExit）、3 个下拉列表框（cmbPsex、cmbJobName、cmbDID）和一个 DateTimePicker 控件（dtpLoginDate）。

在员工信息浏览界面中,可以对修改员工信息界面中的相应控件进行赋值,然后以模态窗口的方式打开。例 13-14 为图 13-20 中"修改员工信息"按钮的单击事件的主要代码。在该事件中分别对修改员工信息界面的公有字段进行了初始化,公有字段传递了编号、姓名等信息。

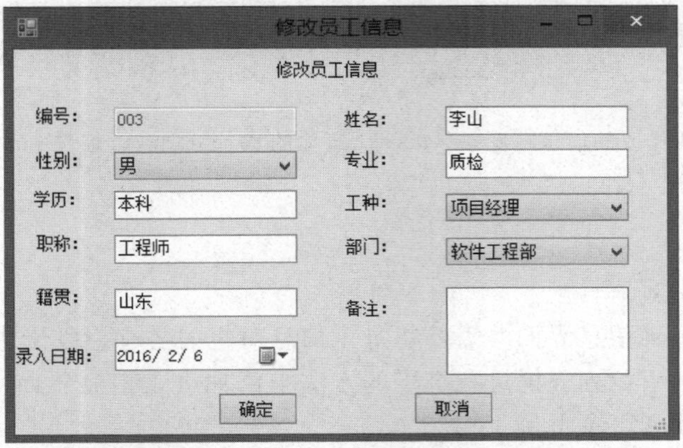

图 13-21　修改员工信息界面

【例 13-14】　修改员工信息的 btnUpdate_Click 事件。

```
ModifyPerson frmModifyPerson;
//"修改员工信息"按钮的 Click 事件
private void btnUpdate_Click(object sender, EventArgs e)
{
    if (this.dgvPersonInfo.CurrentCell != null)
    {
        //传递信息到 frmModifyPerson 的公有字段上
        frmModifyPerson = new ModifyPerson();
        frmModifyPerson.strPID = this.dgvPersonInfo[0, this.dgvPersonInfo.CurrentCell.
RowIndex].
Value.ToString().Trim();
        frmModifyPerson.strPname = this.dgvPersonInfo[1, this.dgvPersonInfo.CurrentCell.
RowIndex].Value.ToString().Trim();
        frmModifyPerson.strPsex = this.dgvPersonInfo[2, this.dgvPersonInfo.CurrentCell.
RowIndex].Value.ToString().Trim();
        frmModifyPerson.strJobName = this.dgvPersonInfo[3, this.dgvPersonInfo.CurrentCell.
RowIndex].Value.ToString().Trim();
        frmModifyPerson.strPplace = this.dgvPersonInfo[4, this.dgvPersonInfo.CurrentCell.
RowIndex].Value.ToString().Trim();
        frmModifyPerson.strPlevel = this.dgvPersonInfo[5, this.dgvPersonInfo.CurrentCell.
RowIndex].Value.ToString().Trim();
        frmModifyPerson.strPspecial = this.dgvPersonInfo[6, this.dgvPersonInfo.
CurrentCell.
RowIndex].Value.ToString().Trim();
        frmModifyPerson.strPbusi = this.dgvPersonInfo[7, this.dgvPersonInfo.CurrentCell.
RowIndex].Value.ToString().Trim();
        frmModifyPerson.strDID = this.dgvPersonInfo[8, this.dgvPersonInfo.CurrentCell.
RowIndex].Value.ToString().Trim();
        frmModifyPerson.strLoginDate = this.dgvPersonInfo[9, this.dgvPersonInfo.
CurrentCell.
RowIndex].Value.ToString().Trim();
        frmModifyPerson.strRemark = this.dgvPersonInfo[10, this.dgvPersonInfo.CurrentCell.
RowIndex].Value.ToString().Trim();
```

```
frmModifyPerson.StartPosition = FormStartPosition.CenterParent;
frmModifyPerson.ShowDialog();
if (frmModifyPerson.DialogResult == DialogResult.OK)
{
    //所修改的信息在 BrowseDepart 窗体的 DataGridView 控件中重新加载
    showinf();
}
}
}
```

在初始化修改员工信息界面时需要将员工信息对应的公有字段传递到该窗体的相应控件上。对工种和部门下拉列表框进行绑定的方法与添加员工信息界面中的绑定方法一样，对于此部分的代码读者可参考例 13-15。

【例 13-15】 修改员工信息程序 ModifyPerson.cs 的完整代码。

```csharp
using System;
using System.Collections.Generic;
using System.ComponentModel;
using System.Data;
using System.Drawing;
using System.Linq;
using System.Text;
using System.Threading.Tasks;
using System.Windows.Forms;
using System.Data.SqlClient;

namespace PersonMIS.PersonManage
{
    public partial class ModifyPerson : Form
    {
        public ModifyPerson()
        {
            InitializeComponent();
        }

        //公有字段
        public static string strConn = "Data Source = LENOVO - PC; Initial Catalog = db_Person;
Integrated Security = true";

        //公有字段,用于传递要修改的信息
        public string strPID = "";
        public string strPname = "";
        public string strPsex = "";
        public string strJobName = "";
        public string strPlevel = "";
        public string strPplace = "";

        public string strPspecial = "";
        public string strPbusi = "";
        public string strDID = "";
```

```
        public string strLoginDate = "";
        public string strRemark = "";

        private void ModifyPerson_Load(object sender, EventArgs e)
        {
            AddJobNameToCmbJobName();
            AddDepartNameToCmbDID();
            //获取传递过来的公有字段所包含的信息
            this.txtPID.Enabled = false;
            this.txtPID.Text = this.strPID;
            this.txtPname.Text = strPname;
            this.cmbPsex.Text = strPsex;
            this.cmbJobName.Text = strJobName;
            this.txtPplace.Text = this.strPplace;
            this.txtPlevel.Text = this.strPlevel;
            this.txtPspecial.Text = this.strPspecial;
            this.txtPbusi.Text = this.strPbusi;
            this.cmbDID.Text = this.strDID;
            this.txtRemark.Text = this.strRemark;
            this.dtpLoginDate.Text = this.strLoginDate;
        }
        //加载数据表 tb_JobInfo 中的人员信息到 cmbJobName
        private void AddJobNameToCmbJobName()
        {
            using (SqlConnection con = new SqlConnection(strConn))
            {
                if (con.State == ConnectionState.Closed)
                {
                    con.Open();
                };
                try
                {
                    SqlDataAdapter adp = new SqlDataAdapter("SELECT JobName FROM tb_
JobInfo", con);
                    DataSet ds = new DataSet();
                    adp.Fill(ds, "Job");
                    this.cmbJobName.DisplayMember = "JobName";
                    this.cmbJobName.ValueMember = "JobName";
                    this.cmbJobName.DataSource = ds.Tables[0].DefaultView;
                }
                catch (Exception ex)
                {
                    MessageBox.Show("错误: " + ex.Message, "错误提示", MessageBoxButtons.
OKCancel, MessageBoxIcon.Error);
                }
                finally
                {
                    if (con.State == ConnectionState.Open)
                    {
                        con.Close();
                        con.Dispose();
```

```
                            }
                        }
                    }
                }
                //加载数据表 tb_DepartInfo 中的人员信息到 cmbDID
                private void AddDepartNameToCmbDID()
                {
                    using (SqlConnection con = new SqlConnection(strConn))
                    {
                        if (con.State == ConnectionState.Closed)
                        {
                            con.Open();
                        };
                        try
                        {
                            SqlDataAdapter adp = new SqlDataAdapter("SELECT DID,Dname FROM tb_
                    DepartInfo", con);
                            DataSet ds = new DataSet();
                            adp.Fill(ds, "Depart");
                            this.cmbDID.DisplayMember = "Dname";
                            this.cmbDID.ValueMember = "DID";
                            this.cmbDID.DataSource = ds.Tables[0].DefaultView;
                        }
                        catch (Exception ex)
                        {
                            MessageBox.Show("错误: " + ex.Message, "错误提示", MessageBoxButtons.
                    OKCancel, MessageBoxIcon.Error);
                        }
                        finally
                        {
                            if (con.State == ConnectionState.Open)
                            {
                                con.Close();
                                con.Dispose();
                            }
                        }
                    }
                }

                //"确定"按钮的 Click 事件
                private void btnOk_Click(object sender, EventArgs e)
                {
                    using (SqlConnection con = new SqlConnection(strConn))
                    {
                        if (con.State == ConnectionState.Closed)
                        {
                            con.Open();
                        };
                        try
                        {
                            //修改数据到数据表 tb_PersonInfo 中
```

```
                    DateTime dt1 = Convert.ToDateTime(this.dtpLoginDate.Value.
ToShortDateString());
                        string sql = "UPDATE tb_PersonInfo SET PID = '" + this.txtPID.Text.
ToString() + "',Pname = '" + this.txtPname.Text.ToString() + "',Pspecial = '" + this.
txtPspecial.Text.ToString() + "',Psex = '" + this.cmbPsex.Text.Trim() + "',Pplace = '" +
this.txtPplace.Text.ToString() + "',Plevel = '" + this.txtPlevel.Text.ToString() + "',
JobName = '" + this.cmbJobName.Text.Trim() + "',Pbusi = '" + this.txtPbusi.Text.ToString()
+ "',DID = " + this.cmbDID.SelectedValue.ToString() + ",LoginDate = '" + dt1 + "'";
                    if (this.txtRemark.Text.Trim() != "")
                        sql = sql + ",Remark = '" + txtRemark.Text.Trim() + "'";
                    sql = sql + " WHERE PID = '" + this.strPID + "'";
                    SqlCommand cmd = new SqlCommand(sql, con);
                    cmd.ExecuteNonQuery();
                    MessageBox.Show("员工信息修改成功!", "提示", 0);
                }
                catch (Exception ex)
                {
                    MessageBox.Show("错误:" + ex.Message, "错误提示", MessageBoxButtons.
OKCancel, MessageBoxIcon.Error);
                }
                finally
                {
                    if (con.State == ConnectionState.Open)
                    {
                        con.Close();
                        con.Dispose();
                    }
                }
            }
        }

        //"退出"按钮的 Click 事件
        private void btnExit_Click(object sender, EventArgs e)
        {
            this.Close();
        }
    }
}
```

13.8.4　删除员工信息

在删除员工信息之前应该判定是否存在与当前员工相关的其他记录,如果没有,可以删除员工记录,否则给出提示信息。在本实例中存在员工信息与员工月收入信息表之间的依赖关系,因此不能直接删掉员工信息,需要判定月收入信息表中是否有与该员工相关的信息。对于此部分功能的代码读者可参考例13-16。

【例 13-16】 删除员工信息的 btnDelete_Click 事件。

//"删除员工信息"按钮的 Click 事件

```
private void btnDelete_Click(object sender, EventArgs e)
{
    using (SqlConnection con = new SqlConnection(strConn))
    {
        if (con.State == ConnectionState.Closed)
        {
            con.Open();
        };
        try
        {
            if (this.dgvPersonInfo.CurrentCell != null)
            {
                //先判断要删除员工是否存在与此员工相关联的收入信息
                string sql = "SELECT * FROM tb_Income WHERE PID = '" + this.dgvPersonInfo
[0, this.dgvPersonInfo.CurrentCell.RowIndex].Value.ToString().Trim() + "'";
                SqlCommand cmd = new SqlCommand(sql, con);
                SqlDataReader dr;
                dr = cmd.ExecuteReader();
                if (dr.Read())
                {
                    MessageBox.Show("删除员工'" + this.dgvPersonInfo[0, this.
dgvPersonInfo.CurrentCell.RowIndex].Value.ToString().Trim() + "'失败,请先删除该员工的收入
信息!", "提示");
                    dr.Close();
                }
                else
                {
                    dr.Close();
                    sql = "DELETE FROM tb_PersonInfo WHERE PID = '" + this.dgvPersonInfo[0,
this.dgvPersonInfo.CurrentCell.RowIndex].Value.ToString().Trim() + "'";

                    cmd.CommandText = sql;
                    cmd.ExecuteNonQuery();
                    MessageBox.Show("删除员工'" + this.dgvPersonInfo[0, this.dgvPersonInfo.
CurrentCell.RowIndex].Value.ToString().Trim() + "'成功", "提示");
                }
            }
            else
            {
                MessageBox.Show("没有指定的员工信息", "提示");
            }
        }
        catch (Exception ex)
        {
            MessageBox.Show("错误: " + ex.Message, "错误提示", MessageBoxButtons.OKCancel,
MessageBoxIcon.Error);
        }
        finally
        {
            if (con.State == ConnectionState.Open)
            {
```

```
                con.Close();
                con.Dispose();
            }
        }
    }
    //所删除的信息在 BrowseDepart 窗体的 DataGridView 控件中重新加载
    showinf();
}
```

13.9 员工月收入信息管理

13.9.1 添加员工月收入信息

添加员工月收入信息界面主要完成对员工月收入各项基本信息的输入。此模块需要解决的问题是员工姓名由用户在下拉列表框中选择,而不是手工输入,对于同一位员工,月收入不能重复。添加员工月收入信息界面如图 13-22 所示,在此界面中主要包括 3 个文本框(txtMonth、txtIncome、txtRemark)、两个按钮(tnOk、btnExit)和一个下拉列表框(cmbPersonName)。

图 13-22　添加员工月收入信息界面

为了在"员工姓名"下拉列表框中显示所有的员工姓名,程序中采用了数据绑定的方法。对于添加员工月收入信息的代码读者可参考例 13-17。

【例 13-17】　添加员工月收入信息程序 AddIncome.cs 的完整代码。

```
using System;
using System.Collections.Generic;
using System.ComponentModel;
using System.Data;
using System.Drawing;
using System.Linq;
using System.Text;
using System.Threading.Tasks;
using System.Windows.Forms;
using System.Data.SqlClient;
```

```
namespace PersonMIS.IncomeManage
{
    public partial class AddIncome: Form
    {
        public AddIncome()
        {
            InitializeComponent();
        }

        //公有字段
        public static string strConn = "Data Source = LENOVO - PC;Initial Catalog = db_Person;
Integrated Security = true";

        private void AddIncome_Load(object sender, EventArgs e)
        {
            //加载数据表 tb_PersonInfo 中的人员信息到 cmbPersonName
            using (SqlConnection con = new SqlConnection(strConn))
            {
                if (con.State == ConnectionState.Closed)
                {
                    con.Open();
                };
                try
                {
                    SqlDataAdapter adp = new SqlDataAdapter("SELECT PID,Pname FROM tb_
PersonInfo", con);
                    DataSet ds = new DataSet();
                    adp.Fill(ds, "Person");
                    this.cmbPersonName.DisplayMember = "Pname";
                    this.cmbPersonName.ValueMember = "PID";
                    this.cmbPersonName.DataSource = ds.Tables[0].DefaultView;
                }
                catch (Exception ex)
                {
                    MessageBox.Show("错误: " + ex.Message, "错误提示", MessageBoxButtons.
OKCancel, MessageBoxIcon.Error);
                }
                finally
                {
                    if (con.State == ConnectionState.Open)
                    {
                        con.Close();
                        con.Dispose();
                    }
                }
            }
            //设置 dtpLoginDate 的日期为当前日期
            this.dtpLoginDate.Value = DateTime.Now;
        }

        //"确定"按钮的 Click 事件
```

```csharp
        private void btnOk_Click(object sender, EventArgs e)
        {
            if (this.cmbPersonName.Text.Trim() == "" || this.txtIncome.Text.Trim() == ""
                || this.txtMonth.Text.Trim() == "")
                MessageBox.Show("请填写完整的信息!", "提示", 0);
            else
            {
                DateTime dt1 = Convert.ToDateTime(this.dtpLoginDate.Value.
ToShortDateString());
                using (SqlConnection con = new SqlConnection(strConn))
                {
                    if (con.State == ConnectionState.Closed)
                    {
                        con.Open();
                    };
                    try
                    {
                        //查询收入信息是否重复
                        SqlCommand cmd = new SqlCommand("SELECT * FROM tb_Income WHERE PID
= '" + this.cmbPersonName.SelectedValue.ToString() + "' and " +
                            "Imonth = '" + this.txtMonth.Text.Trim() + "'", con);
                        if (cmd.ExecuteScalar() != null)
                            MessageBox.Show("收入信息重复,请重新输入!", "提示", 0);
                        else
                        {
                            //插入数据到数据表 tb_Income 中
                            string sql1, sql2, sql;
                            sql1 = "INSERT INTO tb_Income (Imonth,Remark,Income,PID,LoginDate";
                            sql2 = "values ('" + this.txtMonth.Text.ToString() + "','" +
this.txtRemark.Text.ToString() + "','" + this.txtIncome.Text.ToString() + "','" + this.
cmbPersonName.SelectedValue.ToString() + "','" + dt1 + "'";

                            sql = sql1 + ") " + sql2 + ")";
                            cmd.CommandText = sql;
                            cmd.ExecuteNonQuery();
                            MessageBox.Show("收入信息添加成功!", "提示", 0);
                        }
                    }
                    catch (Exception ex)
                    {
                        MessageBox.Show("错误: " + ex.Message, "错误提示", MessageBoxButtons.
OKCancel, MessageBoxIcon.Error);
                    }
                    finally
                    {
                        if (con.State == ConnectionState.Open)
                        {
                            con.Close();
                            con.Dispose();
                        }
                    }
```

```
            }
        }
    }

    //"取消"按钮的 Click 事件
    private void btnExit_Click(object sender, EventArgs e)
    {
        this.Close();
    }
}
}
```

13.9.2   浏览员工月收入信息

浏览员工月收入信息界面主要用到的知识点还是数据绑定技术。该界面如图 13-23 所示，在此界面中主要包括一个 DataGridView 控件（dgvIncomeInfo）、4 个按钮（btnQuery、btnUpdate、btnDelete、btnExit）和一个下拉列表框（cmbPname）。

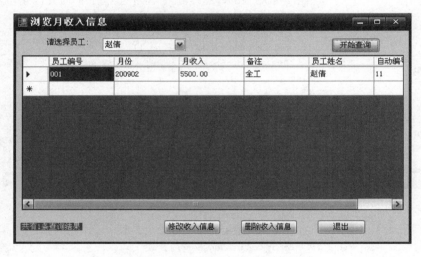

图 13-23   浏览员工月收入信息界面

在浏览员工月收入信息窗口中将员工信息通过数据绑定技术显示在下拉列表框 cmbPname 中，检索出所属员工的月收入信息后将其绑定到 DataGridView 控件上。对于其主要代码请读者参考例 13-18。

【例 13-18】 浏览员工月收入信息程序 BrowseIncome.cs 的主要代码。

```
//公有字段
public static string strConn = " Data Source = LENOVO - PC; Initial Catalog = db _ Person;
Integrated Security = true";

private void BrowseIncome_Load(object sender, EventArgs e)
{
    //加载数据表 tb_PersonInfo 中的数据到 cmbPname
    AddPersonNameToCmbPName();
```

```
}

private void AddPersonNameToCmbPName()
{
    using (SqlConnection con = new SqlConnection(strConn))
    {
        if (con.State == ConnectionState.Closed)
        {
            con.Open();
        };
        try
        {
            SqlDataAdapter adp = new SqlDataAdapter("SELECT PID,Pname FROM tb_PersonInfo",
con);
            DataSet ds = new DataSet();
            adp.Fill(ds, "Perosn");
            this.cmbPname.DisplayMember = "Pname";
            this.cmbPname.ValueMember = "PID";
            this.cmbPname.DataSource = ds.Tables[0].DefaultView;
        }
        catch (Exception ex)
        {
            MessageBox.Show("错误："  +  ex.Message, "错误提示", MessageBoxButtons.
OKCancel, MessageBoxIcon.Error);
        }
        finally
        {
            if (con.State == ConnectionState.Open)
            {
                con.Close();
                con.Dispose();
            }
        }
    }
}


//"开始查询"按钮的 Click 事件
private void btnQuery_Click(object sender, EventArgs e)
{
    showinf();
}


/// < summary >
/// 在 DataGridView 控件上显示记录
/// </ summary >
private void showinf()
{
    using (SqlConnection con = new SqlConnection(strConn))
    {
        if (con.State == ConnectionState.Closed)
        {
```

```
                con.Open();
        };
        try
        {
                string sql = "SELECT tb_Income.PID AS 员工编号,tb_Income.Imonth AS 月份,tb_
Income.Income AS 月收入,tb_Income.Remark AS 备注,tb_Income.LoginDate AS 登录日期,tb_
PersonInfo.Pname AS 员工姓名,tb_Income.IID AS 自动编号 FROM tb_Income INNER JOIN tb_
PersonInfo ON tb_Income.PID = tb_PersonInfo.PID WHERE tb_PersonInfo.Pname = '" + this.
cmbPname.Text.ToString() + "' ORDER BY IID";
                SqlDataAdapter adp = new SqlDataAdapter(sql, con);
                DataSet ds = new DataSet();
                ds.Clear();
                adp.Fill(ds, "Income");
                if (ds.Tables[0].Rows.Count != 0)
                {
                    this.dgvIncomeInfo.DataSource = ds.Tables[0].DefaultView;
                    this.lblHint.Text = "共有" + ds.Tables[0].Rows.Count + "条查询结果";
                }
                else
                {
                    this.lblHint.Text = "没有您所查找的收入信息";
                    this.dgvIncomeInfo.DataSource = null;
                }
        }
        catch (Exception ex)
        {
                MessageBox.Show("错误: " + ex.Message, "错误提示", MessageBoxButtons.
OKCancel, MessageBoxIcon.Error);
        }
        finally
        {
                if (con.State == ConnectionState.Open)
                {
                    con.Close();
                    con.Dispose();
                }
        }
    }
}

//"退出"按钮的 Click 事件
private void btnExit_Click(object sender, EventArgs e)
{
    this.Close();
}
```

13.9.3　修改员工月收入信息

　　修改员工月收入信息界面与添加员工月收入信息界面相似，但是实现方法有一定的区别，并且在修改员工月收入信息时需要避免月份发生重复，该界面如图 13-24 所示，在此界面中主要包括 3 个文本框(txtMonth、txtIncome、txtRemark)、两个按钮(tnOk、btnExit)、一个下拉列表框(cmbPname)和一个 DateTimePicker 控件(dtpLoginDate)。

图 13-24　修改员工月收入信息界面

在浏览员工月收入信息界面中可以对修改员工月收入信息界面中的相应控件进行赋值,然后以模态窗口的方式打开。例 13-19 为图 13-23 中"修改收入信息"按钮的单击事件的主要代码,在该事件中分别对修改员工月收入信息界面的公有字段进行了初始化,公有字段传递了编号、姓名等信息。

【例 13-19】　修改员工月收入信息的 btnUpdate_Click 事件。

```csharp
ModifyIncome frmModifyIncome;
//"修改收入信息"按钮的 Click 事件
private void btnUpdate_Click(object sender, EventArgs e)
{
    if (this.dgvIncomeInfo.CurrentCell != null)
    {
        frmModifyIncome = new ModifyIncome();
        //传递信息到 frmModifyIncome 的公有字段上
        frmModifyIncome.strImonth = this.dgvIncomeInfo[1, this.dgvIncomeInfo.CurrentCell.
RowIndex].Value.ToString().Trim();
        frmModifyIncome.strIncome = this.dgvIncomeInfo[2, this.dgvIncomeInfo.CurrentCell.
RowIndex].Value.ToString().Trim();
        frmModifyIncome.strRemark = this.dgvIncomeInfo[3, this.dgvIncomeInfo.CurrentCell.
RowIndex].Value.ToString().Trim();
        frmModifyIncome.strLoginDate = this.dgvIncomeInfo[4, this.dgvIncomeInfo.CurrentCell.
RowIndex].Value.ToString().Trim();
        frmModifyIncome.strPID = this.dgvIncomeInfo[5, this.dgvIncomeInfo.CurrentCell.
RowIndex].Value.ToString().Trim();
        frmModifyIncome.strIID = this.dgvIncomeInfo[6, this.dgvIncomeInfo.CurrentCell.
RowIndex].Value.ToString().Trim();
        frmModifyIncome.StartPosition = FormStartPosition.CenterParent;
        frmModifyIncome.ShowDialog();
        if (frmModifyIncome.DialogResult == DialogResult.OK)
        {
            //所修改的信息在 BrowseIncome 窗体的 DataGridView 控件中重新加载
            showinf();
        }
```

```
        }
    }
```

在初始化该界面时需要将员工信息对应的文本参数传递到窗口,显示在相应的控件上,并且员工姓名不能重复。对于此部分功能的代码读者可参考例 13-20。

【例 13-20】 修改员工月收入信息程序 ModifyIncome.cs 的代码。

```csharp
using System;
using System.Collections.Generic;
using System.ComponentModel;
using System.Data;
using System.Drawing;
using System.Linq;
using System.Text;
using System.Threading.Tasks;
using System.Windows.Forms;
using System.Data.SqlClient;

namespace PersonMIS.IncomeManage
{
    public partial class ModifyIncome: Form
    {
        public ModifyIncome()
        {
            InitializeComponent();
        }

        //公有字段
        public static string strConn = "Data Source = LENOVO - PC; Initial Catalog = db_Person;
Integrated Security = true";

        //公有字段,用于传递要修改的信息
        public string strIID = "";
        public string strImonth = "";
        public string strPID = "";
        public string strIncome = "";
        public string strRemark = "";
        public string strLoginDate = "";

        private void ModifyIncome_Load(object sender, EventArgs e)
        {
            this.StartPosition = FormStartPosition.CenterParent;
            this.txtMonth.Text = this.strImonth;
            this.txtIncome.Text = this.strIncome;
            this.txtRemark.Text = this.strRemark;
            this.lblPname.Text = this.strPID;
            this.dtpLoginDate.Text = this.strLoginDate;

            AddPersonNameToCmbPName();
            this.cmbPname.Text = this.lblPname.Text.Trim();
        }
```

```
//加载数据表 tb_PersonInfo 中的人员信息到 cmbPname
private void AddPersonNameToCmbPName()
{
    using (SqlConnection con = new SqlConnection(strConn))
    {
        if (con.State == ConnectionState.Closed)
        {
            con.Open();
        };
        try
        {
            SqlDataAdapter adp = new SqlDataAdapter("SELECT PID,Pname FROM tb_
PersonInfo", con);
            DataSet ds = new DataSet();
            adp.Fill(ds, "Perosn");
            this.cmbPname.DisplayMember = "Pname";
            this.cmbPname.ValueMember = "PID";
            this.cmbPname.DataSource = ds.Tables[0].DefaultView;
        }
        catch (Exception ex)
        {
            MessageBox.Show("错误: " + ex.Message, "错误提示", MessageBoxButtons.
OKCancel, MessageBoxIcon.Error);
        }
        finally
        {
            if (con.State == ConnectionState.Open)
            {
                con.Close();
                con.Dispose();
            }
        }
    }
}


//"确定"按钮的 Click 事件
private void btnOk_Click(object sender, EventArgs e)
{
    using (SqlConnection con = new SqlConnection(strConn))
    {
        if (con.State == ConnectionState.Closed)
        {
            con.Open();
        };
        try
        {
            //修改收入信息
            DateTime dt1 = Convert.ToDateTime(this.dtpLoginDate.Value.
ToShortDateString());
            string sql1 = "UPDATE tb_Income SET Imonth = '" + this.txtMonth.Text.
```

```
        ToString() + "', Remark = '" + this.txtRemark.Text.ToString() + "', Income = '" + this.
        txtIncome.Text.ToString() + "', PID = '" + this.cmbPname.SelectedValue.ToString() + "',
        LoginDate = '" + dt1 + "' WHERE IID = '" + strIID + "'";
                        SqlCommand cmd = new SqlCommand(sql1, con);
                        cmd.ExecuteNonQuery();
                        MessageBox.Show("员工月收入修改成功!", "提示");
                    }
                    catch (Exception ex)
                    {
                        MessageBox.Show("错误: " + ex.Message, "错误提示", MessageBoxButtons.
        OKCancel, MessageBoxIcon.Error);
                    }
                    finally
                    {
                        if (con.State == ConnectionState.Open)
                        {
                            con.Close();
                            con.Dispose();
                        }
                    }
                }
            }


        //"取消"按钮的 Click 事件
        private void btnExit_Click(object sender, EventArgs e)
        {
            this.Close();
        }
    }
}
```

13.9.4 删除员工月收入信息

在删除员工月收入信息之前应该判定是否存在与当前员工月收入信息相关的其他记录，如果没有，可以删除员工月收入记录，否则给出提示信息。在本实例中没有这种依赖关系，因此可以直接删掉员工月收入信息。对于此部分功能的代码读者可参考例 13-21。

【例 13-21】　删除员工月收入信息的 btnDelete_Click 事件。

```
//"删除收入信息"按钮的 Click 事件
private void btnDelete_Click(object sender, EventArgs e)
{
    using (SqlConnection con = new SqlConnection(strConn))
    {
        if (con.State == ConnectionState.Closed)
        {
            con.Open();
        };
        try
        {
```

```
        if (this.dgvIncomeInfo.CurrentCell != null)
        {
            //删除收入信息
            string sql = "DELETE FROM tb_Income WHERE IID = '" + this.dgvIncomeInfo[6,
this.dgvIncomeInfo.CurrentCell.RowIndex].Value.ToString().Trim() + "'";
            SqlCommand cmd = new SqlCommand(sql, con);
            cmd.CommandText = sql;
            cmd.ExecuteNonQuery();
            MessageBox.Show("删除员工'" + this.dgvIncomeInfo[5, this.dgvIncomeInfo.
CurrentCell.RowIndex].Value.ToString().Trim() + "'的'" + this.dgvIncomeInfo[1, this.
dgvIncomeInfo.CurrentCell.RowIndex].Value.ToString().Trim() + "'的收入成功", "提示");
        }
    }
    catch (Exception ex)
    {
        MessageBox.Show("错误: " + ex.Message, "错误提示", MessageBoxButtons.
OKCancel, MessageBoxIcon.Error);
    }
    finally
    {
        if (con.State == ConnectionState.Open)
        {
            con.Close();
            con.Dispose();
        }
    }
}
showinf();
}
```

13.10 本章小结

本章分别从数据库设计和应用程序设计的角度详细描述了开发员工信息管理系统的方法和技术，介绍了在开发过程中如何对数据进行处理，例如数据的添加、删除、修改，以及数据与控件之间的绑定操作。读者可以从本章的学习中掌握各种常用控件的使用，并掌握SQL 语句的语法格式，为以后的数据库开发打下基础。

习题

请读者依据本章的内容自己实现员工信息管理系统。

《C#程序设计》课程实验指导

实验一（两个学时）

1. 实验题目：简单的 C♯ 程序设计
2. 目的与要求
(1) Visual Studio 2012 及 C♯ 的安装。
(2) 启动与退出 C♯。
(3) 熟悉 C♯ 集成开发环境。
① 了解各功能菜单的菜单命令。
② 显示所有的可见窗口和所有的工具栏，随后将窗口和工具栏进行隐藏。
③ 了解工具栏中有哪些主要控件。
(4) 编写第一个简单的 C♯ 程序。
3. 注意事项
(1) 在做实验前先认真复习第 1、2 章的内容。
(2) 第一个简单的 C♯ 程序可以用书中的例子。
(3) 将此程序编译运行，以深刻体会 C♯ 编程平台。
(4) 学会调用 C♯ 帮助的方法。

实验二（两个学时）

1. 实验题目：C♯ 程序设计基础
2. 目的与要求
(1) 掌握 C♯ 的词法结构。
(2) 掌握 C♯ 的数据结构。
(3) 掌握 C♯ 的常量和变量。
(4) 掌握 C♯ 的表达式和运算符的使用。
3. 注意事项
(1) 在做实验前先认真复习第 3 章的内容。
(2) 编程时可以用书中的例子。
(3) 将程序编译运行，继续体会 C♯ 编程平台。

实验三（4 个学时）

1. 实验题目：结构化程序设计
2. 目的与要求
(1) 掌握结构化程序设计的基本概念（顺序、选择、循环）。
(2) 掌握条件语句的使用。
(3) 掌握分支语句的使用。
(4) 掌握循环语句的使用。
(5) 掌握跳转语句的使用。
3. 注意事项
(1) 在做实验前先认真复习第 4 章的内容。
(2) 编程时可以用书中的本章习题。

实验四（4 个学时）

1. 实验题目：面向对象程序设计
2. 目的与要求
(1) 掌握类和对象的使用。
(2) 掌握类的继承。
(3) 掌握构造函数和析构函数的使用。
(4) 掌握方法、属性、索引、委托和事件的使用。
(5) 掌握 C♯中常用基础类和命名空间的使用。
3. 注意事项
(1) 在做实验前先认真复习第 5 章的内容。
(2) 编程时可以用书中的本章习题。

实验五（两个学时）

1. 实验题目：抽象类、多态和接口
2. 目的与要求
(1) 掌握抽象类、多态和接口的概念。
(2) 掌握抽象类、多态和接口的使用。
3. 注意事项
(1) 在做实验前先认真复习第 6 章的内容。
(2) 编程时可以用书中的本章习题。

实验六（两个学时）

1. 实验题目：常用数据结构与算法
2. 目的与要求
(1) 掌握静态字符串和动态字符串的使用。

（2）掌握一维数组、二维数组的使用。

（3）掌握枚举的使用。

（4）掌握常见的排序算法。

3．注意事项

（1）在做实验前先认真复习第 7 章的内容。

（2）编程时可以用书中的本章习题。

（3）可以用书中的冒泡排序例子进行数组的实验。

实验七（6 个学时）

1．实验题目：Windows 应用程序设计

2．目的与要求

（1）掌握 Windows 应用程序的结构。

（2）掌握 Windows 窗体的基本属性、事件和方法的使用。

（3）掌握控件的基本属性、事件和方法的使用。

（4）掌握鼠标事件、键盘事件的处理。

（5）掌握窗体之间数据交互的方法。

3．注意事项

（1）在做实验前先认真复习第 9 章的内容。

（2）编程时可以用书中的本章习题。

（3）可以用书中的例子进行鼠标事件、键盘事件的处理。

（4）可以用书中的例子进行窗体之间的数据交互。

实验八（两个学时）

1．实验题目：Windows 应用程序进阶

2．目的与要求

（1）掌握 SDI、MDI 应用程序的使用。

（2）掌握模态对话框、非模态对话框的使用。

（3）掌握常见通用对话框的使用。

3．注意事项

（1）在做实验前先认真复习第 10 章的内容。

（2）编程时可以用书中的本章习题。

（3）可以用书中的例子进行通用对话框的实验。

实验九（两个学时）

1．实验题目：文件操作

2．目的与要求

（1）了解文件的概念。

（2）掌握文件读和写的使用。

（3）掌握文件处理的方法。

3．注意事项

（1）在做实验前先认真复习第 11 章的内容。

（2）编程时可以用书中的本章习题。

实验十（4 个学时）

1．实验题目：数据库操作技术

2．目的与要求

（1）建立 SQL Server 数据库。

（2）掌握客户机/服务器(C/S)模式编程概念。

（3）掌握 ADO．NET 的编程及绑定。

3．注意事项

（1）在做实验前先认真复习第 12 章的内容。

（2）编程时可以用书中的本章习题。

参 考 文 献

[1] 郑阿奇,梁敬东,等. C#程序设计教程.北京:机械工业出版社,2008.

[2] 刘甫迎,刘光会,王蓉,等. C#程序设计教程. 2版.北京:电子工业出版社,2008.

[3] 李云,等. Visual C#程序设计教程.北京:清华大学出版社,北京交通大学出版社,2009.

[4] 王昊亮,李刚,等. Visual C#程序设计教程.北京:清华大学出版社,2003.

[5] 李纯莲,刘玉宝,等. C#实用开发教程.北京:清华大学出版社,2008.

[6] 张艳,等. Visual Basic程序设计教程.徐州:中国矿业大学出版社,2001.

[7] 段德亮,余健,张仁才,等. C#课程案例精编.北京:清华大学出版社,2008.

[8] 张立,等. C# 2.0完全自学手册.北京:机械工业出版社,2007.

[9] 张跃廷,王小科,张宏宇,等. C#程序开发范例宝典.北京:人民邮电出版社,2007.

[10] 赵卫伟,何集体,刘瑞光,等. Visual C# .NET面向对象程序设计教程.北京:机械工业出版社,2006.

[11] 王石,等.精通Visual C# 2005——语言基础、数据库系统开发、Web开发.北京:人民邮电出版社,2007.

[12] 夏敏捷,等. Visual C# .NET开发技术原理与实践教程.北京:电子工业出版社,2008.

[13] 杨明羽,等. C# 3.0完全自学宝典.北京:清华大学出版社,2008.

[14] [美]微软公司. Visual C# .NET语言参考手册.熊盛新,许志庆,李钦译.北京:清华大学出版社,2002.

[15] [美] Harvey M. deitel,Paul J. deitel,等. C#大学教程.葛昊晗,汤涌涛,李强译.北京:清华大学出版社,2003.

[16] 李林,项刚,等. C#程序设计.北京:高等教育出版社,2013.

教学资源支持